应用型本科高校建设示范教材

微积分（经管类）导学篇（下册）

主编　王海棠　曹海军　周玲丽

副主编　马彦君　李　丽　于学光　张　鑫

中国水利水电出版社

·北京·

内 容 提 要

本书包括微分方程与差分方程、多元函数微分学、二重积分、无穷级数、微积分在经济中的应用、下册自测题等内容。本书内容按章节编写，与教程篇同步。每章开头是知识结构图、学习目标，每节包含知识点分析、典例解析、习题、习题详解四个部分，每章最后配有本章练习题及其答案。本书融入了编者多年来的教学经验，汲取了众多参考书的优点，注重概括总结、循序渐进、突出重点，充分考虑了学生的学习基础和学习能力，同时兼顾了教学要求。

本书是与中国水利水电出版社出版、曹海军等主编的《微积分（经管类）教程篇》相配套的教材，主要面向使用该教材的教师和学生。本书也可以单独使用，作为其他专业学生学习微积分的参考书。

图书在版编目（CIP）数据

微积分：经管类. 导学篇. 下册 / 王海棠，曹海军，周玲丽主编. -- 北京：中国水利水电出版社，2022.5
应用型本科高校建设示范教材
ISBN 978-7-5226-0729-0

Ⅰ．①微… Ⅱ．①王… ②曹… ③周… Ⅲ．①微积分－高等学校－教材 Ⅳ．①O172

中国版本图书馆CIP数据核字(2022)第088337号

策划编辑：杜 威　　责任编辑：高辉　　加工编辑：白绍昀　　封面设计：梁 燕

书　　名	应用型本科高校建设示范教材 **微积分（经管类）导学篇（下册）** WEIJIFEN (JINGGUAN LEI) DAOXUE PIAN
作　　者	主　编　王海棠　曹海军　周玲丽 副主编　马彦君　李　丽　于学光　张　鑫
出版发行	中国水利水电出版社 （北京市海淀区玉渊潭南路1号D座　100038） 网址：www.waterpub.com.cn E-mail: mchannel@263.net（万水） 　　　　sales@mwr.gov.cn 电话：（010）68545888（营销中心）、82562819（万水）
经　　售	北京科水图书销售有限公司 电话：（010）68545874、63202643 全国各地新华书店和相关出版物销售网点
排　　版	北京万水电子信息有限公司
印　　刷	三河市航远印刷有限公司
规　　格	170mm×240mm　16开本　11.5印张　213千字
版　　次	2022年5月第1版　2022年5月第1次印刷
印　　数	0001—2000册
定　　价	36.00元

凡购买我社图书，如有缺页、倒页、脱页的，本社营销中心负责调换

版权所有·侵权必究

前　言

一、数学的发展

数学是研究现实世界的数量关系和空间形式的科学，简单来说，就是研究数和形的科学。

数学是一门古老而又年轻的科学。早在公元前两千多年，人们由于贸易、测量和航海的需要，整理了更远古的计算和测量方法，从而形成了数学。这一时期，数学知识还是片面的、零碎的，没有形成严谨的体系，称为数学的萌芽时期。

从公元前 6 世纪开始，古希腊的数学就已获得独立的地位，而数学作为一门完整的科学，是在公元前 3 世纪，由欧几里得的不朽之作《几何原本》确立的。公元前 6 世纪到 17 世纪中叶，称为初等数学时期；17 世纪，笛卡尔的解析几何与微积分的诞生成为变量数学的标志；18 世纪，由于物理学、天文学和数学本身的发展，出现许多新的数学分支，如级数、微分方程、微分几何、复变函数、实变函数和泛函分析等，因此 18 世纪是分析的世纪；19 世纪至今，产生了非欧几何，康托尔创立了集合论，由此产生了拓扑学、概率统计、运筹学、控制论、系统分析、经济数学和生物数学等。

二、微积分概述

在中学阶段学习的主要是初等数学（包括初等代数和初等几何），其研究对象基本是不变的量；微积分则是以函数（变量）、连续函数为研究对象，极限是其最基本的研究方法，微分与积分为其主要内容。

微积分对于高等院校经管类学生来说是一门面广、量大而影响深远的重要基础课程，概念难度偏大、理论性强、抽象性强。通过对微积分的学习，学生应当掌握微积分的基本概念、基本理论，培养数学运算能力、抽象思维能力、逻辑思维能力、自学能力和创新能力，提高数学修养和数学素质，为以后学习专业技术知识和从事科学技术研究打下坚实的基础。

微积分诞生于 300 多年以前，被科学家誉为人类思想的伟大成果之一。几百年来，微积分一直被各个大学作为重要的基础课来让学生学习，原因就是它非常有用，而且对于培养思维能力来说有积极作用。微积分来源于实践，也可应用于实践，在工程技术乃至社会科学领域都有非常重要的应用。下面举几个典型的例子。比如，在火箭的发射、升空、飞行过程中，它做的是变速运动，那么怎样定义火箭运动的瞬时速度？怎样计算瞬时速度？比如，对一条任意形状的光滑曲线，怎样求曲线上某一点处的切线？比如，一门大炮，它的炮身和地面的夹角直接影响到炮弹的射程，则它和地面的夹角为多少时炮弹的射程最远？再比如，对一块边缘不规则的田地，怎样求出这块田地的面积？这些问题都可以用微积分来解决。实际上，这四个例子对应着历史上著名的四大类问题，即速度问题、切线问题、最大最小值问题、求面积和体积问题，它们是微积分产生的源泉。

微积分是微分学和积分学的统称，它的萌芽、诞生与发展经历了漫长的时期。早在古希腊时期，欧多克斯提出了穷竭法，这是微积分的先驱。而我国庄子的《天下篇》中也有"一尺之棰，日取其半，万世不竭"的极限思想；公元263年，刘徽为《九章算术》作注时提出了"割圆术"，用正多边形来逼近圆周，这是极限思想的成功运用。

积分概念是从求某些面积、体积和弧长的问题中产生的。古希腊数学家阿基米德在《抛物线求积法》中用穷竭法求出抛物线弓形的面积，他没有用极限方法，而是用"有限"开工的穷竭法，这成为积分学的萌芽。

微分是从对曲线作切线的问题和求函数的极大值、极小值问题中产生的。微分方法的第一个真正值得注意的先驱工作起源于1629年费马陈述的概念。费马给出了如何确定极大值和极小值的方法。其后英国剑桥大学三一学院的巴罗教授又给出了求切线的方法，进一步推动了微分学概念的产生。在前人工作的基础上，牛顿和莱布尼茨在17世纪下半叶各自独立创立了微积分。

1665年5月20日，在牛顿手写的一份文件中开始有"流数术"的记载，微积分的诞生不妨以这一天为标志。牛顿关于微积分的著作很多写于1665—1676年，但这些著作发表很迟。他完整地提出微分与积分是一对互逆运算，并且给出换算的公式，就是后来著名的牛顿－莱布尼茨公式。

如果将整个数学比作一棵大树，那么初等数学是树的根，名目繁多的数学分支是树枝，而树干的主要部分就是微积分。从17世纪开始，随着社会的进步和生产力的发展，以及航海、天文、矿山建设等领域许多课题要解决，数学也开始研究变化着的量，由此数学进入了"变量数学"时代，即微积分不断完善成为一门学科。整个17世纪有数十位科学家为微积分的创立进行了开创性的研究，但使微积分成为数学的一个重要分支的还是牛顿和莱布尼茨。

微积分的诞生一般分为三个阶段：极限概念阶段、求积的无限小方法阶段、积分与微分的互逆关系阶段。最后一个阶段是由牛顿和莱布尼茨完成的。前两阶段的工作，欧洲的大批数学家（可追溯到古希腊的阿基米德）都做出了各自的贡献。追溯到公元前3世纪，在古希腊的数学家、力学家阿基米德（公元前287—

公元前 212 年）的著作《圆的测量》和《论球与柱》中就已含有微积分的萌芽，他在抛物线下的弓形面积、球和球冠面积、螺线下的面积和旋转双曲线的体积问题的研究中就隐含着近代积分的思想。开普勒在 1615 年《测量酒桶体积的新科学》一书中，就把曲线看成边数无限增大的直线形，并提出圆的面积就是无穷多的三角形面积之和，这些都可视为极限思想的佳作。意大利数学家卡瓦列利在 1635 年出版的《连续不可分几何》一书中把曲线看成是无限多条线段（不可分量）拼成的。对于这方面的工作，古代中国毫不逊色于西方，微积分思想在中国早有萌芽，甚至是古希腊数学不能比拟的。公元前 7 世纪老庄哲学中就有无限可分性和极限思想；公元前 4 世纪《墨经》中有了有穷、无穷、无限小（最小无内）、无穷大（最大无外）的定义和极限、瞬时等概念。刘徽在公元 263 年首创了割圆术求圆面积和方锥体积，求得圆周率约等于 3.1416，他的极限思想和无穷小方法是世界古代极限思想的深刻体现。

微积分思想虽然可追溯至古希腊，但它的概念和法则却是 16 世纪下半叶，在开普勒、卡瓦列利等求积的不可分量思想和方法基础上产生和发展起来的。而这些思想和方法从刘徽对圆锥、圆台、圆柱的体积公式的证明到公元 5 世纪祖暅求球体积的方法中都可找到。北宋大科学家沈括在《梦溪笔谈》中独创了"隙积术""会圆术"和"棋局都数术"，开始了对高阶等差级数求和的研究。

上述科学家都为 17 世纪微积分成为一门科学奠定了基础，解析几何也为微积分的创立奠定了基础。16 世纪以后欧洲封建社会日趋没落，资本主义逐渐兴起，为科学技术的发展开创了美好前景。到了 17 世纪，许多著名的数学家、天文学家、物理学家都为解决上述四大类问题做了大量的研究工作。笛卡尔 1637 年发表了《科学中的正确运用理性和追求真理的方法论》（简称《方法论》），创立了解析几何，表明了几何问题不仅可以归结成代数形式，而且可以通过代数变换来发现、证明几何性质。他不仅用坐标表示点的位置，而且把点的坐标运用到曲线上。他认为点移动成线，所以方程不仅可表示已知数与未知数之间的关系、变量与变量之间的关系，还可以表示曲线。此外，笛卡尔还打破了表示体积、面积及长度的量之间不可进行加减的束缚。至此几何图形的各种量可以转化为代数量来进行表示，使得几何与代数在数和量上统一了起来。就这样笛卡尔把相互对立的"数"与"形"统一起来，从而实现了数学史上的一次飞跃，为微积分的成熟提供了必要条件，开拓了变量数学的广阔空间。

三、关于本教材

本教材充分考虑高等教育大众化阶段的现实状况，以教育部非数学专业数学基础课教学指导分委员会制定的新的"经济管理类本科数学基础课程教学基本要求"为依据,结合经管类研究生入学考试的数学大纲进行编写。参加本教材编写的人员都是多年担任经济数学实际教学的教师,他们都有较高的理论造诣和丰富的教学经验。本教材以培养应用型人才为目标,将数学基本知识与经济、管理学科中的实际应用有机结合起来,主要有以下几个特点:

(1) 注重体现应用型本科院校特色。根据经济类和管理类各专业对数学知识的需求,本着"轻理论、重应用"的原则制定内容体系。

(2) 注重理论联系实际。在内容安排上由浅入深,与中学数学进行了合理的衔接。在引入概念时,介绍了概念产生的实际背景,采用提出问题—讨论问题—解决问题的思路,逐步展开知识点,使学生能够从实际问题出发,激发学习兴趣;另外在微分学与积分学章节中,引入了经济、管理类的实际应用例题和课后练习题,以培养学生应用数学工具解决实际问题的意识和能力。

(3) 本教材结构严谨、逻辑严密、语言准确、解析详细,易于学生阅读。由于弱化了抽象理论,突出了理论应用和方法介绍,内容深度广度适当,贴近教学实际,便于教师教与学生学。本教材内容分为教程篇(上、下册)和导学篇(上、下册),包括函数的极限、一元函数微积分学、微分方程、多元函数微积分学、无穷级数、数学实验、微积分在经济中的应用等内容。

(4) 在教程篇每一章的结束部分,都增加了数学拓展,其中包含数学建模和有杰出贡献的数学家的生平简介。通过数学建模,可以使学生认识到所学的数学知识在经济、管理学中有着广泛的应用,同时能够利用所学知识对相应问题进行简单求解。通过介绍数学家的生平和事迹,可以使学生真正了解数学发展的基本过程,而且能让学生学习数学家追求真理、维护真理的坚韧不拔的科学精神。在导学篇每章的后面都配有单元练习,供学生学完一章后复习、总结、提高之用。其中的题目主要考查本章必须掌握的知识点,并强调知识点的综合运用,注重培养学生的解题思路和解题方法,便于学生自测。

(5) 与中学数学衔接紧密。附录Ⅰ中对常用基本初等函数的定义域和图像进行全面总结,附录Ⅱ对常见的三角函数公式进行了全面总结,并在附录Ⅲ、Ⅳ、Ⅴ中分别介绍了二阶行列式、三阶行列式、一些常用的平面曲线及其图形、各种类型的不定积分公式,供学生查阅参考。

在编写过程中,我们借鉴同类院校经典教材的优点,注重教材改革中的一些成功案例,使得本教材更适合当代大学生人才培养和教学实践的需要。

本教材为了更好地实现与中学数学内容的衔接,对反三角函数的相关内容进行了详细描述;为保证教学内容更加系统,将微分方程调整到定积分之后;根据现有微积分课程课时要求,对空间解析几何的内容进行了适当精简合并,将其添加到多元函数微分学的第一节,同时增加了大量经济、管理数学模型的例题和习题。

参加教程篇编写的有曹海军（第 1—5 章），周玲丽（第 6、7、10 章），张鑫（第 8、9 章）。教程篇由曹海军、周玲丽统稿及定稿。参加导学篇编写的有王海棠（第 1、2、9、10 章），马彦君（第 3、4 章），李丽（第 5、6 章），于学光（第 7、8 章）。导学篇由王海棠统稿及定稿。在编写过程中，我们参考和借鉴了许多国内外有关文献资料，并得到了很多同行的帮助和指导，在此对所有关心支持本教材编写的教师表示衷心感谢。

限于编写水平，书中难免有错误和不足之处，敬请广大读者批评指正。

编 者
2022 年 3 月

目　　录

前言

第6章　微分方程与差分方程 ··· 1
6.1　微分方程的基本概念 ·· 2
6.1.1　知识点分析 ·· 2
6.1.2　典例解析 ·· 2
6.1.3　习题 ··· 3
6.1.4　习题详解 ·· 3
6.2　一阶微分方程 ··· 3
6.2.1　知识点分析 ·· 4
6.2.2　典例解析 ·· 5
6.2.3　习题 ··· 6
6.2.4　习题详解 ·· 7
6.3　可降阶的二阶微分方程 ··· 11
6.3.1　知识点分析 ·· 11
6.3.2　典例解析 ·· 11
6.3.3　习题 ··· 12
6.3.4　习题详解 ·· 13
6.4　二阶常系数线性微分方程 ··· 15
6.4.1　知识点分析 ·· 15
6.4.2　典例解析 ·· 16
6.4.3　习题 ··· 17
6.4.4　习题详解 ·· 18
6.5　差分方程 ··· 20
6.5.1　知识点分析 ·· 20
6.5.2　典例解析 ·· 21
6.5.3　习题 ··· 22
6.5.4　习题详解 ·· 22
6.6　微分方程和差分方程的简单经济应用 ·· 24
6.6.1　知识点分析 ·· 24
6.6.2　典例解析 ·· 24
6.6.3　习题 ··· 26
6.6.4　习题详解 ·· 26
本章练习 A ··· 28
本章练习 B ··· 29
本章练习 A 答案 ·· 31
本章练习 B 答案 ·· 34

第7章　多元函数微分学 ·· 38
7.1　空间解析几何简介 ··· 39
7.1.1　知识点分析 ·· 39

| 7.1.2 典例解析 ·· 40
| 7.1.3 习题 ·· 41
| 7.1.4 习题详解 ·· 41
| 7.2 多元函数的基本概念 ··· 41
| 7.2.1 知识点分析 ·· 41
| 7.2.2 典例解析 ·· 42
| 7.2.3 习题 ·· 44
| 7.2.4 习题详解 ·· 45
| 7.3 偏导数 ·· 46
| 7.3.1 知识点分析 ·· 46
| 7.3.2 典例解析 ·· 47
| 7.3.3 习题 ·· 49
| 7.3.4 习题详解 ·· 50
| 7.4 全微分 ·· 51
| 7.4.1 知识点分析 ·· 51
| 7.4.2 典例解析 ·· 52
| 7.4.3 习题 ·· 54
| 7.4.4 习题详解 ·· 55
| 7.5 多元复合函数的求导法则 ··· 56
| 7.5.1 知识点分析 ·· 56
| 7.5.2 典例解析 ·· 56
| 7.5.3 习题 ·· 59
| 7.5.4 习题详解 ·· 59
| 7.6 隐函数求导法 ··· 61
| 7.6.1 知识点分析 ·· 61
| 7.6.2 典例解析 ·· 62
| 7.6.3 习题 ·· 64
| 7.6.4 习题详解 ·· 65
| 7.7 多元函数的极值及其应用 ··· 67
| 7.7.1 知识点分析 ·· 67
| 7.7.2 典例解析 ·· 68
| 7.7.3 习题 ·· 70
| 7.7.4 习题详解 ·· 71
| 本章练习 A ·· 74
| 本章练习 B ·· 76
| 本章练习 A 答案 ··· 78
| 本章练习 B 答案 ··· 81

第 8 章 二重积分 ·· 85
   8.1 二重积分的概念与性质 ·· 86
       8.1.1 知识点分析 ·· 86
       8.1.2 典例解析 ·· 87
       8.1.3 习题 ·· 88

        8.1.4 习题详解 ····· 89
    8.2 二重积分的计算 ····· 89
        8.2.1 知识点分析 ····· 89
        8.2.2 典例解析 ····· 92
        8.2.3 习题 ····· 98
        8.2.4 习题详解 ····· 98
    本章练习 A ····· 105
    本章练习 B ····· 107
    本章练习 A 答案 ····· 108
    本章练习 B 答案 ····· 111

第 9 章 无穷级数 ····· 117
    9.1 常数项级数的概念和性质 ····· 118
        9.1.1 知识点分析 ····· 118
        9.1.2 典例解析 ····· 120
        9.1.3 习题 ····· 121
        9.1.4 习题详解 ····· 122
    9.2 正项级数及其审敛法 ····· 124
        9.2.1 知识点分析 ····· 124
        9.2.2 典例解析 ····· 125
        9.2.3 习题 ····· 126
        9.2.4 习题详解 ····· 127
    9.3 任意项级数的绝对收敛与条件收敛 ····· 130
        9.3.1 知识点分析 ····· 130
        9.3.2 典例解析 ····· 131
        9.3.3 习题 ····· 133
        9.3.4 习题详解 ····· 133
    9.4 幂级数 ····· 135
        9.4.1 知识点分析 ····· 135
        9.4.2 典例解析 ····· 137
        9.4.3 习题 ····· 138
        9.4.4 习题详解 ····· 139
    9.5 函数展开成幂级数 ····· 142
        9.5.1 知识点分析 ····· 142
        9.5.2 典例解析 ····· 144
        9.5.3 习题 ····· 144
        9.5.4 习题详解 ····· 145
    本章练习 A ····· 146
    本章练习 B ····· 148
    本章练习 A 答案 ····· 149
    本章练习 B 答案 ····· 152

第 10 章 微积分在经济中的应用 ····· 156
下册自测试题 ····· 166

第6章 微分方程与差分方程

知识结构图

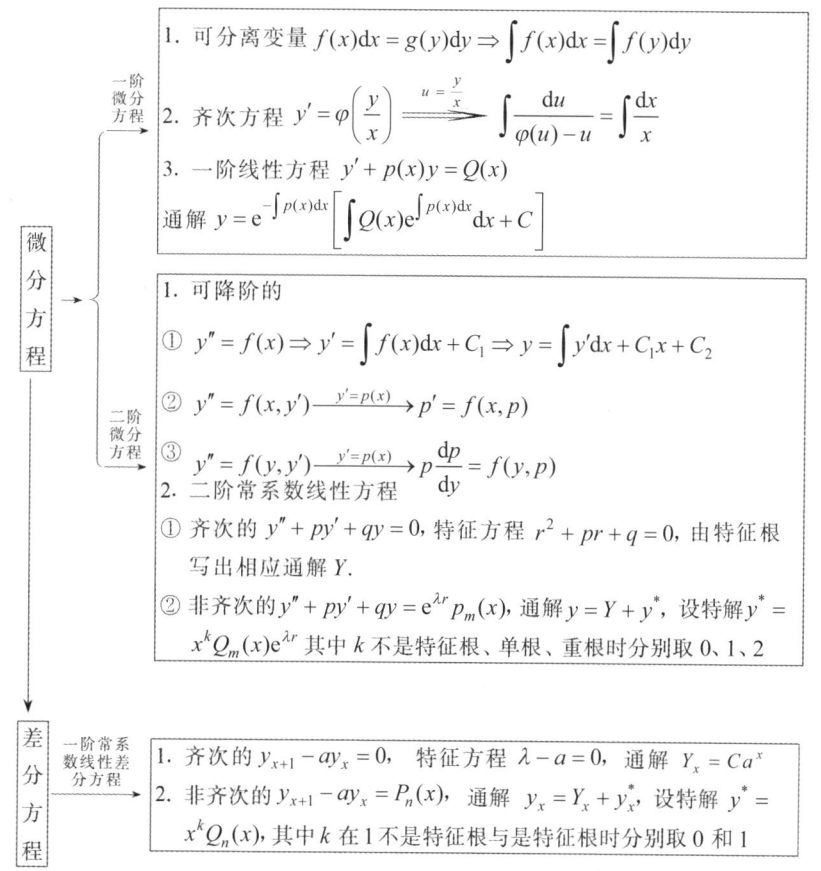

本章学习目标

- 了解微分方程的阶、通解、初始条件及特解的概念；
- 掌握可分离变量方程、齐次方程和一阶线性微分方程的解法；
- 会解一些可降阶的二阶微分方程；

- 掌握二阶常系数线性微分方程的解法，理解线性微分方程的概念与解的结构；
- 了解差分方程的概念及一些简单差分方程的解法；
- 会用微分方程及差分方程解决一些简单的经济应用问题.

6.1 微分方程的基本概念

6.1.1 知识点分析

1. 微分方程的概念

表示未知函数、未知函数的导数或微分与自变量之间的关系的方程称为微分方程．若未知函数为一元函数则称为常微分方程（简称微分方程），未知函数是多元函数的方程称为偏微分方程．

2. 微分方程的阶

微分方程中所含未知函数的导数的最高阶数称为微分方程的阶．

3. 微分方程的解、通解、特解

满足微分方程的函数称为微分方程的解；若微分方程的解中所含有的独立的任意常数的个数等于微分方程的阶数，则称该解为微分方程的通解．通解不一定是全部的解．

不含任意常数或任意常数确定后的解称为微分方程的特解．确定任意常数的条件称为初始条件．

6.1.2 典例解析

例 1 微分方程 $x(y'')^2 = y' + x^3 y'$ 的阶数是（   ）．

A．一阶 B．二阶 C．三阶 D．四阶

解 方程中未知函数的最高阶导数是 y''，故选 B．

点拨 微分方程的阶数指的是方程中所含未知函数的导数的最高阶数．

例 2 验证函数 $y = (x^2 + C)\sin x$（C 为任意常数）是方程
$$y' - y\cot x - 2x\sin x = 0$$
的通解．

解 对函数求一阶导数，得 $y' = 2x\sin x + (x^2 + C)\cos x$，将 y 和 y' 代入方程左边，得
$$y' - y\cot x - 2x\sin x$$
$$= 2x\sin x + (x^2 + C)\cos x - (x^2 + C)\sin x\cot x - 2x\sin x \equiv 0$$

因为方程两边恒等，且 y 中含有一个任意常数，故 $y=(x^2+C)\sin x$ 是方程的通解.

点拨 要验证一个函数是否是方程的通解，只要将函数代入方程，验证方程是否恒成立，再看函数中所含的独立的任意常数的个数是否与方程的阶数相同.

6.1.3 习题

1．试写出下列微分方程的阶数：

（1）$x^2 dx + y dy = 0$；　　　　　　（2）$x(y')^2 - 2yy' + x = 0$；

（3）$x^2 y'' - xy' + y = 0$；　　　　　（4）$xy''' + 2y'' + x^2 y = 0$.

2．验证函数 $y = Ce^{-x} + x - 1$ 是微分方程 $y' + y = x$ 的通解，并求满足初始条件 $y|_{x=0} = 2$ 的特解.

3．某商品的销售量 x 是价格 P 的函数，如果要使该商品的销售收入在价格变化的情况下保持不变，则销售量 x 对于价格 P 的函数关系需满足怎样的微分方程？在这种情况下，该商品的需求量相对价格 P 的弹性是什么？

6.1.4 习题详解

1．**解** （1）一阶；（2）一阶；（3）二阶；（4）三阶.

2．**解** 对函数求一阶导数，得 $y' = -Ce^{-x} + 1$，将 y 和 y' 代入方程左边，得
$$y' + y = -Ce^{-x} + 1 + Ce^{-x} + x - 1 = x.$$

因为方程两边恒等，且 y 中含有一个任意常数 C，故 $y = Ce^{-x} + x - 1$ 是方程的通解．再将 $y|_{x=0} = 2$ 代入通解中，得 $C = 3$，从而初始条件下的特解为 $y = 3e^{-x} + x - 1$.

3．**解** （1）若销售收入保持不变，等同于边际为 0．设销售量 $x = x(P)$，则收益 $R(P) = x \cdot P = P \cdot x(P)$，$R'(P)$ 为收益边际，即 $R'(P) = x(P) + Px'(P) = 0$ 为所求方程.

（2）$\dfrac{Ex}{EP} = \dfrac{dx}{dP} \cdot \dfrac{P}{x} = x'(P) \cdot \dfrac{P}{x(P)}$，由条件知 $x'(P) = -\dfrac{x(P)}{P}$，从而
$$\dfrac{Ex}{EP} = -\dfrac{x(P)}{P} \cdot \dfrac{P}{x(P)} = -1.$$

6.2 一阶微分方程

一阶微分方程的一般形式为
$$F(x, y, y') = 0$$
有时也可写成如下对称形式
$$P(x, y)dx + Q(x, y)dy = 0.$$

6.2.1 知识点分析

1. 可分离变量的微分方程及其解法

能化成 $g(y)dy = f(x)dx$ 形式的一阶微分方程称为可分离变量的微分方程.

可分离变量的微分方程的解题步骤如下：

（1）将方程化成标准式 $g(y)dy = f(x)dx$；

（2）两边分别对 x 和 y 积分

$$\int g(y)dy = \int f(x)dx$$

即得微分方程的通解 $G(y) = F(x) + C$，其中 C 为任意常数，$G(y)$ 和 $F(x)$ 分别是 $g(y)$ 和 $f(x)$ 的一个原函数.

2. 齐次方程

可化为 $\dfrac{dy}{dx} = \varphi\left(\dfrac{y}{x}\right)$ 形式的一阶微分方程称为齐次微分方程.

齐次方程通解的解题步骤如下：

（1）将所给方程化为 $\dfrac{dy}{dx} = \varphi\left(\dfrac{y}{x}\right)$；

（2）令 $u = \dfrac{y}{x}$，则有 $y = ux$，$\dfrac{dy}{dx} = u + x\dfrac{du}{dx}$，代入方程得 $u + x\dfrac{du}{dx} = \varphi(u)$，即 $x\dfrac{du}{dx} = \varphi(u) - u$，分离变量后两端同时积分得 $\int \dfrac{du}{\varphi(u) - u} = \int \dfrac{dx}{x}$，求出积分后得通解；

（3）用 $\dfrac{y}{x}$ 代替 u 代入上面的通解，便得所给齐次方程的通解.

3. 一阶线性微分方程

形如 $y' + P(x)y = Q(x)$ 的微分方程称为一阶线性微分方程.

当 $Q(x) \equiv 0$ 时，原方程化为 $y' + P(x)y = 0$，称为一阶齐次线性微分方程；

当 $Q(x) \not\equiv 0$ 时，原方程为 $y' + P(x)y = Q(x)$，称为一阶非齐次线性微分方程.

一阶线性微分方程的解法有以下两种情况：

（1）一阶齐次线性微分方程 $y' + P(x)y = 0$. 这是一个可分离变量的微分方程，所以分离变量积分，得通解为 $y = Ce^{-\int P(x)dx}$.

（2）一阶非齐次线性微分方程的通解 $y = e^{-\int P(x)dx}\left[\int Q(x)e^{\int P(x)dx}dx + C\right]$.

注 （1）通解公式中的积分 $\int p(x)dx$ 和 $\int Q(x)e^{\int p(x)dx}dx$ 只表示被积函数中的任意一个原函数，不含任意常数 C.

（2）求一阶非齐次线性微分方程的通解可直接套用上述公式，如不套用，则利用教材中的常数变易法进行求解.

6.2.2 典例解析

例 1 求微分方程 $xy\mathrm{d}x+\sqrt{1-x^2}\mathrm{d}y=0$ 满足初始条件 $y|_{x=1}=\mathrm{e}$ 的特解.

解 分离变量得 $\dfrac{-x}{\sqrt{1-x^2}}\mathrm{d}x=\dfrac{1}{y}\mathrm{d}y$

两端积分得 $\sqrt{1-x^2}+C_1=\ln|y|$

由此得 $y=\pm\mathrm{e}^{\sqrt{1-x^2}+C_1}=C\mathrm{e}^{\sqrt{1-x^2}}$ （$C=\pm\mathrm{e}^{C_1}$）

又因为满足初始条件 $y|_{x=1}=\mathrm{e}$，代入得 $C=\mathrm{e}$，所以特解为 $y=\mathrm{e}^{\sqrt{1-x^2}+1}$.

例 2 求微分方程 $\cos\theta+r\sin\theta\dfrac{\mathrm{d}\theta}{\mathrm{d}r}=0$ 的通解.

解 分离变量得 $\dfrac{-\sin\theta\mathrm{d}\theta}{\cos\theta}=\dfrac{\mathrm{d}r}{r}$

两端积分得 $\ln|\cos\theta|=\ln|r|+\ln|C|$

所以通解为 $\cos\theta=Cr$.

解 方法一：将方程化为 $\dfrac{\mathrm{d}y}{\mathrm{d}x}=\dfrac{y}{x+y}=\dfrac{\dfrac{y}{x}}{1+\dfrac{y}{x}}$，

令 $u=\dfrac{y}{x}$，则 $y=xu$，$\dfrac{\mathrm{d}y}{\mathrm{d}x}=u+x\dfrac{\mathrm{d}u}{\mathrm{d}x}$. 代入原方程，得

$$u+x\dfrac{\mathrm{d}u}{\mathrm{d}x}=\dfrac{u}{1+u}$$

即 $x\dfrac{\mathrm{d}u}{\mathrm{d}x}=\dfrac{u}{1+u}-u=\dfrac{-u^2}{1+u}$

分离变量，得 $-\dfrac{1+u}{u^2}\mathrm{d}u=\dfrac{1}{x}\mathrm{d}x$

两边积分得 $\dfrac{1}{u}-\ln|u|=\ln|x|+\ln|C|$

即 $\mathrm{e}^{\frac{1}{u}}=Cux$

将 $u=\dfrac{y}{x}$ 代入，便得原方程的通解为 $\mathrm{e}^{\frac{x}{y}}=Cy$.

方法二：将方程变形为 $\dfrac{\mathrm{d}x}{\mathrm{d}y}-\dfrac{1}{y}x=1$，由一阶线性微分方程通解公式得

$$x = \mathrm{e}^{-\int -\frac{1}{y}\mathrm{d}y}\left(\int \mathrm{e}^{-\int \frac{1}{y}\mathrm{d}y}\mathrm{d}y + C\right) = y(\ln y + C).$$

例4 求微分方程 $(x^2-1)y' + 2xy - \cos x = 0$ 的通解.

解 方程可化为 $y' + \dfrac{2x}{x^2-1}y = \dfrac{\cos x}{x^2-1}$，其中 $P(x) = \dfrac{2x}{x^2-1}$，$Q(x) = \dfrac{\cos x}{x^2-1}$，由通解公式得

$$\begin{aligned}
y &= \mathrm{e}^{-\int \frac{2x}{x^2-1}\mathrm{d}x}\left(\int \frac{\cos x}{x^2-1}\mathrm{e}^{\int \frac{2x}{x^2-1}\mathrm{d}x}\mathrm{d}x + C\right)\\
&= \frac{1}{x^2-1}\left(\int \cos x \,\mathrm{d}x + C\right)\\
&= \frac{\sin x + C}{x^2-1}.
\end{aligned}$$

例5 求微分方程 $y\mathrm{d}x + (1+y)x\mathrm{d}y = \mathrm{e}^y \mathrm{d}y$ 的通解.

解 以 y 作自变量将方程化为 $\dfrac{\mathrm{d}x}{\mathrm{d}y} + \dfrac{1+y}{y}x = \dfrac{\mathrm{e}^y}{y}$，其中 $P(y) = \dfrac{1+y}{y}$，$Q(y) = \dfrac{\mathrm{e}^y}{y}$，

由通解公式得

$$\begin{aligned}
x &= \mathrm{e}^{-\int \frac{1+y}{y}\mathrm{d}y}\left(\int \frac{\mathrm{e}^y}{y}\mathrm{e}^{\int \frac{1+y}{y}\mathrm{d}y}\mathrm{d}y + C\right)\\
&= \frac{\mathrm{e}^{-y}}{y}\left(\int \frac{\mathrm{e}^y}{y}y\mathrm{e}^y \mathrm{d}y + C\right)\\
&= \frac{1}{y}\left(\frac{\mathrm{e}^y}{2} + C\mathrm{e}^{-y}\right).
\end{aligned}$$

6.2.3 习题

1. 求下列微分方程的通解：

（1）$2x^2 yy' = y^2 + 1$； （2）$xy' - y\ln y = 0$；

（3）$3x^2 + 5x - 5y' = 0$； （4）$y' = \sqrt{1-y^2}$；

（5）$y' = \dfrac{y}{x} + \tan\dfrac{y}{x}$； （6）$(x^2+y^2)\mathrm{d}x - xy\mathrm{d}y = 0$.

2. 求下列微分方程的特解：

（1）$x\mathrm{d}y + 2y\mathrm{d}x = 0$，$y\big|_{x=2} = 1$； （2）$y'\sin x = y\ln y$，$y\big|_{x=\frac{\pi}{2}} = \mathrm{e}$；

（3）$(y^2 - 3x^2)\mathrm{d}y + 2xy\mathrm{d}x = 0$，$y\big|_{x=0} = 1$； （4）$y' = \dfrac{x}{y}$，$y\big|_{x=1} = 2$.

3．利用通解公式求下列微分方程的通解：

（1）$\dfrac{dy}{dx}+y=e^{-x}$； （2）$y'+y\cos x=e^{-\sin x}$；

（3）$(y^2-6x)y'+2y=0$．

4．利用通解公式求下列微分方程的特解：

（1）$x\cdot\dfrac{dy}{dx}+y-e^x=0$，$y|_{x=1}=0$；

（2）$y'+y\cos x=\sin x\cdot\cos x$，$y|_{x=0}=1$．

6.2.4 习题详解

1．**解** （1）将方程化为　　$\dfrac{dy}{dx}=\dfrac{y^2+1}{2x^2y}$

分离变量得　　　　　　　$\dfrac{2y}{y^2+1}dy=\dfrac{1}{x^2}dx$

两边积分得　　　　　　　$\ln(y^2+1)=-\dfrac{1}{x}+C$

故方程的通解为　　　　　$\ln(y^2+1)=-\dfrac{1}{x}+C$；

（2）将方程化为　　　　$\dfrac{dy}{dx}=\dfrac{y\ln y}{x}$

分离变量得　　　　　　　$\dfrac{dy}{y\ln y}=\dfrac{dx}{x}$

两边积分得　　　　　　　$\ln|\ln y|=\ln|x|+\ln|C|$

即　　　　　　　　　　　$y=e^{Cx}$

故方程的通解为　　　　　$y=e^{Cx}$；

（3）将方程化为　　　　$\dfrac{dy}{dx}=x+\dfrac{3}{5}x^2$

两边积分得　　　　　　　$y=\dfrac{1}{2}x^2+\dfrac{1}{5}x^3+C$

故方程的通解为　　　　　$y=\dfrac{1}{2}x^2+\dfrac{1}{5}x^3+C$；

（4）分离变量得　　　　$\dfrac{dy}{\sqrt{1-y^2}}=dx$

两边积分得　　　　　　　$\arcsin y=x+C$

故方程的通解为　　　　　$y=\sin(x+C)$；

(5) 令 $u = \dfrac{y}{x}$，则 $y = xu$，$y' = u + xu'$，代入原方程得

$$xu' = \tan u$$

分离变量得
$$\dfrac{\mathrm{d}u}{\tan u} = \dfrac{\mathrm{d}x}{x}$$

两边积分得
$$\ln|\sin u| = \ln|x| + \ln|C|$$

即
$$\sin u = Cx$$

将 $u = \dfrac{y}{x}$ 代入得 $\sin\dfrac{y}{x} = Cx$，故方程通解为 $\sin\dfrac{y}{x} = Cx$；

(6) 方程变形为 $\dfrac{\mathrm{d}y}{\mathrm{d}x} = \dfrac{x^2 + y^2}{xy} = \dfrac{x}{y} + \dfrac{y}{x}$

令 $u = \dfrac{y}{x}$，则 $y' = u + xu'$，代入原方程得

$$xu' = \dfrac{1}{u}$$

分离变量得
$$u\mathrm{d}u = \dfrac{\mathrm{d}x}{x}$$

两边积分得
$$\dfrac{1}{2}u^2 = \ln|x| + C$$

即
$$\dfrac{1}{2}\left(\dfrac{y}{x}\right)^2 = \ln|x| + C$$

故方程的通解为
$$y^2 = 2x^2(\ln|x| + C).$$

2. **解** （1）将方程化为 $x\mathrm{d}y = -2y\mathrm{d}x$

分离变量得
$$\dfrac{\mathrm{d}y}{y} = -2\dfrac{\mathrm{d}x}{x}$$

两边积分得
$$\ln|y| = -2\ln|x| + \ln|C|$$

即
$$y = \dfrac{C}{x^2}$$

代入初始条件，可知 $C = 4$，故方程的特解为 $x^2 y = 4$；

（2）将方程分离变量得 $\dfrac{\mathrm{d}y}{y\ln y} = \dfrac{\mathrm{d}x}{\sin x}$

两边积分得
$$\ln|\ln y| = \ln|\csc x - \cot x| + \ln|C|$$

即
$$\ln y = C(\csc x - \cot x)$$

代入初始条件，可知 $C = 1$，故方程的特解为

$$\ln y = \csc x - \cot x;$$

（3）将方程变形为 $(3x^2 - y^2)dy = 2xydx$

方程可化为 $\dfrac{dx}{dy} = \dfrac{3x^2 - y^2}{2xy} = \dfrac{3}{2} \cdot \dfrac{x}{y} - \dfrac{1}{2} \cdot \dfrac{y}{x}$

令 $u = \dfrac{x}{y}$，则 $x = yu$，$x' = u + yu'$，代入原方程得

$$yu' = \dfrac{1}{2}\left(u - \dfrac{1}{u}\right)$$

分离变量得 $\dfrac{2udu}{u^2 - 1} = \dfrac{dy}{y}$

两边积分得 $\ln|u^2 - 1| = \ln|y| + \ln C$

即 $u^2 - 1 = Cy$，即 $\dfrac{x^2}{y^2} - 1 = Cy$

代入初始条件，可知 $C = -1$，故方程的特解为 $x^2 - y^2 + y^3 = 0$；

（4）将方程分离变量得 $ydy = xdx$

两边积分得 $\dfrac{1}{2}y^2 = \dfrac{1}{2}x^2 + C_1$

方程的通解为 $x^2 - y^2 = C$

代入初始条件，可知 $C = -3$，故方程的特解为 $x^2 - y^2 + 3 = 0$.

3. **解** （1）$P(x) = 1$，$Q(x) = e^{-x}$，由通解公式得

$$y = e^{-\int dx}\left(\int e^{-x}e^{\int dx}dx + C\right)$$
$$= e^{-x}\left(\int e^{-x}e^x dx + C\right) = e^{-x}(x + C)$$

故方程的通解为 $y = e^{-x}(x + C)$；

（2）$P(x) = \cos x$，$Q(x) = e^{-\sin x}$，由通解公式得

$$y = e^{-\int \cos xdx}\left(\int e^{-\sin x}e^{\int \cos xdx}dx + C\right)$$
$$= e^{-\sin x}\left(\int e^{-\sin x}e^{\sin x}dx + C\right) = e^{-\sin x}(x + C)$$

故方程的通解为 $y = e^{-\sin x}(x + C)$；

（3）原方程可化为 $y' = \dfrac{2y}{6x - y^2}$，以 y 作自变量有

$$\dfrac{dx}{dy} = \dfrac{6x - y^2}{2y} = \dfrac{3}{y}x - \dfrac{1}{2}y$$

即 $x' - \dfrac{3}{y}x = -\dfrac{1}{2}y$，$P(y) = -\dfrac{3}{y}$，$Q(y) = -\dfrac{y}{2}$，由通解公式得

$$x = e^{-\int\left(-\frac{3}{y}\right)dy}\left(-\int\dfrac{1}{2}ye^{-\int\frac{3}{y}dy}dy + C\right)$$

$$= e^{3\ln y}\left(-\int\dfrac{1}{2}ye^{-3\ln y}dy + C\right)$$

$$= y^3\left(-\int\dfrac{y}{2}\cdot\dfrac{1}{y^3}dy + C\right)$$

$$= y^3\left(\dfrac{1}{2y} + C\right) = \dfrac{y^2}{2} + Cy^3$$

故方程的通解为 $x = \dfrac{y^2}{2} + Cy^3$.

4. 解 （1）原方程可化为 $\dfrac{dy}{dx} + \dfrac{y}{x} = \dfrac{e^x}{x}$，则 $P(x) = \dfrac{1}{x}$，$Q(x) = \dfrac{e^x}{x}$，由通解公式得

$$y = e^{-\int\frac{1}{x}dx}\left(\int\dfrac{e^x}{x}e^{\int\frac{1}{x}dx}dx + C\right)$$

$$= \dfrac{1}{x}\left(\int e^x dx + C\right)$$

$$= \dfrac{1}{x}(e^x + C)$$

代入初始条件，可知 $C = -e$，故方程的特解为 $y = \dfrac{e^x}{x} - \dfrac{e}{x}$；

（2） $P(x) = \cos x$，$Q(x) = \sin x\cos x$，由通解公式得

$$y = e^{-\int\cos x dx}\left(\int\sin x\cos x e^{\int\cos x dx}dx + C\right)$$

$$= e^{-\sin x}\left(\int\sin x\cos x e^{\sin x}dx + C\right)$$

$$= e^{-\sin x}\left(\int\sin x d e^{\sin x} + C\right)$$

$$= e^{-\sin x}[e^{\sin x}(\sin x - 1) + C]$$

$$= \sin x - 1 + Ce^{-\sin x}$$

代入初始条件，可知 $C = 2$，故方程的特解为 $y = \sin x - 1 + 2e^{-\sin x}$.

6.3 可降阶的二阶微分方程

6.3.1 知识点分析

1. $y'' = f(x)$ 型的微分方程

解法 方程两端积分，得 $y' = \int f(x)\mathrm{d}x + C_1$，两端再次积分，得方程的通解
$$y = \int \left[\int f(x)\mathrm{d}x\right]\mathrm{d}x + C_1 x + C_2$$
其中 C_1 和 C_2 为任意常数.

2. $y'' = f(x, y')$ 型的微分方程

解法 （1）设 $y' = p(x)$，则 $y'' = \dfrac{\mathrm{d}p}{\mathrm{d}x} = p'$；

（2）原方程就化为关于变量 x 和 p 的一阶微分方程 $p' = f(x, p)$，解出通解为 $p = \varphi(x, C_1)$；得新的一阶微分方程 $y' = p = \varphi(x, C_1)$，对该方程两端积分便得通解.

（3）$y'' = f(y, y')$ 型的微分方程

解法 （1）设 $y' = p(y)$，则 $y'' = \dfrac{\mathrm{d}p}{\mathrm{d}x} = \dfrac{\mathrm{d}p}{\mathrm{d}y} \cdot \dfrac{\mathrm{d}y}{\mathrm{d}x} = p \cdot \dfrac{\mathrm{d}p}{\mathrm{d}y}$；

（2）原方程化为关于 y 和 p 的一阶微分方程 $p \cdot \dfrac{\mathrm{d}p}{\mathrm{d}y} = f(y, p)$，解出通解为 $y' = p = \varphi(y, C_1)$；

（3）对上式分离变量并两端积分得 $\int \dfrac{\mathrm{d}y}{\varphi(y, C_1)} = x + C_2$，即为方程通解.

6.3.2 典例解析

例 1 求方程 $y'' = \mathrm{e}^{-x}$ 的通解.

解 方程两边积分得 $\quad y' = \int \mathrm{e}^{-x}\mathrm{d}x + C_1 = -\mathrm{e}^{-x} + C_1$

两边再次积分得 $\quad y = \mathrm{e}^{-x} + C_1 x + C_2$

所以方程的通解为 $\quad y = \mathrm{e}^{-x} + C_1 x + C_2$.

例 2 求方程 $(x+1)y'' - y' + 1 = 0$ 满足初始条件 $y|_{x=0} = 1$，$y'|_{x=0} = 2$ 的特解.

解 令 $y' = p(x)$，则 $y'' = p'$，原方程变为 $(x+1)p' - p + 1 = 0$

分离变量得 $\quad \dfrac{1}{p-1}\mathrm{d}p = \dfrac{1}{x+1}\mathrm{d}x$

两边积分得 $\quad\ln|p-1|=\ln|x+1|+\ln|C_1|$

即 $\quad y'=C_1(x+1)+1$

又 $y'|_{x=0}=2$ 得 $C_1=1$，所以 $y'=x+2$

两边积分得 $\quad y=\dfrac{1}{2}x^2+2x+C_2$

又 $y|_{x=0}=1$ 得 $C_2=1$，所以方程的特解为 $y=\dfrac{1}{2}x^2+2x+1$.

例 3 求方程 $y''+\dfrac{2}{1-y}y'^2=0$ 的通解.

解 令 $y'=p(y)$，则 $y''=p\dfrac{\mathrm{d}p}{\mathrm{d}y}$，原方程变为 $p\dfrac{\mathrm{d}p}{\mathrm{d}y}+\dfrac{2}{1-y}p^2=0$

分离变量得 $\quad \dfrac{1}{p}\mathrm{d}p=\dfrac{2}{y-1}\mathrm{d}y$

两边积分得 $\quad \ln|p|=2\ln|y-1|+\ln|C_1|$

即 $\quad y'=C_1(y-1)^2$

分离变量得 $\quad \dfrac{\mathrm{d}y}{(y-1)^2}=C_1\mathrm{d}x$

两边积分得 $\quad (C_1x+C_2)(1-y)=1$

所以方程的通解为 $\quad (C_1x+C_2)(1-y)=1$.

6.3.3 习题

1. 求下列微分方程的通解：

（1） $y''=x+\sin x$； （2） $y''=x\mathrm{e}^x$；

（3） $y''=1+(y')^2$； （4） $y''=y'+x$；

（5） $xy''+y'=0$； （6*） $y^3y''-1=0$.

2. 求下列微分方程满足所给初始条件的特解.

（1） $x^2y''+xy'=1$，$y|_{x=1}=0$，$y'|_{x=1}=1$；

（2*） $y''-a(y')^2=0$，$y|_{x=0}=0$，$y'|_{x=0}=-1$；

（3*） $y''-\mathrm{e}^{2y}=0$，$y|_{x=0}=y'|_{x=0}=0$.

3. 求满足方程 $xy''=y'+x^2$，经过点 $(1,0)$ 且在此点的切线与直线 $y=3x-3$ 垂直的积分曲线.

6.3.4 习题详解

1. 解 （1）方程两边积分得 $y' = \dfrac{1}{2}x^2 - \cos x + C_1$

再次积分得 $\qquad\qquad\qquad y = \dfrac{1}{6}x^3 - \sin x + C_1 x + C_2$

所以方程的通解为 $\qquad\qquad y = \dfrac{1}{6}x^3 - \sin x + C_1 x + C_2$；

（2）方程两边积分得 $\qquad y' = \int x \mathrm{d}e^x = xe^x - \int e^x \mathrm{d}x + C_1 = (x-1)e^x + C_1$

两边再次积分得 $\qquad\qquad y = (x-2)e^x + C_1 x + C_2$

所以方程的通解为 $\qquad\qquad y = (x-2)e^x + C_1 x + C_2$；

（3）令 $y' = p(x)$，则 $y'' = p'$，代入原方程式得 $\dfrac{\mathrm{d}p}{1+p^2} = \mathrm{d}x$

两边积分得 $\qquad\qquad\qquad \arctan p = x + C_1$

即 $p = \tan(x + C_1)$，从而 $\qquad y = \int \tan(x+C_1)\mathrm{d}x + C_2 = -\ln|\cos(x+C_1)| + C_2$

所以方程的通解为 $\qquad\qquad y = -\ln|\cos(x+C_1)| + C_2$；

（4）令 $y' = p(x)$，则 $y'' = p'$，代入原方程式得 $p' - p = x$，由一阶非齐次线性微分方程的通解公式得

$$p = e^{\int \mathrm{d}x}\left(C_1 + \int xe^{-\int \mathrm{d}x}\mathrm{d}x\right) = C_1 e^x - x - 1，\quad 即 \quad p = y' = C_1 e^x - x - 1$$

两边积分得 $y = C_1 e^x - \dfrac{1}{2}x^2 - x + C_2$，所以方程的通解为 $y = C_1 e^x - \dfrac{1}{2}x^2 - x + C_2$；

（5）设 $y' = p(x)$，则 $y'' = p'$，代入原方程得 $xp' + p = 0$

分离变量得 $\qquad\qquad\qquad \dfrac{\mathrm{d}p}{p} = -\dfrac{\mathrm{d}x}{x}$

两端积分得 $\qquad\qquad\qquad \ln|p| = -\ln|x| + \ln|C_1|$

即 $\qquad\qquad\qquad\qquad p = y' = \dfrac{C_1}{x}$

两边积分得 $\qquad\qquad\qquad y = C_1 \ln|x| + C_2$

所以方程的通解为 $\qquad\qquad y = C_1 \ln|x| + C_2$；

（6*）设 $y' = p(y)$，则 $y'' = p\dfrac{\mathrm{d}p}{\mathrm{d}y}$，代入原方程得 $y^3 \dfrac{\mathrm{d}p}{\mathrm{d}y} p = 1$

分离变量得 $\qquad\qquad\qquad p\mathrm{d}p = \dfrac{1}{y^3}\mathrm{d}y$

两边积分得 $\qquad\qquad\qquad \dfrac{1}{2}p^2 = -\dfrac{1}{2y^2} + \dfrac{C_1}{2}$

即 $$p = \pm\sqrt{-\frac{1}{y^2} + C_1} = y'$$

分离变量得 $$\pm \frac{y}{\sqrt{C_1 y^2 - 1}} dy = dx$$

两边积分得 $$\pm \frac{\sqrt{C_1 y^2 - 1}}{C_1} = x + C_2'$$

所以方程的通解为 $C_1 y^2 - 1 = (C_1 x + C_2)^2$ （$C = C_1 C_2'$）.

2. **解** （1）设 $y' = p(x)$，则 $y'' = p'$，代入原方程得 $x^2 p' + xp = 1$，变形为 $p' + \frac{1}{x} p = \frac{1}{x^2}$，由一阶非齐次线性微分方程的通解公式得

$$p = e^{-\int \frac{1}{x} dx} \left(\int \frac{1}{x^2} e^{\int \frac{1}{x} dx} dx + C_1 \right) = \frac{1}{x} \left(\int \frac{1}{x} dx + C_1 \right) = \frac{\ln x}{x} + \frac{C_1}{x}$$

将 $y'|_{x=1} = 1$ 代入得 $C_1 = 1$，即 $p = y' = \frac{\ln x}{x} + \frac{1}{x}$，两边积分得 $y = \frac{1}{2} \ln^2 x + \ln x + C_2$，将 $y|_{x=1} = 0$ 代入得 $C_2 = 0$，所以方程的特解为 $y = \frac{1}{2} \ln^2 x + \ln x$；

（2*）设 $y' = p(y)$，则 $y'' = p \frac{dp}{dy}$，代入原方程式得 $p \frac{dp}{dy} - ap^2 = 0$

分离变量得 $$\frac{dp}{p} = a dy$$

两边积分得 $$\ln|p| = ay + \ln|C_1|$$

即 $$p = C_1 e^{ay}.$$

将 $y|_{x=0} = 0$，$y'|_{x=0} = -1$ 代入得 $C_1 = -1$，即 $p = y' = -e^{ay}$

分离变量得 $$\frac{dy}{e^{ay}} = -dx$$

两边积分得 $$-\frac{1}{a} e^{-ay} = -x + C_2$$

将 $y|_{x=0} = 0$ 代入得 $C_2 = -\frac{1}{a}$，所以方程的特解为 $-\frac{1}{a} e^{-ay} = -x - \frac{1}{a}$，即 $y = -\frac{1}{a} \ln(ax + 1)$；

（3*）设 $y' = p(y)$，则 $y'' = p \frac{dp}{dy}$，代入原方程得 $p \frac{dp}{dy} = e^{2y}$，变形为

$$p dp = e^{2y} dy$$

两边积分得 $$\frac{1}{2} p^2 = \frac{1}{2} e^{2y} + C_1$$

即 $$p^2 = 2C_1 + e^{2y}.$$

将 $y|_{x=0} = y'|_{x=0} = 0$ 代入得 $C_1 = -\dfrac{1}{2}$，即 $p^2 = (y')^2 = e^{2y} - 1$

从而 $$p = y' = \pm\sqrt{e^{2y} - 1}$$

分离变量得 $$\dfrac{dy}{\sqrt{e^{2y} - 1}} = \pm dx$$

即 $$\dfrac{e^{-y} dy}{\sqrt{1 - e^{-2y}}} = \pm dx$$

两边积分得 $$-\arcsin e^{-y} = \pm x + C_2.$$

将 $y|_{x=0} = 0$ 代入得 $C_2 = -\dfrac{\pi}{2}$，所以方程的特解为 $e^{-y} = \sin\left(\pm x + \dfrac{\pi}{2}\right) = \cos x$，即 $y = -\ln\cos x$.

3. 解 设 $y' = p(x)$，则 $y'' = p'$，代入原方程得 $xp' = p + x^2$，即 $p' - \dfrac{p}{x} = x$，由一阶非齐次线性微分方程的通解公式得 $p = e^{\int \frac{1}{x} dx}\left(\int x e^{-\int \frac{1}{x} dx} dx + C_1\right) = x^2 + C_1 x$，而 $p = y' = x^2 + C_1 x$，由条件知 $y'(1) = -\dfrac{1}{3}$，即 $-\dfrac{1}{3} = 1 + C_1$，可知 $C_1 = -\dfrac{4}{3}$，则 $\dfrac{dy}{dx} = x^2 - \dfrac{4}{3}x$，可得 $y = \dfrac{1}{3}x^3 - \dfrac{2}{3}x^2 + C_2$，曲线过点 $(1, 0)$，代入得 $C_2 = \dfrac{1}{3}$，故 $y = \dfrac{1}{3}x^3 - \dfrac{2}{3}x^2 + \dfrac{1}{3}$ 为所求曲线.

6.4　二阶常系数线性微分方程

6.4.1　知识点分析

二阶常系数线性微分方程的一般形式为 $y'' + py' + qy = f(x)$，其中 p 和 q 为常数．当方程右端 $f(x) \equiv 0$ 时，方程称为**齐次的**；当 $f(x) \not\equiv 0$ 时，方程称为**非齐次的**.

1．二阶常系数齐次线性微分方程

求二阶常系数齐次线性微分方程 $y'' + py' + qy = 0$ 的通解的步骤如下：

（1）写出微分方程的特征方程 $r^2 + pr + q = 0$；

（2）求特征方程的两个根 r_1 和 r_2；

（3）根据特征方程的两个根的不同情形，按照表 6.1 写出微分方程的通解.

表 6.1 微分方程的通解

特征方程 $r^2+pr+q=0$ 的两个根 r_1 和 r_2	微分方程 $y''+py'+qy=0$ 的通解
两个不相等的实根 r_1 和 r_2	$y=C_1\mathrm{e}^{r_1 x}+C_2\mathrm{e}^{r_2 x}$
两个相等的实根 $r_1=r_2=r$	$y=(C_1+C_2 x)\mathrm{e}^{rx}$
一对共轭的复根 $r_{1,2}=\alpha\pm\beta i$	$y=\mathrm{e}^{\alpha x}(C_1\cos\beta x+C_2\sin\beta x)$

2. 二阶常系数非齐次线性微分方程

求二阶常系数非齐次线性微分方程 $y''+py'+qy=P_m(x)\mathrm{e}^{\lambda x}$ （其中 $P_m(x)$ 是 x 的 m 次多项式，λ 为常数）的通解的步骤如下：

（1）求出对应的齐次方程 $y''+py'+qy=0$ 的通解 Y；

（2）求出非齐次方程 $y''+py'+qy=f(x)$ 的一个特解 y^*，设 $y^*=x^k Q_m(x)\mathrm{e}^{\lambda x}$，其中 $Q_m(x)$ 是与 $P_m(x)$ 同次的多项式，而 k 的取值根据以下情况确定：

1）若 λ 不是特征方程的根，则 $k=0$；

2）若 λ 是特征方程的单根，则 $k=1$；

3）若 λ 是特征方程的重根，则 $k=2$．

（3）所求方程的通解为 $y=Y+y^*$．

6.4.2 典例解析

例1 判断函数 $y_1(x)=\cos\omega x$，$y_2(x)=\sin\omega x$ 是否线性无关．

解 因为 $\dfrac{y_2(x)}{y_1(x)}=\tan\omega x$ 不是常数，所以 $y_1(x)=\cos\omega x$，$y_2(x)=\sin\omega x$ 是线性无关的．

点拨 对于任意两个函数 $y_1(x)$ 和 $y_2(x)$，若 $\dfrac{y_2(x)}{y_1(x)}=$ 常数，则称它们是线性相关的；若 $\dfrac{y_2(x)}{y_1(x)}\neq$ 常数，则称它们是线性无关的．

例2 验证 $y_1=\mathrm{e}^{x^2}$ 和 $y_2=x\mathrm{e}^{x^2}$ 都是方程 $y''-4xy'+(4x^2-2)y=0$ 的解，并写出该方程的通解．

解 易证 $y_1=\mathrm{e}^{x^2}$ 和 $y_2=x\mathrm{e}^{x^2}$ 是方程 $y''-4xy'+(4x^2-2)y=0$ 的解，又因为 $\dfrac{y_1}{y_2}=\dfrac{1}{x}$，所以 y_1 和 y_2 线性无关，则方程的通解为 $y=C_1\mathrm{e}^{x^2}+C_2 x\mathrm{e}^{x^2}$．

例3 求微分方程 $2y''-y'-y=0$ 满足初始条件 $y\big|_{x=0}=6$，$y'\big|_{x=0}=10$ 的特解．

解 原方程的特征方程为 $2r^2 - r - 1 = 0$，特征根 $r_1 = 1$，$r_2 = -\dfrac{1}{2}$，故方程的通解为 $y = C_1 e^x + C_2 e^{-\frac{x}{2}}$，对通解求导得 $y' = C_1 e^x - \dfrac{1}{2} C_2 e^{-\frac{x}{2}}$.

将 $y|_{x=0} = 6$，$y'|_{x=0} = 10$ 代入以上两式得 $C_1 = \dfrac{26}{3}$，$C_2 = -\dfrac{8}{3}$，所求特解为 $y = \dfrac{26}{3} e^x - \dfrac{8}{3} e^{-\frac{x}{2}}$.

例 4 求微分方程 $y'' - 2y' + y = 4x$ 的通解.

解 方程对应的齐次方程为 $\quad y'' - 2y' + y = 0$

其特征方程 $\quad\quad\quad\quad\quad\quad r^2 - 2r + 1 = 0$

有两个相等实根 $r = 1$，故方程对应的齐次方程的通解为 $y = (C_1 + C_2 x) e^x$.

由于 $\lambda = 0$ 不是特征方程的根，所以设原方程的一个特解为 $y^* = ax + b$，把特解代入原方程得 $ax - 2a + b = 4x$，比较方程两端系数得 $a = 4$，$b = 8$，因此原方程的一个特解为 $y^* = 4x + 8$，故原方程的通解为 $y = (C_1 + C_2 x) e^x + 4x + 8$.

6.4.3 习题

1. 在定义区间内下列函数组中哪些是线性无关的.
   （1）x，x^2；
   （2）x，$3x$；
   （3）e^{3x}，$3e^{3x}$；
   （4）$e^x \cos 8x$，$e^x \sin 8x$.

2. 验证 $y_1 = \cos 2x$ 和 $y_2 = \sin 2x$ 都是方程 $y'' + 4y = 0$ 的解，并写出该方程的通解.

3. 求下列微分方程的通解：
   （1）$y'' + 7y' + 12y = 0$；
   （2）$y'' - 12y' + 36y = 0$；
   （3）$y'' + 6y' + 13y = 0$；
   （4）$y'' + y = 0$.

4. 求下列微分方程满足所给初始条件的特解：
   （1）$y'' - 4y' + 3y = 0$，$y|_{x=0} = 6$，$y'|_{x=0} = 10$；
   （2）$4y'' + 4y' + y = 0$，$y|_{x=0} = 2$，$y'|_{x=0} = 0$；
   （3）$y'' + 4y' + 29y = 0$，$y|_{x=0} = 0$，$y'|_{x=0} = 15$.

5. 求下列微分方程的通解：
   （1）$2y'' + y' - y = 2e^x$；
   （2）$y'' + 9y' = x - 4$.

6. 求下列微分方程满足所给初始条件的特解：
   （1）$y'' - 3y' + 2y = 5$，$y|_{x=0} = 1$，$y'|_{x=0} = 2$；

（2）$y'' - y = 4xe^x$，$y|_{x=0} = 0$，$y'|_{x=0} = 1$.

6.4.4 习题详解

1．**解**　（1）因为 $\dfrac{x}{x^2} = \dfrac{1}{x}$，所以 x，x^2 线性无关；

（2）因为 $\dfrac{x}{3x} = \dfrac{1}{3}$，所以 x，$3x$ 线性相关；

（3）因为 $\dfrac{e^{3x}}{3e^{3x}} = \dfrac{1}{3}$，所以 e^{3x}，$3e^{3x}$ 线性相关；

（4）因为 $\dfrac{e^x \cos 8x}{e^x \sin 8x} = \cot 8x$，所以 $e^x \cos 8x$，$e^x \sin 8x$ 线性无关.

2．**解**　$y_1' = -2\sin 2x$，$y_1'' = -4\cos 2x$，故 $y_1'' + 4y_1 = 0$，
而 $y_2' = 2\cos 2x$，$y_2'' = -4\sin 2x$，则 $y_2'' + 4y_2 = 0$，所以 $y_1 = \cos 2x$ 和 $y_2 = \sin 2x$ 都是方程 $y'' + 4y = 0$ 的解.
又因为 $\dfrac{y_1}{y_2} = \dfrac{\cos 2x}{\sin 2x} = \cot 2x$，二者线性无关，故方程的通解为 $y = C_1 \cos 2x + C_2 \sin 2x$.

3．**解**　（1）原方程的特征方程为 $r^2 + 7r + 12 = 0$，特征根 $r_1 = -3$，$r_2 = -4$，故方程的通解为 $y = C_1 e^{-3x} + C_2 e^{-4x}$；

（2）原方程的特征方程为 $r^2 - 12r + 36 = 0$，特征根 $r_1 = r_2 = 6$，故方程的通解为 $y = (C_1 + C_2 x)e^{6x}$；

（3）原方程的特征方程为 $r^2 + 6r + 13 = 0$，特征根为一对共轭复根 $r_{1,2} = -3 \pm 2i$，故方程的通解为 $y = e^{-3x}(C_1 \cos 2x + C_2 \sin 2x)$；

（4）原方程的特征方程为 $r^2 + 1 = 0$，有一对共轭复根 $r_{1,2} = \pm i$，故方程的通解为 $y = C_1 \cos x + C_2 \sin x$.

4．**解**　（1）原方程的特征方程为 $r^2 - 4r + 3 = 0$，特征根 $r_1 = 1, r_2 = 3$，故方程的通解为 $y = C_1 e^x + C_2 e^{3x}$，对通解求导得 $y' = C_1 e^x + 3C_2 e^{3x}$，将 $y|_{x=0} = 6$，$y'|_{x=0} = 10$ 代入以上两式得 $C_1 = 4$，$C_2 = 2$，故方程的特解为 $y = 4e^x + 2e^{3x}$；

（2）原方程的特征方程为 $4r^2 + 4r + 1 = 0$，特征根 $r_1 = r_2 = -\dfrac{1}{2}$，故方程的通解为
$$y = (C_1 + C_2 x)e^{-\frac{1}{2}x}$$
对上述通解求导得　　$y' = \left(-\dfrac{1}{2}C_1 + C_2 - \dfrac{1}{2}C_2 x\right)e^{-\frac{1}{2}x}$

将 $y|_{x=0} = 2$，$y'|_{x=0} = 0$ 代入以上两式得 $C_1 = 2$，$C_2 = 1$，故方程的特解为 $y = (2+x)e^{-\frac{x}{2}}$；

（3）原方程的特征方程为 $r^2+4r+29=0$，有一对共轭复根 $r_{1,2}=-2\pm 5i$，故方程的通解为
$$y=e^{-2x}(C_1\cos 5x+C_2\sin 5x)$$
对上述通解求导得
$$y'=-2e^{-2x}(C_1\cos 5x+C_2\sin 5x)+e^{-2x}(-5C_1\sin 5x+5C_2\cos 5x)$$
将 $y|_{x=0}=0$，$y'|_{x=0}=15$ 代入以上两式得 $C_1=0,C_2=3$，故方程的特解为
$$y=3e^{-2x}\sin 5x.$$

5. **解** （1）方程对应的齐次方程为
$$2y''+y'-y=0$$
其特征方程
$$2r^2+r-1=0$$
有两个不等实根 $r_1=\dfrac{1}{2},r_2=-1$，故方程对应的齐次方程的通解为 $y=C_1 e^{\frac{x}{2}}+C_2 e^{-x}$.

由于 $\lambda=1$ 不是特征根，所以设原方程的一个特解为 $y^*=ae^x$，代入原方程得 $2ae^x=2e^x$，故 $a=1$，因此原方程的一个特解为 $y^*=e^x$，故原方程的通解为
$$y=C_1 e^{\frac{x}{2}}+C_2 e^{-x}+e^x;$$

（2）方程对应的齐次方程为 $y''+9y'=0$

其特征方程
$$r^2+9r=0$$
有两个不等实根 $r_1=0,r_2=-9$，故方程对应的齐次方程的通解为 $y=C_1+C_2 e^{-9x}$.

由于 $\lambda=0$ 是特征方程的单根，所以设原方程的一个特解为 $y^*=x(ax+b)$，代入原方程得 $18ax+2a+9b=x-4$，比较方程两端系数得 $a=\dfrac{1}{18}$，$b=-\dfrac{37}{81}$.

因此原方程的一个特解为
$$y^*=x\left(\dfrac{1}{18}x-\dfrac{37}{81}\right)$$

故原方程的通解为
$$y=C_1+C_2 e^{-9x}+x\left(\dfrac{1}{18}x-\dfrac{37}{81}\right).$$

6. **解** （1）方程对应的齐次方程为 $y''-3y'+2y=0$

其特征方程
$$r^2-3r+2=0$$
有两个不等实根 $r_1=1$，$r_2=2$，故方程对应的齐次方程的通解为 $y=C_1 e^x+C_2 e^{2x}$.

由于 $\lambda=0$ 不是特征根，所以设原方程的一个特解为 $y^*=a$，把特解代入原方程得 $a=\dfrac{5}{2}$，故原方程的通解为 $y=C_1 e^x+C_2 e^{2x}+\dfrac{5}{2}$，将 $y|_{x=0}=1$，$y'|_{x=0}=2$ 代入得 $C_1=-5,\ C_2=\dfrac{7}{2}$，所求特解为 $y=-5e^x+\dfrac{7}{2}e^{2x}+\dfrac{5}{2}$；

（2）方程对应的齐次方程为 $y''-y=0$

其特征方程
$$r^2-1=0$$
有两个不等实根 $r_1=1,\ r_2=-1$，故方程对应的齐次方程的通解为 $y=C_1 e^x+C_2 e^{-x}$.

由于 $\lambda = 1$ 是特征方程的单根，所以设原方程的一个特解为 $y^* = x(ax+b)\mathrm{e}^x$，把特解代入原方程得 $4ax + 2a + 2b = 4x$，比较方程两端系数得 $a = 1$，$b = -1$，故原方程的通解为 $y = C_1 \mathrm{e}^x + C_2 \mathrm{e}^{-x} + \mathrm{e}^x(x^2 - x)$，将 $y|_{x=0} = 0$，$y'|_{x=0} = 1$ 代入得 $C_1 = 1$，$C_2 = -1$，所求特解为 $y = \mathrm{e}^x - \mathrm{e}^{-x} + \mathrm{e}^x(x^2 - x)$．

6.5 差分方程

6.5.1 知识点分析

1. 差分的概念及运算法则

设函数 $y_x = f(x)$（$x \in \mathbf{N}$），当自变量从 x 变到 $x+1$ 时，函数的增量 $y_{x+1} - y_x$ 称为函数 y 在点 x 的一阶差分，简称差分，记为 Δy_x，即 $\Delta y_x = y_{x+1} - y_x$（$x = 0, 1, 2, \cdots$）．

差分的四则运算法则：

（1）$\Delta(Cy_x) = C\Delta y_x$；

（2）$\Delta(y_x \pm z_x) = \Delta y_x \pm \Delta z_x$；

（3）$\Delta(y_x \cdot z_x) = y_{x+1}\Delta z_x + z_x \Delta y_x = y_x \Delta z_x + z_{x+1}\Delta y_x$；

（4）$\Delta\left(\dfrac{y_x}{z_x}\right) = \dfrac{z_x \cdot \Delta y_x - y_x \cdot \Delta z_x}{z_x \cdot z_{x+1}} = \dfrac{z_{x+1} \cdot \Delta y_x - y_{x+1} \cdot \Delta z_x}{z_x \cdot z_{x+1}}$．

一阶差分的差分称为二阶差分，记为 $\Delta^2 y_x$，有

$$\Delta^2 y_x = \Delta(\Delta y_x) = \Delta(y_{x+1} - y_x) = (y_{x+2} - y_{x+1}) - (y_{x+1} - y_x)$$
$$= y_{x+2} - 2y_{x+1} + y_x.$$

同样，二阶差分的差分称为三阶差分，记为 $\Delta^3 y_x$，即 $\Delta^3 y_x = y_{x+3} - 3y_{x+2} + 3y_{x+1} - y_x$．

依此类推可以定义 n 阶差分 $\Delta^n y_x = \Delta(\Delta^{n-1} y_x)$．

2. 差分方程的概念

含有自变量、未知函数及其差分的方程称为差分方程．差分方程中差分的最高阶数为 n（或未知函数下标的最大值与最小值之差为 n），则称为 n 阶差分方程．

使差分方程成立的函数称为差分方程的解；若解中相互独立的任意常数的个数等于方程的阶数，则称为通解；若通解中的任意常数都已确定，则称为特解．确定通解中任意常数的条件称为初始条件．

3. 一阶常系数线性差分方程的解法

一阶常系数线性差分方程 $y_{x+1} - ay_x = f(x)$（a 为非零常数），当 $f(x) \equiv 0$ 时称为一阶常系数齐次线性差分方程，当 $f(x) \not\equiv 0$ 时称为一阶常系数非齐次线性差分方程．

差分方程 $y_{x+1}-ay_x=f(x)$ 的通解为 $y_x=Y_x+y_x^*$，其中 Y_x 是对应的齐次差分方程 $y_{x+1}-ay_x=0$ 的通解，y_x^* 是一阶常系数非齐次线性差分方程 $y_{x+1}-ay_x=f(x)$ 的一个特解.

（1）齐次差分方程 $y_{x+1}-ay_x=0$ 的求解.

第一步，求对应特征方程 $\lambda^{x+1}-a\lambda^x=0$；第二步，求特征根 $\lambda=a$；第三步，根据特征根写出齐次方程的通解 $y_x=Ca^x$（C 为任意常数）.

（2）一阶常系数非齐次线性差分方程的求解.

若 $f(x)=P_n(x)$，其中 $P_n(x)$ 是 x 的 n 次多项式，设特解 $y_x^*=x^kQ_n(x)$，其中 $Q_n(x)$ 是与 $P_n(x)$ 同次的待定多项式，而 k 的取值按如下情况确定：若 1 不是特征方程的根，取 $k=0$；若 1 是特征方程的根，取 $k=1$.

注 若 $f(x)=\mu^x P_n(x)$，其中 $P_n(x)$ 是 x 的 n 次多项式，这里 μ 为常数，$\mu\neq 0$ 且 $\mu\neq 1$. 此时需作变换 $y_x=\mu^x\cdot z_x$，可得一阶常系数非齐次线性方程的特解 $y_x^*=\mu^x\cdot z_x^*$.

6.5.2 典例解析

例 1 求函数 $y=\ln x$ 的一阶差分和二阶差分.

解 $\Delta y_x=\ln(x+1)-\ln x=\ln\dfrac{x+1}{x}=\ln\left(1+\dfrac{1}{x}\right)$，

$$\Delta^2 y_x=\ln\left(1+\dfrac{1}{x+1}\right)-\ln\left(1+\dfrac{1}{x}\right)=\ln\dfrac{1+\dfrac{1}{x+1}}{1+\dfrac{1}{x}}=\ln\dfrac{x(x+2)}{(x+1)^2}.$$

例 2 求下列一阶常系数齐次线性差分方程的通解或特解：

（1）$y_{x+1}+2y_x=0$； （2）$\Delta y_x-2y_x=0$，$y_0=1$.

解 （1）方程对应的特征方程为 $\lambda+2=0$，特征根 $\lambda=-2$，所以通解为 $y_x=C(-2)^x$；

（2）$\Delta y_x-2y_x=0$，即 $y_{x+1}-3y_x=0$，方程对应的特征方程为 $\lambda-3=0$，特征根 $\lambda=3$，所以通解为 $y_x=C\cdot 3^x$，将 $y_0=1$ 代入得 $C=1$，所求特解为 $y_x^*=3^x$.

例 3 求下列一阶常系数非齐次线性差分方程的通解或特解：

（1）$y_{x+1}+y_x=x^2+1$； （2）$\Delta y_x=2$，$y_0=2$.

解 （1）对应齐次方程的特征方程为 $\lambda+1=0$，特征根 $\lambda=-1$，所以通解为 $Y_x=C(-1)^x$.

由于 1 不是特征根，设特解 $y^*=ax^2+bx+c$，代入原方程得
$$a(x+1)^2+b(x+1)+c+ax^2+bx+c=x^2+1$$

比较两边同次幂的系数得 $a = \dfrac{1}{2}$，$b = -\dfrac{1}{2}$，$c = \dfrac{1}{2}$，从而 $y^* = \dfrac{1}{2}x^2 - \dfrac{1}{2}x + \dfrac{1}{2}$，故方程的通解为 $y_x = C(-1)^x + \dfrac{1}{2}x^2 - \dfrac{1}{2}x + \dfrac{1}{2}$；

（2）$\Delta y_x = 2$，即 $y_{x+1} - y_x = 2$，对应齐次方程的特征方程为 $\lambda - 1 = 0$，特征根 $\lambda = 1$，所以通解为 $Y_x = C$。

由于 1 是特征根，设特解为 $y^* = ax$，代入原方程得 $a(x+1) - ax = 2$，因此 $a = 2$，从而 $y^* = 2x$，所求通解为 $y_x = C + 2x$，将 $y_0 = 2$ 代入得 $C = 2$，故方程的特解为 $y_x = 2 + 2x$。

例 4 求一阶常系数非齐次线性差分方程 $y_{x+1} - y_x = e^x$ 的通解。

解 对应齐次方程的特征方程为 $\lambda - 1 = 0$，特征根 $\lambda = 1$，所以通解为 $Y_x = C$。设 $y_x = e^x z_x$，代入原方程得 $e^{x+1} z_{x+1} - e^x z_x = e^x$，即 $e z_{x+1} - z_x = 1$。

由于 1 不是方程 $e z_{x+1} - z_x = 1$ 对应的特征根，故设 $z_x^* = a$，代入方程得 $a = \dfrac{1}{e-1}$，从而 $y_x^* = \dfrac{e^x}{e-1}$，所求方程的通解为 $y_x = C + \dfrac{e^x}{e-1}$。

6.5.3 习题

1．求下列函数的一阶差分和二阶差分：

（1）$y_x = 2x^3 - x^2$；　　　　　　（2）$y_x = e^{3x}$；

（3）$y_x = \log_a x$（$a > 0$，$a \neq 1$）。

2．确定下列差分方程的阶：

（1）$y_{x+3} - x^2 y_{x+1} + 3y_x = 2$；　　　　（2）$y_{x-2} - y_{x-4} = y_{x+2}$。

3．求下列差分方程的通解：

（1）$2y_{x+1} - 3y_x = 0$；　　　　（2）$y_x + y_{x-1} = 0$；

（3）$y_{x+1} - y_x = 0$。

4．求下列一阶差分方程满足所给初始条件的特解：

（1）$2y_{x+1} + 5y_x = 0$，$y_0 = 3$；　　（2）$\Delta y_x = 0$，$y_0 = 2$。

5．求下列一阶差分方程的通解或特解：

（1）$\Delta y_x - 4y_x = 3$；　　　　（2）$y_{x+1} + y_x = 2^x$，$y_0 = 2$

6.5.4 习题详解

1．**解**　（1）$\Delta y_x = \Delta(2x^3 - x^2)$
$= 2((x+1)^3 - x^3) - (2x+1)$

$$= 6x^2 + 6x + 2 - 2x - 1$$
$$= 6x^2 + 4x + 1$$
$$\Delta^2 y_x = 6(x+1)^2 + 4(x+1) + 1 - (6x^2 + 4x + 1) = 12x + 10 ;$$

（2）$\Delta y_x = e^{3(x+1)} - e^{3x} = e^{3x}(e^3 - 1)$

$$\Delta^2 y_x = \Delta\left[e^{3x}(e^3-1)\right] = (e^3-1)\Delta e^{3x} = e^{3x}(e^3-1)^2 ;$$

（3）$\Delta y_x = \log_a \dfrac{x+1}{x} = \log_a\left(1 + \dfrac{1}{x}\right)$

$$\Delta^2 y_x = \log_a \dfrac{1 + \dfrac{1}{x+1}}{1 + \dfrac{1}{x}} = \log_a \dfrac{x(x+2)}{(x+1)^2}.$$

2．解 （1）因为未知函数下标的最大值 $x+3$ 与最小值 x 之差为 3，所以该差分方程是三阶的；

（2）因为未知函数下标的最大值 $x+2$ 与最小值 $x-4$ 之差为 6，所以该差分方程是六阶的.

3．解 （1）方程对应的特征方程为 $2\lambda - 3 = 0$，特征根 $\lambda = \dfrac{3}{2}$，所以方程的通解为 $y_x = C\left(\dfrac{3}{2}\right)^x$；

（2）方程对应的特征方程为 $\lambda + 1 = 0$，特征根 $\lambda = -1$，所以方程的通解为 $y_x = C(-1)^x$；

（3）方程对应的特征方程为 $\lambda - 1 = 0$，特征根 $\lambda = 1$，所以方程的通解为 $y_x = C$.

4．解 （1）方程对应的特征方程为 $2\lambda + 5 = 0$，特征根 $\lambda = -\dfrac{5}{2}$，所以通解为 $y_x = C\left(-\dfrac{5}{2}\right)^x$，将 $y_0 = 3$ 代入得 $C = 3$，所以方程的特解为 $y_x^* = 3\left(-\dfrac{5}{2}\right)^x$；

（2）$\Delta y_x = 0$，即 $y_{x+1} - y_x = 0$，方程对应的特征方程为 $\lambda - 1 = 0$，特征根 $\lambda = 1$，所以通解为 $y_x = C$，将 $y_0 = 2$ 代入得 $C = 2$，所以方程的特解为 $y_x^* = 2$.

5．解 （1）$\Delta y_x - 4y_x = 3$ 即 $y_{x+1} - 5y_x = 3$，对应齐次方程的特征方程为 $\lambda - 5 = 0$，特征根 $\lambda = 5$，所以通解为 $Y_x = C5^x$.

由于 1 不是特征根，设特解 $y_x^* = k$，则 $y_{x+1}^* - 5y_x^* = k - 5k = 3$，因此 $k = -\dfrac{3}{4}$，所以方程的通解为 $y_x = C5^x - \dfrac{3}{4}$；

（2）对应齐次方程的特征方程为 $\lambda+1=0$，特征根 $\lambda=-1$，所以通解为 $Y_x=C(-1)^x$，设 $y_x=2^x z_x$，则 $2^{x+1}z_{x+1}+2^x z_x=2^x$，即 $2z_{x+1}+z_x=1$．

由于 1 不是特征根，设 $z_x^*=k$，则 $3k=1$，因此 $k=\dfrac{1}{3}$，从而 $y_x^*=\dfrac{2^x}{3}$，所以方程的通解为 $y_x=C(-1)^x+\dfrac{2^x}{3}$，将 $y_0=2$ 代入得 $C=\dfrac{5}{3}$，所以方程的特解为 $y_x=\dfrac{5}{3}(-1)^x+\dfrac{2^x}{3}$．

6.6 微分方程和差分方程的简单经济应用

6.6.1 知识点分析

通过经济变量之间的联系及其内在规律建立微分方程或差分方程并求解．

6.6.2 典例解析

例 1 某汽车公司在长期的运营中发现每辆汽车的总维修成本 y 对汽车大修时间间隔 x 的变化率等于 $\left(\dfrac{y}{x}\right)^2-\dfrac{y}{x}$，已知当大修时间间隔 $x=1$（年）时，总维修成本 $y=20$（百元）．试求每辆汽车随时间间隔变化的总维修成本．

解 由题意知 $\dfrac{\mathrm{d}y}{\mathrm{d}x}=\left(\dfrac{y}{x}\right)^2-\dfrac{y}{x}$，令 $\dfrac{y}{x}=u$，则 $y=ux$，$y'=u+u'x$，于是得

$$u'x=u^2-2u$$

分离变量得 $\dfrac{\mathrm{d}u}{u^2-2u}=\dfrac{\mathrm{d}x}{x}$

两边积分得 $\dfrac{1}{2}\ln\left|\dfrac{u-2}{u}\right|=\ln|x|+C_1$

即 $y=Cx^2y+2x$ $(C=\pm\mathrm{e}^{2C_1})$．

又 $y|_{x=1}=20$，得 $C=\dfrac{9}{10}$．故其特解 $y=\dfrac{9}{10}x^2y+2x$ 即为所求．

例 2 已知某厂的纯利润 L 对广告费 x 的变化率与常数 A 和纯利润 L 之差成正比，当 $x=0$ 时 $L=L_0$，试求纯利润 L 与广告费 x 之间的关系．

解 由题意知 $\dfrac{\mathrm{d}L}{\mathrm{d}x}=k(A-L)$

分离变量得 $\dfrac{\mathrm{d}L}{A-L}=k\mathrm{d}x$

两边积分得 $-\ln|A-L| = kx + \ln|C_1|$

即 $A - L = Ce^{-kx}$ $\left(C = \dfrac{1}{C_1}\right)$

从而 $L = A - Ce^{-kx}$

将 $L|_{x=0} = L_0$ 代入得 $C = A - L_0$，故所求纯利润 L 与广告费 x 之间的关系为

$$L = A - (A - L_0)e^{-kx}.$$

例 3 某商场的销售成本 y 和存储费用 S 均是时间 t 的函数，随时间 t 的增加，销售成本变化率等于存储费用的倒数与常数 5 的和，而存储费用的变化率为存储费用的 $-\dfrac{1}{3}$，若 $t = 0$ 时 $y = 0$，存储费用 $S = 10$，试求销售成本 y 与时间 t 的函数关系和存储费用与时间 t 的函数关系.

解 由题意知 $\dfrac{dy}{dt} = \dfrac{1}{S} + 5$，$\dfrac{dS}{dt} = -\dfrac{1}{3}S$. 由 $\dfrac{dS}{dt} = -\dfrac{1}{3}S$，得 $S = Ce^{-\frac{t}{3}}$，将 $t = 0$，$S = 10$ 代入得 $C = 10$，从而 $S = 10e^{-\frac{t}{3}}$.

又 $\dfrac{dy}{dt} = \dfrac{1}{S} + 5$，则 $\dfrac{dy}{dt} = \dfrac{1}{10e^{-\frac{t}{3}}} + 5 = \dfrac{1}{10}e^{\frac{t}{3}} + 5$，即 $y = \dfrac{3}{10}e^{\frac{t}{3}} + 5t + C_1$，将 $t = 0$，$y = 0$ 代入得 $C_1 = -\dfrac{3}{10}$，从而 $y = \dfrac{3}{10}e^{\frac{t}{3}} + 5t - \dfrac{3}{10}$.

例 4* 设 P_t、S_t、D_t 分别是某种商品在时刻 t 的价格、供给量和需求量，这里 t 取离散值，如 $t = 0, 1, 2, 3 \cdots$，由于 t 时刻的供给量 S_t 决定 t 时刻的价格，且价格越高，供给量越大，因此常用的线性模型为 $S_t = -c + dP_t$，同样的分析可得：$D_t = a - bP_t$（这里 a, b, c, d 均为正常数）. 实际情况告诉我们，初始状态 P_0，t 时期的价格 P_t 由 $t-1$ 时期的价格 P_{t-1} 与供给量与需求量之差 $S_{t-1} - D_{t-1}$，按下述关系而确定 $P_t = P_{t-1} - \lambda(S_{t-1} - D_{t-1})$（其中 λ 为非零常数），求：

（1）供需相等时的价格 P_e（均衡价格）；

（2）商品的价格随时间的变化规律.

解 （1）由 $S_t = D_t$，$S_t = -c + dP_t$，$D_t = a - bP_t$ 可得 $P_e = \dfrac{a+c}{b+d}$；

（2）由题意知 $P_t = P_{t-1} - \lambda(S_{t-1} - D_{t-1}) = P_{t-1} - \lambda[(-c + dP_{t-1}) - (a - bP_{t-1})]$，即 $P_t - (1 - b\lambda - d\lambda)P_{t-1} = \lambda(a + c)$，这是一个一阶常系数非齐次线性差分方程，其齐次方程的通解 $P_t = C(1 - b\lambda - d\lambda)^t$.

由于 1 不是特征根，设非齐次差分方程的特解为 $P_t^* = k$，代入方程得 $P_t^* = k = \dfrac{a+c}{b+d} = P_e$，原方程的通解为 $P_t = C(1 - b\lambda - d\lambda)^t + P_e$，由初始条件 P_0 得，

$C = P_0 - P_e$，从而 $P_t = (P_0 - P_e)(1 - b\lambda - d\lambda)^t + P_e$.

6.6.3 习题

1. 已知某产品的需求量 Q 与供给量 S 都是价格 P 的函数：$Q = Q(P) = \dfrac{a}{P^2}$，$S = S(P) = bP$，其中 $a > 0$，$b > 0$，均为常数，而且价格 P 是时间 t 的函数，且满足 $\dfrac{\mathrm{d}P}{\mathrm{d}t} = k(Q(P) - S(P))$（$k$ 为正常数），假设当 $t = 0$ 时价格为 1. 试求：

(1) 需求量等于供给量的均衡价格 P_e；

(2) 价格函数 $P(t)$；

(3) $\lim\limits_{t \to +\infty} P(t)$.

2. 在某池塘内养鱼，该池塘内最多能养 1000 尾，设在 t 时刻该池塘内鱼数 y 是时间 t 的函数 $y = y(t)$，其变化率与鱼数 y 及 $1000 - y$ 的乘积成正比，比例常数为 k（$k > 0$）. 已知在池塘内放养鱼 100 尾，3 个月后池塘内有鱼 250 尾，求放养 t 个月后池塘内鱼数 $y(t)$ 的公式和放养 6 个月后有多少鱼.

3. 在宏观经济研究中，发现某地区的国民收入 y、国民储蓄 S 和投资 I 均是时间 t 的函数. 且在任一时刻 t，储蓄额 $S(t)$ 为国民收入 $y(t)$ 的 $\dfrac{1}{10}$ 倍，投资额 $I(t)$ 是国民收入增长率 $\dfrac{\mathrm{d}y}{\mathrm{d}t}$ 的 $\dfrac{1}{3}$ 倍. $t = 0$ 时，国民收入为 5（万元）. 设在时刻 t 的储蓄额全部用于投资，试求国民收入函数.

4. 某汽车公司的某种汽车运行成本 y 及汽车的转卖值 S 均是时间 t 的函数. 若已知 $\dfrac{\mathrm{d}y}{\mathrm{d}t} = \dfrac{2}{S}$，$\dfrac{\mathrm{d}S}{\mathrm{d}t} = -\dfrac{1}{3}S$，且 $t = 0$ 时 $y = 0$，$S = 4.5$（万元/辆）. 试求这种汽车的运行成本及转卖值各自与时间 t 的函数关系.

5*. 设某商品在 t 时期的供给量 S_t 与需求量 D_t 都是这一时期该商品的价格 P_t 的线性函数，已知 $S_t = 3P_t - 2$，$D_t = 4 - 5P_t$. 且在 t 时期的价格 P_t 由 $t-1$ 时期的价格 P_{t-1} 及供给量与需求量之差 $S_{t-1} - D_{t-1}$ 按关系式 $P_t = P_{t-1} - \dfrac{1}{16}(S_{t-1} - D_{t-1})$ 确定，试求商品的价格随时间变化的规律.

6.6.4 习题详解

1. **解** （1）因为 $Q(P) = S(P)$，有 $\dfrac{a}{P_e^2} = bP_e$，$P_e = \sqrt[3]{\dfrac{a}{b}}$；

（2）由 $\dfrac{dP}{dt} = k(Q(P) - S(P)) = k\left(\dfrac{a}{P^2} - bP\right)$

变形为 $-\dfrac{1}{3b}\int \dfrac{-3bP^2}{a - bP^3}dP = k\int dt$

得 $-\dfrac{1}{3b}\ln|a - bP^3| = kt + C_0$

即 $a - bP^3 = C_1 e^{-3bkt}$ （$C_1 = e^{-3bC_0}$）

因为 $t = 0$ 时价格为 1，所以 $a - b = C_1$，代入上式得 $P = \sqrt[3]{\dfrac{a}{b} - \left(\dfrac{a}{b} - 1\right)e^{-3bkt}}$，

而 $P_e = \sqrt[3]{\dfrac{a}{b}}$

则 $P(t) = \sqrt[3]{P_e^3 - (P_e^3 - 1)e^{-3bkt}}$；

（3）$\lim\limits_{t \to +\infty} P(t) = \lim\limits_{t \to +\infty} \sqrt[3]{P_e^3 - (P_e^3 - 1)e^{-3bkt}} = P_e$.

2．**解** 由题意知 $\dfrac{dy}{dt} = ky(1000 - y)$

变形为 $\dfrac{dy}{y(1000 - y)} = kdt$

两边积分得 $\dfrac{1}{1000}\ln\left|\dfrac{y}{1000 - y}\right| = kt + C_1$

即 $\dfrac{y}{1000 - y} = Ce^{1000kt}$ （$C = \pm e^{1000C_0}$）

将 $t = 0$，$y = 100$ 代入得 $C = \dfrac{1}{9}$，从而 $\dfrac{y}{1000 - y} = \dfrac{1}{9}e^{1000kt}$，又 $t = 3$，$y = 250$，代入得

$k = \dfrac{\ln 3}{3000}$，则 $\dfrac{y}{1000 - y} = \dfrac{1}{9}e^{\frac{\ln 3}{3}t} = \dfrac{1}{9}(3)^{\frac{t}{3}}$，从而 $y = \dfrac{1000 \cdot 3^{\frac{t}{3}}}{9 + 3^{\frac{t}{3}}}$，将 $t = 6$ 代入得 $y = 500$，

故放养 6 个月后有 500 条鱼.

3．**解** 因为储蓄额全部用于投资，所以 $S(t) = I(t)$.

而 $S(t) = \dfrac{1}{10}y(t)$，$I(t) = \dfrac{1}{3}\dfrac{dy}{dt}$，即 $\dfrac{1}{10}y(t) = \dfrac{1}{3}\dfrac{dy}{dt}$

变形为 $\dfrac{dy}{y} = \dfrac{3}{10}dt$

两边积分得 $\ln|y| = \dfrac{3}{10}t + \ln|C|$

即 $y = Ce^{\frac{3}{10}t}$.

将 $t=0$，$y=5$ 代入得 $C=5$，从而国民收入函数为 $y=5\mathrm{e}^{\frac{3}{10}t}$．

4．**解** 由 $\dfrac{\mathrm{d}S}{\mathrm{d}t}=-\dfrac{1}{3}S$ 变形为 $\dfrac{\mathrm{d}S}{S}=-\dfrac{1}{3}\mathrm{d}t$

两边积分得 $\ln|S|=-\dfrac{1}{3}t+\ln|C|$，即 $S=C\mathrm{e}^{-\frac{1}{3}t}$．

将 $t=0$，$S=4.5$ 代入得 $C=4.5$，从而 $S=4.5\mathrm{e}^{-\frac{1}{3}t}$．

又 $\dfrac{\mathrm{d}y}{\mathrm{d}t}=\dfrac{2}{S}$，则 $\dfrac{\mathrm{d}y}{\mathrm{d}t}=\dfrac{2}{4.5\mathrm{e}^{-\frac{1}{3}t}}=\dfrac{4}{9}\mathrm{e}^{\frac{1}{3}t}$，即 $y=\dfrac{4}{3}\mathrm{e}^{\frac{1}{3}t}+C_1$．

将 $t=0$，$y=0$ 代入得 $C_1=-\dfrac{4}{3}$，从而 $y=\dfrac{4}{3}\mathrm{e}^{\frac{1}{3}t}-\dfrac{4}{3}$．

5*．**解** 因为 $S_t=3P_t-2$，$D_t=4-5P_t$，$P_t=P_{t-1}-\dfrac{1}{16}(S_{t-1}-D_{t-1})$

所以 $P_t=P_{t-1}-\dfrac{1}{16}[3P_{t-1}-2-4+5P_{t-1}]=\dfrac{1}{2}P_{t-1}+\dfrac{3}{8}$

即 $P_t-\dfrac{1}{2}P_{t-1}=\dfrac{3}{8}$

方程对应的齐次差分特征方程为 $\lambda-\dfrac{1}{2}=0$，特征根为 $\lambda=\dfrac{1}{2}$，从而齐次方程的通解为 $P_t=C\left(\dfrac{1}{2}\right)^t$．又因为 1 不是特征根，设 $P_t^*=k$，则 $\dfrac{1}{2}k=\dfrac{3}{8}$，得 $k=\dfrac{3}{4}$，从而 $P_t^*=\dfrac{3}{4}$，故所求方程的通解为 $P_t=C\left(\dfrac{1}{2}\right)^t+\dfrac{3}{4}$．

本章练习 A

1．填空题．

（1）$xy'''+2x^2(y')^2+x^3y=x^4+1$ 是_____阶微分方程．

（2）微分方程 $\dfrac{\mathrm{d}x}{\mathrm{d}y}+x=y$ 的通解为_____．

（3）方程 $y''+y'=0$ 的通解为_____．

（4）已知 $y_1=\mathrm{e}^x$，$y_2=x\mathrm{e}^x$ 是微分方程 $y''+p(x)y'+q(x)y=0$ 的解，则该方程的通解为_____．

（5）以 $y=C_1\mathrm{e}^{2x}+C_2\mathrm{e}^{3x}$（$C_1$ 和 C_2 是任意常数）为通解的二阶常系数齐次线性微分方程为_____．

2．单项选择题.

（1）设 $y = f(x)$ 是方程 $y'' - 2y' + 4y = 0$ 的一个特解，若 $f(x_0) > 0$ 且 $f'(x_0) = 0$，则 $f(x)$ 在点 x_0（　　）．

　　A．取得极大值　　　　　　　　B．取得极小值
　　C．不取得极值　　　　　　　　D．不确定

（2）设函数 $y = y(x)$ 图形上点 $(0,-2)$ 的切线为 $2x - 3y = 6$，且 $y(x)$ 满足微分方程 $y'' = 6x$，则此函数是（　　）．

　　A．$y = x^3 - 2$　　　　　　　　B．$y = 3x^2 + 2$
　　C．$3y - 3x^3 - 2x + 6 = 0$　　　D．$y = x^3 + \dfrac{2}{3}x$

3．求下列微分方程的通解：

（1）$xy' + y = 2\sqrt{xy}$；　　　　（2）$y' = \dfrac{y}{y - x}$；

（3）$y\mathrm{d}x + (x^2 - 4x)\mathrm{d}y = 0$；　（4）$y'' + (y')^2 + 1 = 0$；

（5）$y'' - y = x\mathrm{e}^x$．

4．求下列微分方程的特解：

（1）$\cos y\mathrm{d}x + (1 + \mathrm{e}^{-x})\sin y\mathrm{d}y = 0$，$y|_{x=0} = \dfrac{\pi}{4}$；

（2）$x\dfrac{\mathrm{d}y}{\mathrm{d}x} + y = x\ln x$，$y|_{x=1} = -\dfrac{1}{4}$．

5．已知曲线经过点 $(1,1)$，它的切线在纵轴上的截距等于切点的横坐标，求曲线的方程．

6．某银行账户，以连续复利方式计息，年利率为 5%，希望连续 20 年以每年 12000 元人民币的速率用这一账户支付职工工资．若 t 以年为单位，写出余额 $B = f(t)$ 所满足的微分方程，且问当初始存入的数额 B 为多少时，才能使 20 年后账户中的余额精确地减至 0．

本章练习 B

1．填空题．

（1）一阶线性微分方程 $y' + P(x)y = Q(x)$ 的通解为_____．

（2）差分方程 $y_{t+1} - y_t = t$ 的通解为_____．

（3）设 $y = \mathrm{e}^{2x}(C_1\cos x + C_2\sin x)$ 为某二阶常系数齐次线性微分方程的通解，则该微分方程为_____．

(4) 已知 $y_1 = 5^t$ 和 $y_2 = 5^t - 3$ 是差分方程 $y_{t+1} + a(t)y_t = f(t)$ 的两个特解，则必有 $a(t) = $ _____ ，$f(t) = $ _____ .

2. 单项选择题.

(1) 差分方程 $\Delta y_x - y_x = x^2$ 的特解形式 $y^* = $ （ ）.

 A．$ax^2 + bx + c$ B．$x(ax^2 + bx + c)$
 C．$x^2(ax^2 + bx + c)$ D．$x(ax^2 + c)$

(2) 已知 $y_1 = x$ 是方程 $y'' + y = x$ 的一个解，$y_2 = \dfrac{e^x}{2}$ 是方程 $y'' + y = e^x$ 的一个解，则方程 $y'' + y = x + e^x$ 的通解为 $y = $ （ ）.

 A．$x + \dfrac{e^x}{2}$ B．$C_1 \cos x + C_2 \sin x + x$
 C．$C_1 \cos x + C_2 \sin x$ D．$C_1 \cos x + C_2 \sin x + x + \dfrac{e^x}{2}$

(3) 设 $f(x)$ 在 $(0, +\infty)$ 内有二阶连续导数，且 $f(1) = 2$，$f'(x) - \dfrac{f(x)}{x} - \int_1^x \dfrac{f(t)}{t^2} dt = 0$，则 $f(x) = $ （ ）.

 A．$x + 1$ B．$x^2 + 1$ C．$x^3 + 1$ D．$x^4 + 1$

3. 求下列微分方程的通解：

(1) $\dfrac{dy}{dx} + \dfrac{e^{y^2 + x}}{y} = 0$； (2) $y' + y \tan x = \cos x$；

(3) $y'' - 2y'^2 = 0$； (4) $y'' + 4y' + 4y = e^{-2x}$.

4. 求下列微分方程的特解：

(1) $xy' + (1 - x)y = e^{2x}$ $(x > 0)$，$y|_{x=1} = 0$；

(2) $x^2 y' + xy = y^2$，$y|_{x=1} = 1$；

(3) $4y'' + 16y' + 15y = 4e^{-\frac{3}{2}x}$，$y|_{x=0} = 3$，$y'|_{x=0} = -\dfrac{11}{2}$.

5. 已知某商品的净利润 L 与广告支出 x 有如下关系：$L' = a - b(x + L)$，其中 a, b 正的常数，且 $L(0) = L_0 > 0$，求净利润函数 $L(x)$.

6*. 设 y_t 为某地区 t 期国民收入，C_t 为 t 期消费，I 为投资（各期相同），设三者有关系：

$$y_t = C_t + I, \quad C_t = \alpha y_{t-1} + \beta$$

且已知 $t = 0$ 时 $y_t = y_0$，其中 $0 < \alpha < 1$，$\beta > 0$，试求 y_t 和 C_t.

本章练习 A 答案

1. 填空题.

（1）三；

（2）$x = y + Ce^{-y} - 1$. 提示：$P(y) = 1, Q(y) = y$，由一阶线性微分方程的通解公式得 $x = e^{-\int dy}\left(\int y e^{\int dy} dy + C\right) = e^{-y}(ye^y - e^y + C) = y + Ce^{-y} - 1$；

（3）$y = C_1 + C_2 e^{-x}$. 提示：方程对应的特征方程 $r^2 + r = 0$ 的特解为 $r_1 = 0, r_2 = -1$，从而通解为 $y = C_1 + C_2 e^{-x}$；

（4）$y = C_1 e^x + C_2 x e^x$. 提示：因为 $\dfrac{y_2}{y_1} = \dfrac{xe^x}{e^x} = x$，所以 y_1 和 y_2 是方程的两个线性无关的解，从而方程的通解为 $y = C_1 e^x + C_2 x e^x$；

（5）$y'' - 5y' + 6y = 0$. 提示：因为特征根 $r_1 = 2$ 和 $r_2 = 3$ 对应的特征方程为 $(r-2)(r-3) = 0$，即 $r^2 - 5r + 6 = 0$，所以微分方程为 $y'' - 5y' + 6y = 0$.

2. 单项选择题.

（1）A. 提示：由方程 $y'' - 2y' + 4y = 0$ 得在点 $x = x_0$ 时，$y''|_{x=x_0} = 2y'|_{x=x_0} - 4y|_{x=x_0} = -4f(x_0) < 0$，由极值的第二充分条件得 $y = f(x)$ 在点 $x = x_0$ 取得极大值；

（2）C. 提示：由切线方程得 $y'|_{x=0} = \dfrac{2}{3}$，从而排除选项 A 和 B；由函数 $y = y(x)$ 图形过点 $(0,-2)$ 知 $y|_{x=0} = -2$，排除选项 D，故选 C.

3. 求下列微分方程的通解：

解 （1）方程变形为 $y' + \dfrac{y}{x} = 2\sqrt{\dfrac{y}{x}}$，令 $u = \dfrac{y}{x}$，则 $y = xu, y' = u + x\dfrac{du}{dx}$，

代入方程得 $\qquad 2u + x\dfrac{du}{dx} = 2\sqrt{u}$

即 $\qquad \dfrac{du}{\sqrt{u} - u} = \dfrac{2}{x} dx$

两边积分得 $\qquad 2\int \dfrac{d\sqrt{u}}{1 - \sqrt{u}} = \ln x^2 + \ln C_1^2$

即 $\qquad -\ln(1 - \sqrt{u})^2 = \ln x^2 + \ln C_1^2$

从而 $\qquad \dfrac{1}{1 - \sqrt{u}} = C_1 x$

即 $\quad x-\sqrt{xy}=C\quad \left(C=\dfrac{1}{C_1}\right)$

故原方程的通解为 $\quad x-\sqrt{xy}=C$；

（2）以 y 作自变量有 $\dfrac{\mathrm{d}x}{\mathrm{d}y}=\dfrac{y-x}{y}=1-\dfrac{x}{y}$

即 $\quad \dfrac{\mathrm{d}x}{\mathrm{d}y}+\dfrac{x}{y}=1$，

由一阶线性微分方程的通解公式得 $x=\mathrm{e}^{-\int\frac{1}{y}\mathrm{d}y}\left(\int \mathrm{e}^{\int\frac{1}{y}\mathrm{d}y}\mathrm{d}y+C_1\right)=\dfrac{y}{2}+\dfrac{C_1}{y}$，化简得 $2xy-y^2=C$ （$C=2C_1$），故原方程的通解为 $2xy-y^2=C$；

（3）分离变量得 $\dfrac{\mathrm{d}y}{y}=-\dfrac{\mathrm{d}x}{x^2-4x}$

两边积分得 $\quad \ln|y|=-\dfrac{1}{4}\ln\left|\dfrac{x-4}{x}\right|+\ln|C|$

即 $y=C\left(\dfrac{x-4}{x}\right)^{-\frac{1}{4}}$，故原方程的通解为 $y=C\left(\dfrac{x-4}{x}\right)^{-\frac{1}{4}}$；

（4）设 $y'=p(x)$，则 $y''=p'$，代入原方程式得 $p'+p^2+1=0$，变形为

$$\int\dfrac{\mathrm{d}p}{p^2+1}=-\int \mathrm{d}x$$

两边积分得 $\quad \arctan p=-x+C_1$

即 $\quad p(x)=\tan(-x+C_1)=y'$

两边积分得 $\quad y=\ln|\cos(-x+C_1)|+C_2$

故原方程的通解为 $\quad y=\ln|\cos(-x+C_1)|+C_2$；

（5）方程对应的齐次方程为 $\quad y''-y=0$

其特征方程为 $\quad r^2-1=0$

有两个不等实根 $\quad r_1=1,\ r_2=-1$

故方程对应的齐次方程的通解为 $Y=C_1\mathrm{e}^x+C_2\mathrm{e}^{-x}$．

由于 $\lambda=1$ 是特征方程的单根，所以设原方程的一个特解为 $y^*=x(ax+b)\mathrm{e}^x$，把特解代入原方程得 $\quad 2a+2b+4ax=x$

比较方程两端系数得 $\quad a=\dfrac{1}{4},\ b=-\dfrac{1}{4}$

故原方程的通解为 $\quad y=C_1\mathrm{e}^x+C_2\mathrm{e}^{-x}+x\left(\dfrac{1}{4}x-\dfrac{1}{4}\right)\mathrm{e}^x$．

4．求下列微分方程的特解：

解 （1）将方程分离变量得 $-\tan y \, dy = \dfrac{de^x}{1+e^x}$

两边积分得 $\ln|\cos y| = \ln(e^x+1) + \ln C$

即 $\cos y = C(e^x+1)$

代入初始条件得 $C = \dfrac{\sqrt{2}}{4}$，故微分原方程的特解为 $(1+e^x)\sec y = 2\sqrt{2}$；

（2）方程变形为 $\dfrac{dy}{dx} + \dfrac{1}{x}y = \ln x$，其中 $P(x) = \dfrac{1}{x}$，$Q(x) = \ln x$，由一阶线性微分方程的通解公式得

$$y = e^{-\int \frac{1}{x}dx}\left(\int \ln x \, e^{\int \frac{1}{x}dx} dx + C\right)$$

$$= \frac{1}{x}\left(\int x \ln x \, dx + C\right)$$

$$= \frac{1}{x}\left(\frac{1}{2}x^2 \ln x - \frac{1}{4}x^2 + C\right)$$

$$= \frac{1}{2}x\ln x - \frac{1}{4}x + C\frac{1}{x}$$

将 $y|_{x=1} = -\dfrac{1}{4}$ 代入得 $C = 0$，所以方程的特解为 $y = \dfrac{1}{2}x\ln x - \dfrac{1}{4}x$.

5．**解** 设曲线方程为 $y = f(x)$，由题意知 $y - y'x = x$，即 $y' - \dfrac{1}{x}y = -1$，

由一阶线性微分方程通解公式得 $y = e^{\int \frac{1}{x}dx}\left(\int(-1)e^{-\int \frac{1}{x}dx}dx + C\right) = x(-\ln x + C)$，

曲线过点 $(1,1)$，得 $C = 1$，即 $y = x(-\ln x + 1)$.

6．**解** 由题意知：银行余额的变化速率=利息盈取率-工资支付速率，因此有

$$\frac{dB}{dt} = 0.05B - 12000$$

分离变量得 $\dfrac{dB}{0.05B - 12000} = dt$

两边积分得 $\dfrac{1}{0.05}\ln|0.05B - 12000| = t + C_1$

即 $0.05B - 12000 = C_2 e^{0.05t}$ （$C_2 = \pm e^{0.05C_1}$），

从而 $B = \dfrac{C_2}{0.05}e^{0.05t} + 240000 = Ce^{0.05t} + 240000$ $\left(C = \dfrac{C_2}{0.05}\right)$，

由 $t = 0$，$B = B_0 = C + 240000$ 得 $B_0 = C + 240000$，即 $C = B_0 - 240000$，

从而 $B = (B_0 - 240000)e^{0.05t} + 240000$，由题意 $t = 20$，$B = 0$ 得 $B_0 = 240000\left(1 - \dfrac{1}{e}\right)$，即当初始存入的数额 B 为 $240000\left(1 - \dfrac{1}{e}\right)$ 时才能使 20 年后账户中的余额精确地减至 0．

本章练习 B 答案

1．填空题．

（1）$y = e^{-\int P(x)dx}\left[\int Q(x)e^{\int P(x)dx}dx + C\right]$；

（2）$y_t = C + \dfrac{1}{2}t(t-1)$．提示：对应齐次方程的特征方程为 $\lambda - 1 = 0$，特征根 $\lambda = 1$，因此齐次方程的通解为 $y = C$，由于 1 是特征根，设特解 $y_t^* = t(at + b)$，则 $y_{t+1}^* - y_t^* = (t+1)[a(t+1) + b] - t(at + b) = 2at + a + b = t$，因此 $a = \dfrac{1}{2}$，$b = -\dfrac{1}{2}$，所求通解为 $y_t = C + \dfrac{1}{2}t(t-1)$；

（3）$y'' - 4y' + 5y = 0$．提示：由通解的表达式知，$r_{1,2} = 2 \pm i$ 是所求微分方程的特征方程的特征根，所以特征方程为 $r^2 - 4r + 5 = 0$，故所求微分方程为 $y'' - 4y' + 5y = 0$；

（4）$a(t) = -1$，$f(t) = 5^{t+1} - 5^t$．提示：将 $y_1 = 5^t$ 和 $y_2 = 5^t - 3$ 分别代入方程即可解得．

2．单项选择题．

（1）A．提示：差分方程变形为 $y_{x+1} - 2y_x = x^2$，其对应的特征方程的特征根为 $\lambda = 2$，由于 1 不是特征根，因此设特解 $y^* = ax^2 + bx + c$；

（2）D．提示：所求方程对应的齐次方程的通解为 $y = C_1 \cos x + C_2 \sin x$，而 $y = x + \dfrac{e^x}{2}$ 是所求方程一个特解，故所求方程的通解为 $y = C_1 \cos x + C_2 \sin x + x + \dfrac{e^x}{2}$；

（3）B．提示：由题意知 $f'(1) - f(1) = 0$，又因为 $f(1) = 2$，所以 $f'(1) = 2$．对方程两边求导得 $f''(x) - \dfrac{xf'(x) - f(x)}{x^2} - \dfrac{f(x)}{x^2} = 0$，令 $y = f(x)$，即 $y'' - \dfrac{y'}{x} = 0$，设 $y' = p(x)$，则 $p' - \dfrac{p}{x} = 0$，其通解为 $p = C_1 x$，即 $y' = C_1 x$，所以原方程的通解为 $y = \dfrac{C_1}{2}x^2 + C_2$，将 $f(1) = 2$，$f'(1) = 2$ 代入得 $C_1 = 2$，$C_2 = 1$，故 $f(x) = x^2 + 1$．

3. 求下列微分方程的通解：

解 （1）分离变量得 $-\dfrac{y\mathrm{d}y}{\mathrm{e}^{y^2}} = \mathrm{e}^x \mathrm{d}x$

两边积分得 $\dfrac{1}{2}\mathrm{e}^{-y^2} = \mathrm{e}^x + C_1$

故方程的通解为 $\mathrm{e}^{-y^2} - 2\mathrm{e}^x = C \ (C = 2C_1)$；

（2）$P(x) = \tan x$，$Q(x) = \cos x$，由一阶线性微分方程的通解公式得

$$y = \mathrm{e}^{-\int \tan x \mathrm{d}x}\left(C + \int \cos x \mathrm{e}^{\int \tan x \mathrm{d}x} \mathrm{d}x\right)$$

$$= \cos x \left(C + \int \cos x \dfrac{1}{\cos x} \mathrm{d}x\right)$$

$$= \cos x (C + x);$$

（3）令 $y' = p(y)$，则 $y'' = \dfrac{\mathrm{d}p}{\mathrm{d}y} p$，原方程变为

$$p\dfrac{\mathrm{d}p}{\mathrm{d}y} - 2p^2 = 0$$

分离变量得 $\dfrac{1}{p}\mathrm{d}p = 2\mathrm{d}y$

两边积分得 $\ln|p| = 2y + \ln|C_1|$

即 $y' = p = C_1 \mathrm{e}^{2y}$

分离变量得 $\mathrm{e}^{-2y}\mathrm{d}y = C_1 \mathrm{d}x$

两边积分得 $-\dfrac{1}{2}\mathrm{e}^{-2y} = C_1 x + C_2$

即为方程通解；

（4）所给方程对应的齐次方程为 $y'' + 4y' + 4y = 0$

其特征方程为 $r^2 + 4r + 4 = 0$

有两个相等实根 $r_1 = r_2 = -2$

故方程对应的齐次方程的通解为 $y = (C_1 + C_2 x)\mathrm{e}^{-2x}$。

由于 $\lambda = -2$ 是特征方程的重根，所以设原方程的一个特解为 $y^* = ax^2 \mathrm{e}^{-2x}$，把特解代入原方程，消去 e^{-2x}，得 $2a = 1$，即 $a = \dfrac{1}{2}$，因此原方程的一个特解为 $y^* = \dfrac{x^2}{2}\mathrm{e}^{-2x}$，故原方程的通解为 $y = (C_1 + C_2 x)\mathrm{e}^{-2x} + \dfrac{x^2}{2}\mathrm{e}^{-2x}$。

4. 求下列微分方程的特解：

解 （1）方程可化为 $y' + \left(\dfrac{1}{x} - 1\right)y = \dfrac{\mathrm{e}^{2x}}{x}$，$P(x) = \dfrac{1}{x} - 1$，$Q(x) = \dfrac{1}{x}\mathrm{e}^{2x}$，

由一阶线性微分方程的通解公式得 $y = e^{\int\left(1-\frac{1}{x}\right)dx}\left(C + \int\frac{e^{2x}}{x}e^{\int\left(\frac{1}{x}-1\right)dx}dx\right) = \frac{e^x}{x}(C + e^x)$，代入初始条件得 $C = -e$，故原方程的特解为 $y = \frac{e^x}{x}(e^x - e)$；

（2）方程变形为 $\frac{dy}{dx} = \left(\frac{y}{x}\right)^2 - \frac{y}{x}$，令 $u = \frac{y}{x}$，则 $y' = u + xu'$，

原方程化为 $\qquad xu' + 2u = u^2$

分离变量得 $\qquad \dfrac{du}{u^2 - 2u} = \dfrac{dx}{x}$

两端积分得 $\qquad -\dfrac{1}{2}\ln\left|\dfrac{u}{u-2}\right| = \ln|x| + \ln|C|$

即 $\qquad \dfrac{u}{u-2} = \dfrac{1}{Cx^2}$

从而 $\dfrac{\frac{y}{x}}{\frac{y}{x}-2} = \dfrac{1}{Cx^2}$，代入初始条件得 $C = -1$，故原方程的特解为 $y = \dfrac{2x}{1+x^2}$；

（3）方程对应的齐次方程为 $\quad 4y'' + 16y' + 15y = 0$

其特征方程为 $\qquad 4r^2 + 16r + 15 = 0$

有两个不等实根 $\qquad r_1 = -\dfrac{3}{2},\ r_2 = -\dfrac{5}{2}$

故方程对应的齐次方程的通解为 $y = C_1 e^{-\frac{3}{2}x} + C_2 e^{-\frac{5}{2}x}$.

由于 $\lambda = -\dfrac{3}{2}$ 是特征方程的单根，所以设原方程的一个特解为 $y^* = axe^{-\frac{3}{2}x}$，把特解代入原方程，消去 $e^{-\frac{3}{2}x}$，得 $4a = 4$，即 $a = 1$，因此原方程的一个特解为 $y^* = xe^{-\frac{3}{2}x}$. 从而微分方程的通解为 $y = C_1 e^{-\frac{3}{2}x} + C_2 e^{-\frac{5}{2}x} + xe^{-\frac{3}{2}x}$.

又 $y|_{x=0} = 3$，$y'|_{x=0} = -\dfrac{11}{2}$，代入通解中得 $C_1 = 1, C_2 = 2$，故原方程的特解为 $y = e^{-\frac{3}{2}x} + 2e^{-\frac{5}{2}x} + xe^{-\frac{3}{2}x}$.

5. 解 由题意 $L' = a - b(x+L)$，即 $L' + bL = a - bx$，此方程为一阶非齐次线性微分方程.

根据求解公式 $L = e^{\int -bdx}\left(\int(a-bx)e^{\int bdx}dx + C\right)$

$= e^{-bx}\left(\int(a-bx)e^{bx}dx + C\right) = e^{-bx}\left(\dfrac{1}{b}\int(a-bx)de^{bx} + C\right)$

$$= e^{-bx}\left(\frac{1}{b}(a-bx)e^{bx} + \frac{1}{b}e^{bx} + C\right) = Ce^{-bx} - x + \frac{a+1}{b}$$

将初始条件 $L(0) = L_0$ 代入，得 $C = L_0 - \frac{a+1}{b}$，

故净利润函数为 $L(x) = \left(L_0 - \frac{a+1}{b}\right)e^{-bx} - x + \frac{a+1}{b}$.

6*. **解** 由 $y_t = C_t + I$，$C_t = \alpha y_{t-1} + \beta$ 知 $C_t = \alpha(C_{t-1} + I) + \beta = \alpha C_{t-1} + \alpha I + \beta$，即 $C_t - \alpha C_{t-1} = \alpha I + \beta$，对应的齐次方程 $C_t - \alpha C_{t-1} = 0$ 的特征方程 $\lambda - \alpha = 0$ 的特征根 $\lambda = \alpha$，则齐次方程的通解为 $C_t = C\alpha^t$.

由 $0 < \alpha < 1$ 知，1 不是特征根，设 $C^* = k$，则 $C_t - \alpha C_{t-1} = (1-\alpha)k = \alpha I + \beta$，所以 $k = \frac{\alpha I + \beta}{1-\alpha}$，通解为 $C_t = C\alpha^t + \frac{\alpha I + \beta}{1-\alpha}$，而由 $t = 0$，$y_t = y_0$ 得 $C_0 = y_0 - I$，即 $y_0 - I = C + \frac{\alpha I + \beta}{1-\alpha}$，从而 $C = y_0 - I - \frac{\alpha I + \beta}{1-\alpha} = y_0 - \frac{I + \beta}{1-\alpha}$，故原方程的通解为 $C_t = \left(y_0 - \frac{I+\beta}{1-\alpha}\right)\alpha^t + \frac{\alpha I + \beta}{1-\alpha}$，又 $y_t = C_t + I$，得 $y_t = \left(y_0 - \frac{I+\beta}{1-\alpha}\right)\alpha^t + \frac{I+\beta}{1-\alpha}$.

第7章 多元函数微分学

知识结构图

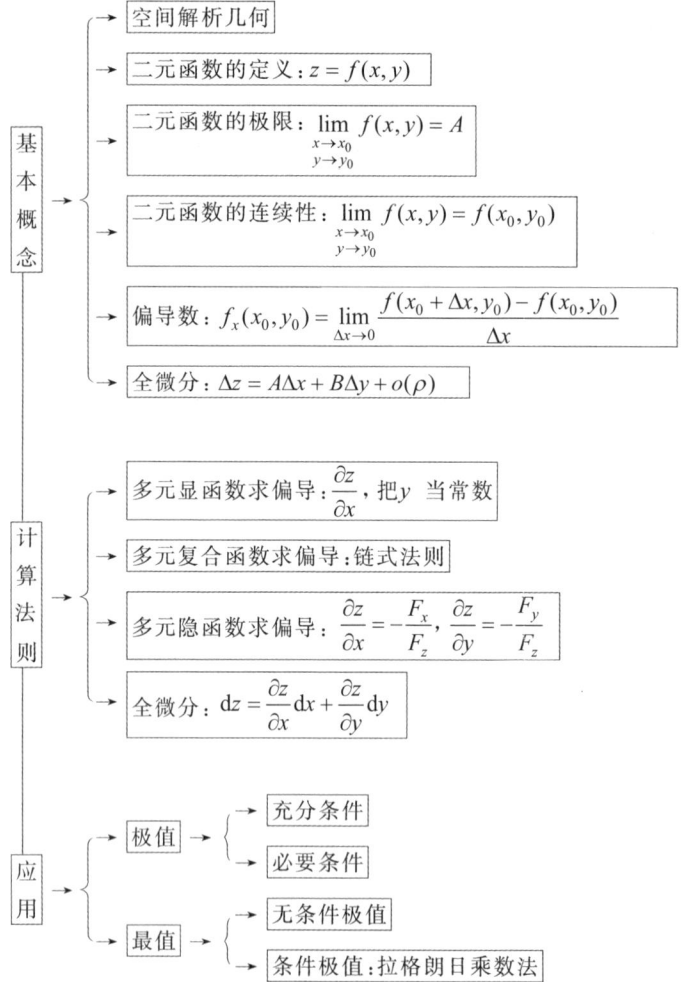

学习目标

- 了解空间直角坐标系和空间中常见的曲面方程.

- 理解二元函数的概念，了解二元函数的极限与连续性的概念，以及有界闭区域上连续函数的性质.
- 理解偏导数的概念，了解二元函数偏导数的几何意义，掌握求偏导数的方法，会求高阶偏导数（以二阶为主）.
- 理解全微分的概念，了解全微分的充分条件与必要条件，掌握计算函数全微分的方法，了解全微分的形式不变性.
- 掌握求多元复合函数偏导数的方法，会求隐函数的一阶偏导数.
- 理解多元函数极值与条件极值的概念，会求二元函数的极值；掌握求条件极值的拉格朗日乘数法，会解决关于最值的实际应用问题.

7.1 空间解析几何简介

7.1.1 知识点分析

1. 空间直角坐标系相关概念

（1）空间直角坐标系 $Oxyz$：空间中定点 O 作为原点，过 O 点作三条两两垂直的数轴，分别标为 x 轴（横轴）、y 轴（纵轴）、z 轴（竖轴），统称为坐标轴，三个坐标轴之间符合右手法则.

（2）三个坐标面：xOy 面、yOz 面和 zOx 面.

（3）八个卦限：按照逆时针方向确定，分别用符号 Ⅰ、Ⅱ、Ⅲ、Ⅳ、Ⅴ、Ⅵ、Ⅶ、Ⅷ表示.

（4）空间中点的坐标：表示为 $M(x,y,z)$，其中 x、y 和 z 依次称为点 M 的横坐标、纵坐标和竖坐标.

2. 空间中两点间的距离公式

点 $A(x_1,y_1,z_1)$ 与点 $B(x_2,y_2,z_2)$ 之间的距离公式为：
$$|AB| = \sqrt{(x_1-x_2)^2 + (y_1-y_2)^2 + (z_1-z_2)^2}$$

3. 常见的曲面方程

（1）球面.

球面的一般方程： $(x-x_0)^2 + (y-y_0)^2 + (z-z_0)^2 = R^2$

表示球心在 (x_0,y_0,z_0)，半径为 R 的球面.

（2）平面.

平面的一般方程： $Ax + By + Cz + D = 0$，

其中 A、B、C、D 是不全为零的常数.

（3）柱面.

$F(x,y)=0$：表示以 xOy 面上的曲线 $F(x,y)=0$ 为准线，母线平行于 z 轴的柱面；

$G(x,z)=0$：表示以 xOz 面上的曲线 $G(x,z)=0$ 为准线，母线平行于 y 轴的柱面；

$H(y,z)=0$：表示以 yOz 面上的曲线 $H(y,z)=0$ 为准线，母线平行于 x 轴的柱面.

（4）旋转曲面.

旋转抛物面： $z=a(x^2+y^2)$

圆锥面： $z^2=a^2(x^2+y^2)$

7.1.2 典例解析

例 1 在 yOz 面上，求与已知点 $A(3,1,2)$、$B(4,-2,-2)$ 和 $C(0,5,1)$ 等距离的点的坐标.

解 设所求点为 $M(0,y,z)$，则由已知可得 $\begin{cases}|MA|=|MB|\\|MB|=|MC|\end{cases}$，

即 $\begin{cases}\sqrt{(0-3)^2+(y-1)^2+(z-2)^2}=\sqrt{(0-4)^2+(y+2)^2+(z+2)^2}\\\sqrt{(0-4)^2+(y+2)^2+(z+2)^2}=\sqrt{(0-0)^2+(y-5)^2+(z-1)^2}\end{cases}$

整理得 $\begin{cases}3y+4z=-5\\7y+3z=1\end{cases}$

解方程组可得 $y=1$，$z=-2$，所以所求点的坐标为 $(0,1,-2)$.

例 2 求到点 $A(5,4,0)$ 和点 $B(-4,3,4)$ 的距离之比为 $2:1$ 的点的轨迹方程，并指出它表示什么曲面？

解 设动点坐标为 $M(x,y,z)$，由已知 $\dfrac{|MA|}{|MB|}=\dfrac{2}{1}$，即 $|MA|=2|MB|$，

则 $\sqrt{(x-5)^2+(y-4)^2+z^2}=2\sqrt{(x+4)^2+(y-3)^2+(z-4)^2}$，

对上式两边平方并整理得 $x^2+14x+y^2+\dfrac{16}{3}y+z^2-\dfrac{32}{3}z=-41$，

配方得 $(x+7)^2+\left(y+\dfrac{8}{3}\right)^2+\left(z-\dfrac{16}{3}\right)^2=\dfrac{392}{9}$，

即为所求轨迹方程. 它表示以 $\left(-7,-\dfrac{8}{3},\dfrac{32}{3}\right)$ 为球心，半径为 $\dfrac{14\sqrt{2}}{3}$ 的球面.

例 3 指出下列方程在平面解析几何中和空间解析几何中分别表示什么图形？

（1） $y=1$； （2） $y=2x+1$； （3） $x^2-y^2=4$.

解 （1）$y=1$ 在平面解析几何中表示平行于 x 轴的直线，在空间解析几何中表示平行于 xOz 面的平面.

（2）$y=2x+1$ 在平面解析几何中表示斜率为 2 的直线，在空间解析几何中表示平行于 z 轴的平面.

（3）$x^2-y^2=4$ 在平面解析几何中表示双曲线，在空间解析几何中表示母线平行于 z 轴的双曲柱面.

7.1.3 习题

1．求以点 $O(1,3,-2)$ 为球心，且通过原点的球面方程.

2．指出下列方程在空间解析几何中表示什么图形.

（1）$x=2$；　　　　　　　（2）$y=x+1$；

（3）$x^2+y^2=4$.

3．指出下列各方程表示哪种曲面.

（1）$x^2+y^2+z^2=1$；　　　（2）$x^2+y^2-2z=0$；

（3）$y^2+2z^2=4$；　　　　（4）$x^2+y^2=4z^2$.

7.1.4 习题详解

1．**解** 半径为 $R=\sqrt{1^2+3^2+(-2)^2}=\sqrt{14}$，故球面方程为
$$(x-1)^2+(y-3)^2+(z+2)^2=14.$$

2．**解** （1）平行于 yOz 面的平面；

（2）平行于 z 轴的平面；

（3）母线平行于 z 轴的圆柱面.

3．**解** （1）球面；（2）旋转抛物面；（3）椭圆柱面；（4）圆锥面.

7.2 多元函数的基本概念

7.2.1 知识点分析

1．平面点集、邻域、内点、外点、边界点、聚点、区域的定义等

2．多元函数的概念

二元函数：　　　　　$z=f(x,y)$，$(x,y)\in D$.

x、y 为自变量，z 为因变量，D 为定义域，数集 $\{z|z=f(x,y),(x,y)\in D\}$ 为该函数的值域.

类似地可以定义三元及三元以上的函数.

3. 二元函数的极限

在 $P(x,y) \to P_0(x_0, y_0)$ 的过程中，对应的函数值 $f(x,y)$ 无限地接近于一个确定的常数 A，就称 A 是函数 $z = f(x,y)$ 当 $x \to x_0, y \to y_0$ 时的极限，表示为

$$\lim_{(x,y) \to (x_0, y_0)} f(x,y) = A \quad \text{或} \quad f(x,y) \to A \ ((x,y) \to (x_0, y_0)).$$

注（1）$\lim\limits_{(x,y) \to (x_0, y_0)} f(x,y)$ 存在指的是动点 $P(x,y)$ 以任何方式趋近于点 $P_0(x_0, y_0)$ 时，$f(x,y)$ 都无限趋近于常数 A.

（2）判定 $\lim\limits_{(x,y) \to (x_0, y_0)} f(x,y)$ 不存在的方法：找不同的 $P(x,y)$ 趋近于点 $P_0(x_0, y_0)$ 方式，若 $f(x,y)$ 趋近于不同的值或者有的极限不存在，则判定二元函数的极限不存在.

（3）二元函数极限的运算法则（包括和差积商的极限运算法则、两个重要极限、等价无穷小替换、夹逼准则等）与一元函数类似，但洛必达法则除外，可经过变量代换转化为一元函数的极限再使用洛必达法则.

4. 二元函数的连续性

如果 $\lim\limits_{(x,y) \to (x_0, y_0)} f(x,y) = f(x_0, y_0)$，称函数 $z = f(x,y)$ 在点 (x_0, y_0) 处连续，否则称为间断.

注（1）在定义区域内的连续点求极限可直接将该点代入函数.

（2）闭区域上连续函数的性质：有界性定理、最值存在定理、介值定理.

7.2.2 典例解析

例1（1）已知函数 $f(x,y) = \dfrac{4xy}{x^2 + y^2}$，求 $f\left(xy, \dfrac{x}{y}\right)$ 以及 $f(tx, ty)$；

（2）已知 $f(x+y, e^y) = x^2 y$，求 $f(x,y)$.

解（1）$f\left(xy, \dfrac{x}{y}\right) = \dfrac{4(xy)\left(\dfrac{x}{y}\right)}{(xy)^2 + \left(\dfrac{x}{y}\right)^2} = \dfrac{4x^2 y^2}{x^2 y^4 + x^2} = \dfrac{4y^2}{1 + y^4}$，

$$f(tx, ty) = \dfrac{4(tx)(ty)}{(tx)^2 + (ty)^2} = \dfrac{4xy}{x^2 + y^2} = f(x,y);$$

（2）令 $x + y = u$，$e^y = v$，代入函数中，解出 x, y 得 $\begin{cases} y = \ln v \\ x = u - \ln v \end{cases}$,

所以 $f(u, v) = (u - \ln v)^2 \cdot \ln v$，即 $f(x, y) = (x - \ln y)^2 \cdot \ln y$.

例2 求下列函数的定义域：

（1）$z = \ln\left[(y-x)\sqrt{2x-y}\right]$；　　　（2）$z = \arcsin\dfrac{x}{y^2} + \arccos(1-y)$.

解　（1）由定义域定义知 $\begin{cases} y-x > 0 \\ 2x-y > 0 \end{cases}$，即 $x < y < 2x$，故函数定义域为 $\{(x,y) \mid x < y < 2x\}$；

（2）根据反正弦、反余弦函数的特点有 $\begin{cases} -1 \leqslant \dfrac{x}{y^2} \leqslant 1,\ \text{且}\ y \neq 0 \\ -1 \leqslant 1-y \leqslant 1 \end{cases}$，

即 $-y^2 \leqslant x \leqslant y^2$ 且 $0 < y \leqslant 2$，故函数定义域为 $\{(x,y) \mid -y^2 \leqslant x \leqslant y^2\ \text{且}\ 0 < y \leqslant 2\}$.

例3 求下列函数的极限：

（1）$\lim\limits_{\substack{x \to 0 \\ y \to 0}} \dfrac{\sqrt{x^2+y^2} - \sin\sqrt{x^2+y^2}}{(x^2+y^2)^{\frac{3}{2}}}$；　　（2）$\lim\limits_{\substack{x \to 0 \\ y \to 1}} \dfrac{\sin xy + xy\cos x - x^2 y^2}{x}$；

（3）$\lim\limits_{\substack{x \to 0 \\ y \to 0}} \dfrac{x^2 y^2 e^{x^2+y} \ln(y+2)}{1 - \cos xy}$.

解　（1）令 $\sqrt{x^2+y^2} = t$，当 $(x,y) \to (0,0)$ 时 $t \to 0$，

则原式 $= \lim\limits_{t \to 0} \dfrac{t - \sin t}{t^3} = \lim\limits_{t \to 0} \dfrac{1 - \cos t}{3t^2} = \lim\limits_{t \to 0} \dfrac{\frac{t^2}{2}}{3t^2} = \dfrac{1}{6}$；

（2）因为 $\lim\limits_{\substack{x \to 0 \\ y \to 1}} \dfrac{\sin xy}{x} = \lim\limits_{\substack{x \to 0 \\ y \to 1}} \dfrac{\sin xy}{xy} \cdot y = 1$，$\lim\limits_{\substack{x \to 0 \\ y \to 1}} \dfrac{xy\cos x}{x} = \lim\limits_{\substack{x \to 0 \\ y \to 1}} y\cos x = 1$，

$\lim\limits_{\substack{x \to 0 \\ y \to 1}} \dfrac{x^2 y^2}{x} = \lim\limits_{\substack{x \to 0 \\ y \to 1}} xy^2 = 0$，所以

$\lim\limits_{\substack{x \to 0 \\ y \to 1}} \dfrac{\sin xy + xy\cos x - x^2 y^2}{x} = \lim\limits_{\substack{x \to 0 \\ y \to 1}} \dfrac{\sin xy}{x} + \lim\limits_{\substack{x \to 0 \\ y \to 1}} \dfrac{xy\cos x}{x} - \lim\limits_{\substack{x \to 0 \\ y \to 1}} \dfrac{x^2 y^2}{x} = 1 + 1 - 0 = 2$；

（3）原式 $= \lim\limits_{\substack{x \to 0 \\ y \to 0}} \dfrac{x^2 y^2 e^{x^2+y} \ln(y+2)}{\dfrac{(xy)^2}{2}} = \lim\limits_{\substack{x \to 0 \\ y \to 0}} 2 e^{x^2+y} \ln(y+2) = 2\ln 2$.

例4 证明极限 $\lim\limits_{\substack{x \to 0 \\ y \to 0}} \dfrac{xy^3}{x^2 + y^6}$ 不存在.

证明　因为 $\lim\limits_{\substack{x = ky^3 \\ y \to 0}} \dfrac{xy^3}{x^2 + y^6} = \lim\limits_{\substack{x = ky^3 \\ y \to 0}} \dfrac{ky^3 \cdot y^3}{(ky^3)^2 + y^6} = \lim\limits_{\substack{x = ky^3 \\ y \to 0}} \dfrac{ky^6}{k^2 y^6 + y^6} = \dfrac{k}{k^2 + 1}$，极限值随着 k 的不同而不同，所以该极限不存在.

例5 求函数 $f(x,y)=\dfrac{y^4-4x^2}{y^2-2x}$ 的间断点.

解 $f(x,y)=\dfrac{y^4-4x^2}{y^2-2x}$ 是二元初等函数,其定义域为 $y^2-2x\neq 0$,所以 $y^2-2x=0$ 上的点是函数的间断点.

例6 下列选项中有且仅有一个间断点的函数为（　　）.

A. $f(x,y)=\dfrac{x}{y}$　　　　　　B. $f(x,y)=\mathrm{e}^{-x}\ln(x^2+y^2)$

C. $f(x,y)=\dfrac{x}{x+y}$　　　　　D. $f(x,y)=|xy|+1$

解 A 选项的间断点为 $y=0$,即 x 轴上的点;B 选项的间断点为 $x^2+y^2=0$,即 $(0,0)$ 点;C 选项的间断点为 $y=-x$,即一条直线上的点;D 选项无间断点,故正确选项为 B.

7.2.3 习题

1. 求下列函数的表达式:

   （1） $f(x,y)=x^2-y^2$,求 $f\left(x+y,\dfrac{y}{x}\right)$;

   （2） $f\left(x+y,\dfrac{y}{x}\right)=x^2-y^2$,求 $f(x,y)$.

2. 求下列函数的定义域:

   （1） $z=\sqrt{4x^2+y^2-1}$;　　　　　（2） $z=\ln(xy)$;

   （3） $z=\sqrt{1-x^2}+\sqrt{y^2-1}$;　　（4） $z=\sqrt{1-(x^2+y)^2}$;

   （5） $z=\dfrac{\sqrt{4x-y^2}}{\ln(1-x^2-y^2)}$;　　　（6） $z=\arccos\dfrac{x}{x+y}$.

3. 求下列极限:

   （1） $\lim\limits_{(x,y)\to(1,3)}\dfrac{xy}{\sqrt{xy+1}-1}$;　　（2） $\lim\limits_{(x,y)\to(0,0)}\dfrac{2-\sqrt{xy+4}}{xy}$;

   （3） $\lim\limits_{(x,y)\to(0,0)}\left(x\sin\dfrac{1}{y}+y\sin\dfrac{1}{x}\right)$;　　（4） $\lim\limits_{(x,y)\to(a,0)}\dfrac{\sin xy}{y}$;

   （5） $\lim\limits_{\substack{x\to\infty\\y\to a}}\left(1+\dfrac{1}{x}\right)^{\frac{x^2}{x+y}}$.

4. 讨论函数 $f(x,y)=\dfrac{y^2+x}{y^2-x}$ 在何处是间断的.

7.2.4 习题详解

1. 解 （1） $f\left(x+y, \dfrac{y}{x}\right) = (x+y)^2 - \left(\dfrac{y}{x}\right)^2$；

（2）令 $x+y=u$，$\dfrac{y}{x}=v$，则 $x=\dfrac{u}{1+v}$，$y=\dfrac{uv}{1+v}$，

$$f(u,v) = \left(\dfrac{u}{1+v}\right)^2 - \left(\dfrac{uv}{1+v}\right)^2 = \dfrac{u^2(1-v^2)}{(1+v)^2} = \dfrac{u^2(1-v)}{(1+v)},$$ 即 $f(x,y) = \dfrac{x^2(1-y)}{1+y}$.

2. 解 （1）由题意 $4x^2+y^2-1 \geqslant 0$，可知定义域为 $\{(x,y) \mid 4x^2+y^2 \geqslant 1\}$；

（2）由题意 $xy>0$，可知定义域为 $\{(x,y) \mid xy>0\}$；

（3）由题意 $1-x^2 \geqslant 0$ 且 $y^2-1 \geqslant 0$，可知定义域为
$$\{(x,y) \mid -1 \leqslant x \leqslant 1,\ y \geqslant 1 \text{ 或 } y \leqslant -1\};$$

（4）由题意 $1-(x^2+y)^2 \geqslant 0$，即 $1 \geqslant (x^2+y)^2$，解得 $-1 \leqslant x^2+y \leqslant 1$，可知定义域为 $\{(x,y) \mid -x^2-1 \leqslant y \leqslant -x^2+1\}$；

（5）由题意 $\begin{cases} 4x-y^2 \geqslant 0 \\ 1-x^2-y^2 > 0 \text{ 且 } 1-x^2-y^2 \neq 1 \end{cases}$，可知定义域为
$$\{(x,y) \mid y^2 \leqslant 4x \text{ 且 } 0 < x^2+y^2 < 1\};$$

（6）由题意 $-1 \leqslant \dfrac{x}{x+y} \leqslant 1$ 且 $x+y \neq 0$，可知定义域为
$$\left\{(x,y) \mid -1 < \dfrac{x}{x+y} \leqslant 1 \text{ 且 } x+y \neq 0\right\}.$$

3. 解 （1） $\lim\limits_{(x,y)\to(1,3)} \dfrac{xy}{\sqrt{xy+1}-1} = \lim\limits_{(x,y)\to(1,3)} \dfrac{xy \cdot (\sqrt{xy+1}+1)}{(\sqrt{xy+1}-1)\cdot(\sqrt{xy+1}+1)}$

$$= \lim_{(x,y)\to(1,3)} \dfrac{xy \cdot (\sqrt{xy+1}+1)}{xy}$$

$$= \lim_{(x,y)\to(1,3)} \sqrt{xy+1}+1 = 3;$$

（2） $\lim\limits_{(x,y)\to(0,0)} \dfrac{2-\sqrt{xy+4}}{xy} = \lim\limits_{(x,y)\to(0,0)} \dfrac{(2-\sqrt{xy+4})\cdot(2+\sqrt{xy+4})}{xy \cdot (2+\sqrt{xy+4})}$

$$= \lim_{(x,y)\to(0,0)} \dfrac{-xy}{xy \cdot (2+\sqrt{xy+4})}$$

$$= \lim_{(x,y)\to(0,0)} -\dfrac{1}{2+\sqrt{xy+4}} = -\dfrac{1}{4};$$

（3）当 $(x,y) \to (0,0)$ 时，x 为无穷小，而 $\sin\dfrac{1}{y}$ 为有界函数，所以 $x\sin\dfrac{1}{y}$ 为无穷小，即 $\lim\limits_{(x,y)\to(0,0)} x\sin\dfrac{1}{y}=0$；

同理可得 $\lim\limits_{(x,y)\to(0,0)} y\sin\dfrac{1}{x}=0$，所以 $\lim\limits_{(x,y)\to(0,0)}\left(x\sin\dfrac{1}{y}+y\sin\dfrac{1}{x}\right)=0$；

（4）$\lim\limits_{(x,y)\to(a,0)}\dfrac{\sin xy}{y}=\lim\limits_{(x,y)\to(a,0)}\dfrac{\sin xy}{xy}\cdot x=1\cdot a=a$；

（5）$\lim\limits_{\substack{x\to\infty\\y\to a}}\left(1+\dfrac{1}{x}\right)^{\dfrac{x^2}{x+y}}=\lim\limits_{\substack{x\to\infty\\y\to a}}\left(1+\dfrac{1}{x}\right)^{x\cdot\dfrac{x}{x+y}}=\mathrm{e}^{\lim\limits_{\substack{x\to\infty\\y\to a}}\dfrac{x}{x+y}}=\mathrm{e}$。

4．解　当 $y^2=x$ 时，函数 $f(x,y)$ 没有定义，故 $f(x,y)$ 的间断点是 $\{(x,y)\,|\,y^2=x\}$。

7.3　偏导数

7.3.1　知识点分析

1．偏导数的定义

二元函数 $z=f(x,y)$ 在点 (x_0,y_0) 的偏导数：

$$f_x(x_0,y_0)=\lim_{\Delta x\to 0}\dfrac{f(x_0+\Delta x,y_0)-f(x_0,y_0)}{\Delta x}$$

也可表示为 $\dfrac{\partial z}{\partial x}\bigg|_{(x_0,y_0)}$，$z_x(x_0,y_0)$，$\dfrac{\partial f}{\partial x}\bigg|_{(x_0,y_0)}$

$$f_y(x_0,y_0)=\lim_{\Delta y\to 0}\dfrac{f(x_0,y_0+\Delta y)-f(x_0,y_0)}{\Delta y}$$

也可表示为 $\dfrac{\partial z}{\partial y}\bigg|_{(x_0,y_0)}$，$z_y(x_0,y_0)$，$\dfrac{\partial f}{\partial y}\bigg|_{(x_0,y_0)}$

偏导函数（简称偏导数）：$\dfrac{\partial z}{\partial x}$，$z_x$，$\dfrac{\partial f}{\partial x}$，$f_x$；

$\dfrac{\partial z}{\partial y}$，$z_y$，$\dfrac{\partial f}{\partial y}$，$f_y$。

类似地可以定义三元及三元以上的多元函数的偏导数。

2．偏导数的计算

求多元函数对某个变量的偏导数时，只需把其余自变量看作常数，然后利用一元函数的求导公式和求导法则进行计算.

3. 可偏导与连续的关系

多元函数在一点连续不能保证在此点的偏导数存在，多元函数在一点的偏导数存在也不能保证在此点连续.

如 $f(x,y) = \begin{cases} y\sin\dfrac{1}{x^2+y^2}, & x^2+y^2 \neq 0 \\ 0, & x^2+y^2 = 0 \end{cases}$ 在 $(0,0)$ 处连续，但偏导数不存在;

又如 $f(x,y) = \begin{cases} \dfrac{xy}{x^2+y^2}, & x^2+y^2 \neq 0 \\ 0, & x^2+y^2 = 0 \end{cases}$ 在 $(0,0)$ 处存在偏导数，但不连续.

4. 偏导数的几何意义

$f_x(x_0, y_0)$ 表示曲线 $\begin{cases} z = f(x,y) \\ y = y_0 \end{cases}$ 在点 (x_0, y_0) 处的切线对 x 轴的斜率;

$f_y(x_0, y_0)$ 表示曲线 $\begin{cases} z = f(x,y) \\ x = x_0 \end{cases}$ 在点 (x_0, y_0) 处的切线对 y 轴的斜率.

5. 高阶偏导数

二元函数 $z = f(x,y)$ 的二阶偏导数：

$$\frac{\partial}{\partial x}\left(\frac{\partial z}{\partial x}\right) = \frac{\partial^2 z}{\partial x^2} = f_{xx}(x,y), \quad \frac{\partial}{\partial y}\left(\frac{\partial z}{\partial x}\right) = \frac{\partial^2 z}{\partial x \partial y} = f_{xy}(x,y),$$

$$\frac{\partial}{\partial x}\left(\frac{\partial z}{\partial y}\right) = \frac{\partial^2 z}{\partial y \partial x} = f_{yx}(x,y), \quad \frac{\partial}{\partial y}\left(\frac{\partial z}{\partial y}\right) = \frac{\partial^2 z}{\partial y^2} = f_{yy}(x,y).$$

三阶及更高阶的偏导数类似可得.

注 高阶混合偏导数在连续的条件下与求导次序无关.

7.3.2 典例解析

例 1 设 $f(x,y) = \begin{cases} \dfrac{\sin(x^2 y)}{xy}, & xy \neq 0 \\ x, & xy = 0 \end{cases}$，求 $f_x(0,1)$.

解 分段函数在分段点的偏导数需要用偏导数的定义来求，故

$$f_x(0,1) = \lim_{\Delta x \to 0} \frac{f(0+\Delta x, 1) - f(0,1)}{\Delta x}$$

$$= \lim_{\Delta x \to 0} \frac{\dfrac{\sin(\Delta x)^2 \cdot 1}{\Delta x \cdot 1}}{\Delta x}$$

$$= \lim_{\Delta x \to 0} \frac{\sin(\Delta x)^2}{(\Delta x)^2} = 1$$

例2 设 $z = \ln\left(x + \dfrac{y}{2x}\right)$，求 $\dfrac{\partial z}{\partial x}\bigg|_{(1,0)}$ 和 $\dfrac{\partial z}{\partial y}\bigg|_{(1,0)}$.

解 $\dfrac{\partial z}{\partial x} = \dfrac{1}{x + \dfrac{y}{2x}} \cdot \left(1 - \dfrac{y}{2x^2}\right) = \dfrac{2x^2 - y}{x(2x^2 + y)}$，

$\dfrac{\partial z}{\partial y} = \dfrac{1}{x + \dfrac{y}{2x}} \cdot \dfrac{1}{2x} = \dfrac{1}{2x^2 + y}$，

所以 $\dfrac{\partial z}{\partial x}\bigg|_{(1,0)} = \dfrac{2-0}{1 \cdot (2+0)} = 1$，$\dfrac{\partial z}{\partial y}\bigg|_{(1,0)} = \dfrac{1}{2+0} = \dfrac{1}{2}$.

例3 设 $z = f(x,y) = x^2 + \ln(y^2+1)\arctan(x^{y+1})$，则 $\dfrac{\partial z}{\partial x}\bigg|_{(1,0)} = $ _____ .

解 $\dfrac{\partial z}{\partial x}\bigg|_{(1,0)} = \dfrac{\mathrm{d}f(x,0)}{\mathrm{d}x}\bigg|_{x=1} = \dfrac{\mathrm{d}x^2}{\mathrm{d}x}\bigg|_{x=1} = 2x|_{x=1} = 2$

点拨 求多元函数在一点处的偏导数有三种方法：利用偏导数的定义、先求后代、先代后求.

例4 求下列多元函数的偏导数：

（1）$z = x^3 - 4x^2 + 2xy - y^2$； （2）$z = x^5 y \mathrm{e}^{-\frac{y}{x}}$；

（3）$z = \dfrac{xy^3}{x^4 + y^4}$； （4）$u = (\mathrm{e}^x + \ln y)^z$.

解 （1）$\dfrac{\partial z}{\partial x} = 3x^2 - 8x + 2y$，$\dfrac{\partial z}{\partial y} = 2x - 2y$；

（2）$\dfrac{\partial z}{\partial x} = 5x^4 y \mathrm{e}^{-\frac{y}{x}} + x^5 y \mathrm{e}^{-\frac{y}{x}} \cdot \dfrac{y}{x^2} = z = x^3 y \mathrm{e}^{-\frac{y}{x}}(5x + y)$，

$\dfrac{\partial z}{\partial y} = x^5 \mathrm{e}^{-\frac{y}{x}} + x^5 y \mathrm{e}^{-\frac{y}{x}} \cdot \left(-\dfrac{1}{x}\right) = x^4 \mathrm{e}^{-\frac{y}{x}}(x - y)$；

（3）$\dfrac{\partial z}{\partial x} = \dfrac{y^3 \cdot (x^4 + y^4) - xy^3 \cdot 4x^3}{(x^4 + y^4)^2} = \dfrac{y^3(y^4 - 3x^4)}{(x^4 + y^4)^2}$，

$\dfrac{\partial z}{\partial y} = \dfrac{3xy^2 \cdot (x^4 + y^4) - xy^3 \cdot 4y^3}{(x^4 + y^4)^2} = \dfrac{xy^2(3x^4 - y^4)}{(x^4 + y^4)^2}$；

（4）$\dfrac{\partial u}{\partial x} = z(\mathrm{e}^x + \ln y)^{z-1} \cdot \mathrm{e}^x$，

$$\frac{\partial u}{\partial y} = z(e^x + \ln y)^{z-1} \cdot \frac{1}{y},$$

$$\frac{\partial u}{\partial z} = (e^x + \ln y)^z \cdot \ln(e^x + \ln y).$$

例 5 设 $f(x,y) = \int_0^{xy} e^{-t^2} dt$,求 $\dfrac{x}{y} \cdot \dfrac{\partial^2 f}{\partial x^2} - 2\dfrac{\partial^2 f}{\partial x \partial y} + \dfrac{y}{x} \cdot \dfrac{\partial^2 f}{\partial y^2}$.

解 由 $\dfrac{\partial f}{\partial x} = y e^{-x^2 y^2}$, $\dfrac{\partial f}{\partial y} = x e^{-x^2 y^2}$,

则

$$\frac{\partial^2 f}{\partial x^2} = -2xy^2 \cdot y e^{-x^2 y^2} = -2xy^3 e^{-x^2 y^2},$$

$$\frac{\partial^2 f}{\partial x \partial y} = e^{-x^2 y^2} + y \cdot (-2x^2 y) e^{-x^2 y^2} = e^{-x^2 y^2} - 2x^2 y^2 e^{-x^2 y^2},$$

$$\frac{\partial^2 f}{\partial y^2} = -2x^3 y e^{-x^2 y^2},$$

故

$$\frac{x}{y} \cdot \frac{\partial^2 f}{\partial x^2} - 2\frac{\partial^2 f}{\partial x \partial y} + \frac{y}{x} \cdot \frac{\partial^2 f}{\partial y^2}$$

$$= -2x^2 y^2 e^{-x^2 y^2} - 2e^{-x^2 y^2} + 4x^2 y^2 e^{-x^2 y^2} - 2x^2 y^2 e^{-x^2 y^2}$$

$$= -2e^{-x^2 y^2}.$$

例 6 若 $z = y^{\sin x}$,求 $\dfrac{\partial^2 z}{\partial x \partial y}$.

解 $\dfrac{\partial z}{\partial x} = y^{\sin x} \ln y \cos x$;

$$\frac{\partial^2 z}{\partial x \partial y} = \sin x \cdot y^{\sin x - 1} \ln y \cos x + y^{\sin x} \cdot \frac{1}{y} \cos x$$

$$= y^{\sin x - 1} \cos x (\sin x \ln y + 1).$$

7.3.3 习题

1. 求下列函数的偏导数:

（1） $z = \ln(x + \ln y)$;

（2） $z = e^{xy} + yx^2$;

（3） $z = e^{\sin x} \cos y$;

（4） $z = x^3 y + 3x^2 y^2 - xy^3$;

（5） $z = \sqrt{x} \sin \dfrac{y}{x}$;

（6） $z = \dfrac{x^2 + y^2}{xy}$;

（7） $z = \sin(xy) + \cos^2(xy)$;

（8） $z = \arcsin(x^2 y)$.

2. 设函数 $f(x,y) = x + (y-1)\arcsin\sqrt{x}$,求 $f_x(x,1)$.

3. 求下列函数的二阶偏导数：

（1）$z = x^{2y}$；

（2）$z = \arctan \dfrac{y}{x}$；

（3）$z = y\ln(xy)$.

7.3.4 习题详解

1. **解** （1）$z_x = \dfrac{1}{x+\ln y} \cdot 1 = \dfrac{1}{x+\ln y}$，

$z_y = \dfrac{1}{x+\ln y} \cdot \dfrac{1}{y} = \dfrac{1}{y(x+\ln y)}$；

（2）$z_x = e^{xy} \cdot y + y \cdot 2x = ye^{xy} + 2xy$，

$z_y = e^{xy} \cdot x + x^2 \cdot 1 = xe^{xy} + x^2$；

（3）$z_x = e^{\sin x} \cos x \cos y$，

$z_y = e^{\sin x} \cdot (-\sin y) = -e^{\sin x} \sin y$；

（4）$z_x = 3x^2 y + 6xy^2 - y^3$，

$z_y = x^3 + 3x^2 \cdot 2y - x \cdot 3y^2 = x^3 + 6x^2 y - 3xy^2$；

（5）$z_x = \dfrac{1}{2\sqrt{x}} \sin \dfrac{y}{x} + \sqrt{x} \cos \dfrac{y}{x} \cdot \left(-\dfrac{y}{x^2}\right) = \dfrac{1}{2\sqrt{x}} \sin \dfrac{y}{x} - \dfrac{y}{x^2} \sqrt{x} \cos \dfrac{y}{x}$，

$z_y = \sqrt{x} \cos \dfrac{y}{x} \cdot \dfrac{1}{x} = \dfrac{1}{\sqrt{x}} \cos \dfrac{y}{x}$；

（6）$z = \dfrac{x^2+y^2}{xy} = \dfrac{x}{y} + \dfrac{y}{x}$，

$z_x = \dfrac{1}{y} - \dfrac{y}{x^2}$，$z_y = -\dfrac{x}{y^2} + \dfrac{1}{x}$；

（7）$z_x = \cos(xy) \cdot y + 2\cos(xy) \cdot [-\sin(xy)] \cdot y = y\cos xy - y\sin(2xy)$，

$z_y = \cos(xy) \cdot x + 2\cos(xy) \cdot [-\sin(xy)] \cdot x = x\cos xy - x\sin(2xy)$；

（8）$z_x = \dfrac{1}{\sqrt{1-(x^2 y)^2}} \cdot 2xy = \dfrac{2xy}{\sqrt{1-x^4 y^2}}$，

$z_y = \dfrac{1}{\sqrt{1-(x^2 y)^2}} \cdot x^2 = \dfrac{x^2}{\sqrt{1-x^4 y^2}}$.

2. **解** $f_x(x,1) = \dfrac{d(x,1)}{dx} = \dfrac{dx}{dx} = 1$.

3. **解** （1）$z_x = 2yx^{2y-1}$，$z_y = x^{2y} \ln x \cdot 2 = 2x^{2y} \ln x$

$z_{xx} = 2y(2y-1)x^{2y-2}$，

$$z_{xy} = 2x^{2y-1} + 2yx^{2y-1} \cdot \ln x \cdot 2 = 2x^{2y-1}(1 + 2y\ln x)$$
$$z_{yy} = 2x^{2y} \ln x \cdot \ln x \cdot 2 = 4x^{2y}(\ln x)^2 \ ;$$

（2） $z_x = \dfrac{1}{1+\left(\dfrac{y}{x}\right)^2}\left(-\dfrac{y}{x^2}\right) = -\dfrac{y}{x^2+y^2}$ ，$z_y = \dfrac{1}{1+\left(\dfrac{y}{x}\right)^2} \cdot \dfrac{1}{x} = \dfrac{x}{x^2+y^2}$

$$z_{xx} = -\cdot\left(-\dfrac{y}{(x^2+y^2)^2} \cdot 2x\right) = \dfrac{2xy}{(x^2+y^2)^2} \ ,$$

$$z_{xy} = -\dfrac{1\cdot(x^2+y^2) - y\cdot 2y}{(x^2+y^2)^2} = \dfrac{y^2 - x^2}{(x^2+y^2)^2} \ ,$$

$$z_{yy} = -\dfrac{x}{(x^2+y^2)^2} \cdot 2y = -\dfrac{2xy}{(x^2+y^2)^2} \ ;$$

（3） $z_x = y\dfrac{1}{xy} \cdot y = \dfrac{y}{x}$ ，$z_y = \ln(xy) + y\dfrac{1}{xy} \cdot x = \ln(xy) + 1$

$$z_{xx} = -\dfrac{y}{x^2} \ , \quad z_{xy} = \dfrac{1}{x} \ , \quad z_{yy} = \dfrac{1}{xy} \cdot x = \dfrac{1}{y} \ .$$

7.4 全微分

7.4.1 知识点分析

1. 全微分的定义

若函数 $z = f(x, y)$ 在点 (x, y) 的全增量

$$\Delta z = f(x+\Delta x, y+\Delta y) - f(x, y) = A\Delta x + B\Delta y + o(\rho) ,$$

其中 A、B 不依赖于 Δx 和 Δy ，$\rho = \sqrt{(\Delta x)^2 + (\Delta y)^2}$ ，则称函数 $z = f(x, y)$ 在点 (x, y) 处可微，$A\Delta x + B\Delta y$ 称为全微分，记为 dz ，即 $dz = A\Delta x + B\Delta y$.

2. 全微分的计算

二元函数 $z = f(x, y)$ 的全微分：$dz = \dfrac{\partial z}{\partial x}dx + \dfrac{\partial z}{\partial y}dy$

3. 可微、可偏导、连续之间的关系

偏导数连续 $\Longrightarrow$ 函数可微 $\begin{array}{l}\nearrow \text{函数连续} \\ \searrow \text{函数存在偏导数}\end{array}$

4. 可微性的判定

$f(x, y)$ 在点 (x_0, y_0) 可微的充分要条件为

$$\lim_{\rho \to 0} \frac{\Delta z - [f_x(x_0, y_0)\Delta x + f_y(x_0, y_0)\Delta y]}{\rho} = 0$$

注 若函数在点 (x_0, y_0) 不连续或偏导数不存在，则函数在该点一定不可微.

7.4.2 典例解析

例1 设 $f(x,y) = \begin{cases} \dfrac{xy}{x^2+y^2}, & x^2+y^2 \neq 0 \\ 0, & x^2+y^2 = 0 \end{cases}$，判断 $f(x,y)$ 在点 $(0,0)$ 处是否可微.

解 由于 $\lim\limits_{\substack{x\to 0 \\ y=kx}} \dfrac{xy}{x^2+y^2} = \lim\limits_{x\to 0} \dfrac{x \cdot kx}{x^2+k^2x^2} = \dfrac{k}{1+k^2}$，可知极限与 k 值有关，所以极限 $\lim\limits_{(x,y)\to(0,0)} f(x,y)$ 不存在，故 $f(x,y)$ 在点 $(0,0)$ 处不连续，进而 $f(x,y)$ 在点 $(0,0)$ 处不可微.

例2 现有如下关于三元函数的四条性质：
① $f(x,y)$ 在点 (x_0, y_0) 处连续 ② $f(x,y)$ 在点 (x_0, y_0) 处两个偏导数连续
③ $f(x,y)$ 在点 (x_0, y_0) 处可微 ④ $f(x,y)$ 在点 (x_0, y_0) 处两个偏导数存在
若用"$P \Rightarrow Q$"表示由性质 P 推出性质 Q，则有（　）.

A．②$\Rightarrow$③$\Rightarrow$① 　　　　　　B．③$\Rightarrow$②$\Rightarrow$①

C．③$\Rightarrow$④$\Rightarrow$① 　　　　　　D．③$\Rightarrow$①$\Rightarrow$④

解 正确选项为 A.

例3 讨论函数 $f(x,y) = \begin{cases} (x^2+y^2)\sin\dfrac{1}{\sqrt{x^2+y^2}}, & x^2+y^2 \neq 0 \\ 0, & x^2+y^2 = 0 \end{cases}$ 在点 $(0,0)$ 处是否连续、偏导数是否存在、是否可微.

解 （1）因为 $\lim\limits_{\substack{x\to 0 \\ y\to 0}} f(x,y) = \lim\limits_{\substack{x\to 0 \\ y\to 0}} (x^2+y^2)\sin\dfrac{1}{\sqrt{x^2+y^2}} = 0 = f(0,0)$，所以 $f(x,y)$ 在点 $(0,0)$ 处连续.

（2）根据偏导数的定义，有

$$f_x(0,0) = \lim_{\Delta x \to 0} \frac{f(0+\Delta x, 0) - f(0,0)}{\Delta x} = \lim_{\Delta x \to 0} \frac{(\Delta x)^2 \sin\dfrac{1}{\sqrt{(\Delta x)^2}} - 0}{\Delta x} = \lim_{\Delta x \to 0} \Delta x \cdot \sin\frac{1}{|\Delta x|} = 0,$$

同理可得 $f_y(0,0) = 0$，所以 $f(x,y)$ 在点 $(0,0)$ 处的两个偏导数均存在.

（3）令 $z = f(x,y)$，$\rho = \sqrt{(\Delta x)^2 + (\Delta y)^2}$，在点 $(0,0)$ 处,

$$\Delta z = f(0+\Delta x, 0+\Delta y) - f(0,0)$$
$$= \left[(\Delta x)^2 + (\Delta y)^2\right] \sin \frac{1}{\sqrt{(\Delta x)^2 + (\Delta y)^2}}$$
$$= \rho^2 \sin \frac{1}{\rho},$$

因为 $\lim\limits_{\rho \to 0} \dfrac{\Delta z - \left[f_x(0,0)\Delta x + f_y(0,0)\Delta y\right]}{\rho} = \lim\limits_{\rho \to 0} \dfrac{\rho^2 \sin \dfrac{1}{\rho}}{\rho} = 0$，所以在点 $(0,0)$ 处，$\Delta z = f_x(0,0)\Delta x + f_y(0,0)\Delta y + o(\rho)$，由微分的定义知 $f(x,y)$ 在点 $(0,0)$ 处可微，且 $\mathrm{d}f(x,y)\big|_{(0,0)} = 0$.

点拨 判断多元函数的可微性首先应该验证函数是否连续或者偏导数是否存在，如果函数不连续或者偏导数不存在，则函数不可微. 如果函数连续并且偏导数存在，那么还须验证极限

$$\lim_{\rho \to 0} \frac{\Delta z - [f_x(x_0, y_0)\Delta x + f_y(x_0, y_0)\Delta y]}{\rho}$$

是否为 0，若为 0 函数可微，否则函数不可微.

例 4 设 $z = \arctan \dfrac{x+y}{x-y}$，求 $\mathrm{d}z$.

解 $\dfrac{\partial z}{\partial x} = \dfrac{1}{1+\left(\dfrac{x+y}{x-y}\right)^2} \cdot \dfrac{(x-y)-(x+y)}{(x-y)^2} = -\dfrac{y}{x^2+y^2}$

$\dfrac{\partial z}{\partial y} = \dfrac{1}{1+\left(\dfrac{x+y}{x-y}\right)^2} \cdot \dfrac{(x-y)+(x+y)}{(x-y)^2} = \dfrac{x}{x^2+y^2}$

所以 $\mathrm{d}z = -\dfrac{y}{x^2+y^2}\mathrm{d}x + \dfrac{x}{x^2+y^2}\mathrm{d}y = \dfrac{1}{x^2+y^2}(x\mathrm{d}y - y\mathrm{d}x)$.

例 5 设 $z = (\cos y + x \sin y)\mathrm{e}^x$，求 $\mathrm{d}z\big|_{\left(1, \frac{\pi}{2}\right)}$.

解 $\dfrac{\partial z}{\partial x} = \mathrm{e}^x \sin y + (\cos y + x \sin y)\mathrm{e}^x$

$\dfrac{\partial z}{\partial y} = (-\sin y + x \cos y)\mathrm{e}^x$

$\dfrac{\partial z}{\partial x}\bigg|_{\left(1, \frac{\pi}{2}\right)} = 2\mathrm{e}$，$\dfrac{\partial z}{\partial y}\bigg|_{\left(1, \frac{\pi}{2}\right)} = -\mathrm{e}$

所以 $dz\big|_{(1,\frac{\pi}{2})} = 2e\,dx - e\,dy$.

例 6 求函数 $z = x^y$ 在 $x=1$, $y=4$, $\Delta x = 0.08$, $\Delta y = -0.04$ 时的全微分.

解 $z_x\big|_{(1,4)} = yx^{y-1}\big|_{(1,4)} = 4$, $z_y\big|_{(1,4)} = x^y \ln x\big|_{(1,4)} = 0$, 由于 $dz = z_x dx + z_y dy$, 所以全微分 $dz = 4 \times 0.08 + 0 \times (-0.04) = 0.32$.

例 7 设函数 $f(x,y,z) = \left(\dfrac{x}{y}\right)^{\frac{1}{z}}$, 求全微分 $df(x,y,z)$.

解 方法一:

$$f_x = \frac{1}{z}\left(\frac{x}{y}\right)^{\frac{1}{z}-1} \cdot \frac{1}{y}, \quad f_y = \frac{1}{z}\left(\frac{x}{y}\right)^{\frac{1}{z}-1} \cdot \left(-\frac{x}{y^2}\right), \quad f_z = \left(\frac{x}{y}\right)^{\frac{1}{z}} \ln\left(\frac{x}{y}\right) \cdot \left(-\frac{1}{z^2}\right)$$

$$df(x,y,z) = f_x dx + f_y dy + f_z dz = \frac{1}{z}\left(\frac{x}{y}\right)^{\frac{1}{z}}\left[\frac{1}{x}dx - \frac{1}{y}dy - \frac{1}{z}\ln\left(\frac{x}{y}\right)dz\right].$$

方法二:

设 $u = \left(\dfrac{x}{y}\right)^{\frac{1}{z}}$, 等式两边同时取对数, 得 $\ln u = \dfrac{1}{z}(\ln x - \ln y)$, 两边同时对 x 求导,

得 $\dfrac{1}{u}\dfrac{\partial u}{\partial x} = \dfrac{1}{xz}$, 即 $\dfrac{\partial u}{\partial x} = u\dfrac{1}{xz} = \dfrac{1}{xz}\left(\dfrac{x}{y}\right)^{\frac{1}{z}}$,

类似可得 $\dfrac{\partial u}{\partial y} = -u\dfrac{1}{yz} = -\dfrac{1}{yz}\left(\dfrac{x}{y}\right)^{\frac{1}{z}}$, $\dfrac{\partial u}{\partial z} = -u\dfrac{1}{z^2}(\ln x - \ln y) = -\dfrac{1}{z^2}\left(\dfrac{x}{y}\right)^{\frac{1}{z}}\ln\left(\dfrac{x}{y}\right)$,

故 $df(x,y,z) = \dfrac{1}{z}\left(\dfrac{x}{y}\right)^{\frac{1}{z}}\left[\dfrac{1}{x}dx - \dfrac{1}{y}dy - \dfrac{1}{z}\ln\left(\dfrac{x}{y}\right)dz\right]$.

7.4.3 习题

1. 求函数 $z = \dfrac{y}{x}$ 在 $x = 2$, $y = 1$, $\Delta x = 0.1$, $\Delta y = -0.2$ 时的全微分.

2. 求下列函数的全微分:

   (1) $z = \arctan(xy)$; (2) $z = 3x^2 y + \dfrac{x}{y}$;

   (3) $z = 3xe^{-y} - 2\sqrt{x} + \ln 5$.

3. 求函数 $z = \ln(2 + x^2 + y^2)$ 在 $x = 2$, $y = 1$ 时的全微分.

4*. 计算 $(1.007)^{2.98}$ 的近似值.

5*. 计算 $\sqrt{(1.02)^3 + (1.97)^3}$ 的近似值.

7.4.4 习题详解

1. 解 由于 $dz = -\dfrac{y}{x^2}dx + \dfrac{1}{x}dy$，所以函数在 $x=2$，$y=1$，$\Delta x = 0.1$，$\Delta y = -0.2$ 时的全微分

$$dz = -\dfrac{1}{4} \cdot 0.1 + \dfrac{1}{2} \cdot (-0.2) = -\dfrac{1}{8}.$$

2. 解（1）$z_x = \dfrac{1}{1+(xy)^2} \cdot y$，$z_y = \dfrac{1}{1+(xy)^2} \cdot x$，则

$$dz = \dfrac{y}{1+(xy)^2}dx + \dfrac{x}{1+(xy)^2}dy = \dfrac{1}{1+x^2y^2}(ydx + xdy);$$

（2）$z_x = 6xy + \dfrac{1}{y}$，$z_y = 3x^2 - \dfrac{x}{y^2}$，则

$$dz = \left(6xy + \dfrac{1}{y}\right)dx + \left(3x^2 - \dfrac{x}{y^2}\right)dy;$$

（3）$z_x = 3e^{-y} - \dfrac{1}{\sqrt{x}}$，$z_y = -3xe^{-y}$，则

$$dz = \left(3e^{-y} - \dfrac{1}{\sqrt{x}}\right)dx - 3xe^{-y}dy.$$

3. 解 $z_x = \dfrac{1}{2+x^2+y^2} \cdot 2x$，$z_y = \dfrac{1}{2+x^2+y^2} \cdot 2y$，则

$$dz = \dfrac{2x}{2+x^2+y^2}dx + \dfrac{2y}{2+x^2+y^2}dy,\text{ 所以}$$

$$dz\big|_{x=2,y=1} = \dfrac{4}{7}dx + \dfrac{2}{7}dy = \dfrac{1}{7}(4dx + 2dy).$$

4*. 解 设函数 $f(x,y) = x^y$，取 $x=1$，$y=3$，$\Delta x = 0.007$，$\Delta y = -0.02$，那么 $f(1,3)=1$，$f_x(x,y) = yx^{y-1}$，$f_y(x,y) = x^y \ln x$，$f_x(1,3) = 3$，$f_y(1,3) = 0$，则根据公式 $f(x+\Delta x, y+\Delta y) \approx f(x,y) + f_x(x,y)\Delta x + f_y(x,y)\Delta y$，可得

$$(1.007)^{2.98} \approx 1 + 3 \times 0.007 + 0 \times (-0.02) = 1.021$$

5*. 解 设函数 $f(x,y) = \sqrt{x^3+y^3}$，取 $x=1$，$y=2$，$\Delta x = 0.02$，$\Delta y = -0.03$，那么 $f(1,2) = 3$，$f_x(x,y) = \dfrac{3x^2}{2\sqrt{x^3+y^3}}$，$f_y(x,y) = \dfrac{3y^2}{2\sqrt{x^3+y^3}}$，$f_x(1,2) = \dfrac{1}{2}$，$f_y(1,2) = 2$，则根据公式 $f(x+\Delta x, y+\Delta y) \approx f(x,y) + f_x(x,y)\Delta x + f_y(x,y)\Delta y$ 可得

$$\sqrt{(1.02)^3 + (1.97)^3} \approx 3 + \dfrac{1}{2} \times 0.02 + 2 \times (-0.03) = 2.95.$$

7.5 多元复合函数的求导法则

7.5.1 知识点分析

1. 复合函数的中间变量均为一元函数

设 $z = f(u,v)$，$u = \varphi(t)$，$v = \psi(t)$，则 $z = f[\varphi(t),\psi(t)]$，且有全导数

$$\frac{dz}{dt} = \frac{\partial z}{\partial u} \cdot \frac{du}{dt} + \frac{\partial z}{\partial v} \cdot \frac{dv}{dt}.$$

2. 复合函数的中间变量均为多元函数

设 $z = f(u,v)$，$u = \varphi(x,y)$，$v = \psi(x,y)$，则 $z = f[\varphi(x,y),\psi(x,y)]$，且有

$$\frac{\partial z}{\partial x} = \frac{\partial z}{\partial u} \cdot \frac{\partial u}{\partial x} + \frac{\partial z}{\partial v} \cdot \frac{\partial v}{\partial x};$$

$$\frac{\partial z}{\partial y} = \frac{\partial z}{\partial u} \cdot \frac{\partial u}{\partial y} + \frac{\partial z}{\partial v} \cdot \frac{\partial v}{\partial y}.$$

3. 复合函数的中间变量既有一元函数又有多元函数

设 $z = f(u,v)$，$u = \varphi(x,y)$，$v = \psi(y)$，则 $z = f[\varphi(x,y),\psi(y)]$，且有

$$\frac{\partial z}{\partial x} = \frac{\partial z}{\partial u} \cdot \frac{\partial u}{\partial x};$$

$$\frac{\partial z}{\partial y} = \frac{\partial z}{\partial u} \cdot \frac{\partial u}{\partial y} + \frac{\partial z}{\partial v} \cdot \frac{dv}{dy}.$$

注 多元复合函数求导的关键在于分析函数、中间变量、自变量三者之间的关系，把握清楚每一层次的函数关系，并使用准确的求导记号.

4. 全微分的形式不变性

设 $z = f(u,v)$，$u = \varphi(x,y)$，$v = \psi(x,y)$，则复合函数 $z = f[\varphi(x,y),\psi(x,y)]$ 的全微分

$$dz = \frac{\partial z}{\partial x}dx + \frac{\partial z}{\partial y}dy = \frac{\partial z}{\partial u}du + \frac{\partial z}{\partial v}dv$$

即无论变量 u、v 是函数的自变量还是中间变量，函数 $z = f(u,v)$ 的全微分形式是一样的.

7.5.2 典例解析

例 1 已知 $z = \sin\dfrac{x}{y}$，$x = e^t$，$y = t^2$，求 $\dfrac{dz}{dt}$.

解 $\dfrac{\mathrm{d}z}{\mathrm{d}t} = \dfrac{\partial z}{\partial x} \cdot \dfrac{\mathrm{d}x}{\mathrm{d}t} + \dfrac{\partial z}{\partial y} \cdot \dfrac{\mathrm{d}y}{\mathrm{d}t}$

$$= \cos\dfrac{x}{y} \cdot \dfrac{1}{y} \cdot \mathrm{e}^t + \cos\dfrac{x}{y} \cdot \left(-\dfrac{x}{y^2}\right) \cdot 2t$$

$$= \dfrac{\mathrm{e}^t}{t^2}\left(1 - \dfrac{2}{t}\right)\cos\left(\dfrac{\mathrm{e}^t}{t^2}\right).$$

例 2 设 $z = \mathrm{e}^{uv}$，而 $u = \ln(x^2 + y^2)$，$v = \arctan\dfrac{y}{x}$，求 $\dfrac{\partial z}{\partial x}$ 和 $\dfrac{\partial z}{\partial y}$.

解 $\dfrac{\partial z}{\partial x} = \dfrac{\partial z}{\partial u} \cdot \dfrac{\partial u}{\partial x} + \dfrac{\partial z}{\partial v} \cdot \dfrac{\partial v}{\partial x}$

$$= v\mathrm{e}^{uv} \cdot \dfrac{2x}{x^2 + y^2} + u\mathrm{e}^{uv} \cdot \dfrac{1}{1 + \left(\dfrac{y}{x}\right)^2} \cdot \left(-\dfrac{y}{x^2}\right)$$

$$= \mathrm{e}^{\ln(x^2+y^2)\arctan\frac{y}{x}} \cdot \dfrac{2x\arctan\dfrac{y}{x} - y\ln(x^2+y^2)}{x^2 + y^2}.$$

$\dfrac{\partial z}{\partial y} = \dfrac{\partial z}{\partial u} \cdot \dfrac{\partial u}{\partial y} + \dfrac{\partial z}{\partial v} \cdot \dfrac{\partial v}{\partial y}$

$$= v\mathrm{e}^{uv} \cdot \dfrac{2y}{x^2 + y^2} + u\mathrm{e}^{uv} \cdot \dfrac{1}{1 + \left(\dfrac{y}{x}\right)^2} \cdot \left(\dfrac{1}{x}\right)$$

$$= \mathrm{e}^{\ln(x^2+y^2)\arctan\frac{y}{x}} \cdot \dfrac{2y\arctan\dfrac{y}{x} + x\ln(x^2+y^2)}{x^2 + y^2}.$$

例 3 设 $u = f(x-y, y-z, t-z)$，求 $\dfrac{\partial u}{\partial x} + \dfrac{\partial u}{\partial y} + \dfrac{\partial u}{\partial z} + \dfrac{\partial u}{\partial t}$.

解 $\dfrac{\partial u}{\partial x} = f_1'$，$\dfrac{\partial u}{\partial y} = f_1' \cdot (-1) + f_2' = -f_1' + f_2'$

$\dfrac{\partial u}{\partial z} = f_2' \cdot (-1) + f_3' \cdot (-1) = -f_2' - f_3'$，$\dfrac{\partial u}{\partial t} = f_3'$

则 $\dfrac{\partial u}{\partial x} + \dfrac{\partial u}{\partial y} + \dfrac{\partial u}{\partial z} + \dfrac{\partial u}{\partial t} = f_1' - f_1' + f_2' - f_2' - f_3' + f_3' = 0$.

例 4 设 $w = f(x+y+z)$，$z = \varphi(x,y)$，$y = \psi(x)$，其中函数 f、φ、ψ 具有连续的导数或者偏导数，求 $\dfrac{\mathrm{d}w}{\mathrm{d}x}$.

解 令 $u = x + y + z$，则 $\dfrac{du}{dx} = 1 + \dfrac{dy}{dx} + \dfrac{dz}{dx}$，而 $\dfrac{dy}{dx} = \psi'(x)$，$\dfrac{dz}{dx} = \dfrac{\partial \varphi}{\partial x} + \dfrac{\partial \varphi}{\partial y} \cdot \psi'(x)$

所以 $\dfrac{dw}{dx} = f'(u) \cdot \dfrac{du}{dx} = f'(x+y+z)\left(1 + \psi'(x) + \dfrac{\partial \varphi}{\partial x} + \dfrac{\partial \varphi}{\partial y}\psi'(x)\right)$.

例 5 设 $z = \dfrac{y}{f(x^2 - y^2)}$，其中 $f(u)$ 可导，证明 $\dfrac{1}{x} \cdot \dfrac{\partial z}{\partial x} + \dfrac{1}{y} \cdot \dfrac{\partial z}{\partial y} = \dfrac{z}{y^2}$.

证 $\dfrac{\partial z}{\partial x} = -\dfrac{y}{f^2(x^2-y^2)} \cdot f'(x^2-y^2) \cdot 2x = -\dfrac{2xyf'}{f^2}$,

$\dfrac{\partial z}{\partial y} = \dfrac{f(x^2-y^2) - yf'(x^2-y^2) \cdot (-2y)}{f^2(x^2-y^2)} = \dfrac{1}{f} + \dfrac{2y^2 f'}{f^2}$,

所以 $\dfrac{1}{x} \cdot \dfrac{\partial z}{\partial x} + \dfrac{1}{y} \cdot \dfrac{\partial z}{\partial y} = -\dfrac{2yf'}{f^2} + \dfrac{1}{yf} + \dfrac{2yf'}{f^2} = \dfrac{1}{yf} = \dfrac{1}{y^2} \cdot \dfrac{y}{f} = \dfrac{z}{y^2}$.

例 6 设 $z = f(e^x \sin y, x^2 + y^2)$，其中函数 f 具有二阶连续偏导数，求 $\dfrac{\partial^2 z}{\partial x \partial y}$.

解 因为 $\dfrac{\partial z}{\partial x} = f_1' \cdot e^x \sin y + f_2' \cdot 2x$，则

$\dfrac{\partial^2 z}{\partial x \partial y} = e^x \cos y \cdot f_1' + e^x \sin y(f_{11}'' \cdot e^x \cos y + f_{12}'' \cdot 2y) + x(f_{21}'' \cdot e^x \cos y + f_{22}'' \cdot 2y)$.

又因为函数 f 具有二阶连续偏导数，则 $f_{12}'' = f_{21}''$，所以

$\dfrac{\partial^2 z}{\partial x \partial y} = e^x \cos y f_1' + e^{2x} \sin y \cos y f_{11}'' + 2e^x(y \sin y + x \cos y)f_{12}'' + 4xy f_{22}''$.

例 7 设 $z = f(\sin x, \cos y, e^{x+y})$，其中函数 f 具有二阶连续偏导数，求 $\dfrac{\partial^2 z}{\partial x \partial y}$.

解 因为 $\dfrac{\partial z}{\partial x} = f_1' \cdot \cos x + f_3' \cdot e^{x+y}$

$\dfrac{\partial^2 z}{\partial x \partial y} = \cos x[f_{12}'' \cdot (-\sin y) + f_{13}'' e^{x+y}] + e^{x+y} f_3' + e^{x+y}[f_{32}'' \cdot (-\sin y) + f_{33}'' e^{x+y}]$

$= e^{x+y} f_3' - \sin y \cos x f_{12}'' + e^{x+y} \cos x f_{13}'' - e^{x+y} \sin y f_{32}'' + e^{2x+2y} f_{33}''$.

例 8 设 $z = f(2x - y) + g(x, xy)$，其中函数 $f(t)$ 二阶可导，函数 $g(u,v)$ 具有连续二阶偏导数，求 $\dfrac{\partial^2 z}{\partial x \partial y}$.

解 $\dfrac{\partial z}{\partial x} = f' \cdot 2 + g_1' + g_2' \cdot y$

$\dfrac{\partial^2 z}{\partial x \partial y} = 2f'' \cdot (-1) + g_{12}'' \cdot x + + g_2' + yg_{22}'' \cdot x = -2f'' + g_2' + xg_{12}'' + xyg_{22}''$.

7.5.3 习题

1. 求下列函数的全导数：

（1）设 $z = \dfrac{v}{u}$，而 $u = \ln x$，$v = e^x$，求 $\dfrac{dz}{dx}$；

（2）设 $z = \arctan(x-y)$，而 $x = 3t$，$y = 4t^3$，求 $\dfrac{dz}{dt}$；

（3）设 $z = xy + yt$，而 $y = 2^x$，$t = \sin x$，求 $\dfrac{dz}{dx}$．

2. 求下列函数的偏导数 $\dfrac{\partial z}{\partial x}$ 和 $\dfrac{\partial z}{\partial y}$：

（1）$z = ue^{\frac{u}{v}}$，而 $u = x^2 + y^2$，$v = xy$；

（2）$z = u^2 \ln v$，而 $u = \dfrac{x}{y}$，$v = 3x - 2y$；

（3）$z = \arctan \dfrac{u}{v}$，而 $u = x + y$，$v = x - y$；

（4）$z = f(x^2 - y^2, e^{xy})$；

（5）$z = f(2x - y, y\sin x)$．

3. 求函数 $z = \sin^2(ax + by)$ 的二阶偏导数．

7.5.4 习题详解

1. 解　（1）$\dfrac{dz}{dx} = \dfrac{\partial z}{\partial u} \cdot \dfrac{du}{dx} + \dfrac{\partial z}{\partial v} \cdot \dfrac{dv}{dx}$

$\qquad = \left(-\dfrac{v}{u^2}\right) \cdot \dfrac{1}{x} + \dfrac{1}{u} \cdot e^x$

$\qquad = -\dfrac{e^x}{(\ln x)^2} \cdot \dfrac{1}{x} + \dfrac{1}{\ln x} \cdot e^x$

$\qquad = \dfrac{e^x(x\ln x - 1)}{x \ln^2 x}$；

（2）$\dfrac{dz}{dt} = \dfrac{\partial z}{\partial x} \cdot \dfrac{dx}{dt} + \dfrac{\partial z}{\partial y} \cdot \dfrac{dy}{dt}$

$\qquad = \dfrac{1}{1+(x-y)^2} \cdot 3 + \dfrac{-1}{1+(x-y)^2} \cdot 12t^2$

$\qquad = \dfrac{3(1-4t^2)}{1+(3t-4t^3)^2}$；

(3) $\dfrac{dz}{dx} = \dfrac{\partial z}{\partial x} + \dfrac{\partial z}{\partial y} \cdot \dfrac{dy}{dx} + \dfrac{\partial z}{\partial t} \cdot \dfrac{dt}{dx}$

$= y + (x+t) \cdot 2^x \ln 2 + y \cdot \cos x$

$= 2^x(1 + x\ln 2 + \sin x \ln 2 + \cos x)$.

2. 解 （1） $\dfrac{\partial z}{\partial x} = \dfrac{\partial z}{\partial u}\dfrac{\partial u}{\partial x} + \dfrac{\partial z}{\partial v}\dfrac{\partial v}{\partial x}$

$= \left(e^{\frac{u}{v}} + ue^{\frac{u}{v}} \cdot \dfrac{1}{v}\right) \cdot 2x + ue^{\frac{u}{v}} \cdot \left(-\dfrac{u}{v^2}\right) \cdot y$

$= \left(1 + \dfrac{u}{v}\right)e^{\frac{u}{v}} \cdot 2x - \dfrac{u^2}{v^2}e^{\frac{u}{v}} \cdot y$

$= e^{\frac{x^2+y^2}{xy}}\left(2x + \dfrac{2(x^2+y^2)}{y} - \dfrac{y(x^2+y^2)^2}{x^2y^2}\right)$

$\dfrac{\partial z}{\partial y} = \dfrac{\partial z}{\partial u}\dfrac{\partial u}{\partial y} + \dfrac{\partial z}{\partial v}\dfrac{\partial v}{\partial y}$

$= \left(e^{\frac{u}{v}} + ue^{\frac{u}{v}} \cdot \dfrac{1}{v}\right) \cdot 2y + ue^{\frac{u}{v}} \cdot \left(-\dfrac{u}{v^2}\right) \cdot x$

$= \left(1 + \dfrac{u}{v}\right)e^{\frac{u}{v}} \cdot 2y - \dfrac{u^2}{v^2}e^{\frac{u}{v}} \cdot x$

$= e^{\frac{x^2+y^2}{xy}}\left(2y + \dfrac{2(x^2+y^2)}{x} - \dfrac{x(x^2+y^2)^2}{x^2y^2}\right)$;

(2) $\dfrac{\partial z}{\partial x} = \dfrac{\partial z}{\partial u} \cdot \dfrac{\partial u}{\partial x} + \dfrac{\partial z}{\partial v} \cdot \dfrac{\partial v}{\partial x}$

$= 2u\ln v \cdot \dfrac{1}{y} + \dfrac{u^2}{v} \cdot 3 = 2u\ln v \cdot \dfrac{1}{y} + \dfrac{3u^2}{v}$

$\dfrac{\partial z}{\partial y} = \dfrac{\partial z}{\partial u} \cdot \dfrac{\partial u}{\partial y} + \dfrac{\partial z}{\partial v} \cdot \dfrac{\partial v}{\partial y}$

$= 2u\ln v \cdot \left(-\dfrac{x}{y^2}\right) + \dfrac{u^2}{v} \cdot (-2) = 2u\ln v \cdot \left(-\dfrac{x}{y^2}\right) - \dfrac{2u^2}{v}$;

(3) $\dfrac{\partial z}{\partial x} = \dfrac{\partial z}{\partial u} \cdot \dfrac{\partial u}{\partial x} + \dfrac{\partial z}{\partial v} \cdot \dfrac{\partial v}{\partial x}$

$= \dfrac{1}{1+\left(\dfrac{u}{v}\right)^2} \cdot \dfrac{1}{v} \cdot 1 + \dfrac{1}{1+\left(\dfrac{u}{v}\right)^2} \cdot \left(-\dfrac{u}{v^2}\right) \cdot 1$

$= \dfrac{v-u}{u^2+v^2}$

$$\frac{\partial z}{\partial y} = \frac{\partial z}{\partial u} \cdot \frac{\partial u}{\partial y} + \frac{\partial z}{\partial v} \cdot \frac{\partial v}{\partial y}$$

$$= \frac{1}{1+\left(\frac{u}{v}\right)^2} \cdot \frac{1}{v} \cdot 1 + \frac{1}{1+\left(\frac{u}{v}\right)^2} \cdot \left(-\frac{u}{v^2}\right) \cdot (-1)$$

$$= \frac{u+v}{u^2+v^2};$$

（4）$\dfrac{\partial z}{\partial x} = f_1' \cdot 2x + f_2' \cdot y\mathrm{e}^{xy} = 2xf_1' + y\mathrm{e}^{xy}f_2'$

$\dfrac{\partial z}{\partial y} = f_1' \cdot (-2y) + f_2' \cdot x\mathrm{e}^{xy} = -2yf_1' + x\mathrm{e}^{xy}f_2';$

（5）$\dfrac{\partial z}{\partial x} = f_1' \cdot 2 + f_2' \cdot y\cos x = 2f_1' + y\cos x f_2'$

$\dfrac{\partial z}{\partial y} = f_1' \cdot (-1) + f_2' \cdot \sin x = -f_1' + \sin x f_2'.$

3．解 $\dfrac{\partial z}{\partial x} = 2\sin(ax+by) \cdot \cos(ax+by) \cdot a = a\sin[2(ax+by)]$

$\dfrac{\partial z}{\partial y} = 2\sin(ax+by) \cdot \cos(ax+by) \cdot b = b\sin[2(ax+by)]$

$\dfrac{\partial^2 z}{\partial x^2} = a\cos[2(ax+by)] \cdot 2 \cdot a = 2a^2\cos[2(ax+by)]$

$\dfrac{\partial^2 z}{\partial x \partial y} = a\cos[2(ax+by)] \cdot 2 \cdot b = 2ab\cos[2(ax+by)]$

$\dfrac{\partial^2 z}{\partial y^2} = b\cos[2(ax+by)] \cdot 2 \cdot b = 2b^2\cos[2(ax+by)].$

7.6　隐函数求导法

7.6.1　知识点分析

1．由方程 $F(x,y)=0$ 确定的隐函数 $y=y(x)$ 的导数：

$$\frac{\mathrm{d}y}{\mathrm{d}x} = -\frac{F_x}{F_y}.$$

2．由方程 $F(x,y,z)=0$ 确定的隐函数 $z=z(x,y)$ 的偏导数：

$$\frac{\partial z}{\partial x} = -\frac{F_x}{F_z}, \quad \frac{\partial z}{\partial y} = -\frac{F_y}{F_z}.$$

7.6.2 典例解析

例1 设 $x^2 + y^2 + z^2 - 4z = 0$，求 $\dfrac{\partial z}{\partial x}$ 和 $\dfrac{\partial z}{\partial y}$.

解 方法一：公式法.

令 $F(x, y, z) = x^2 + y^2 + z^2 - 4z$，则 $F_x = 2x$，$F_y = 2y$，$F_z = 2z - 4$，所以

$$\frac{\partial z}{\partial x} = -\frac{F_x}{F_z} = -\frac{2x}{2z-4} = \frac{x}{2-z},$$

$$\frac{\partial z}{\partial y} = -\frac{F_y}{F_z} = -\frac{2y}{2z-4} = \frac{y}{2-z}.$$

方法二：直接法.

方程两端同时对 x 求偏导，把 z 看作是关于 x 和 y 的二元函数，则

$$2x + 2z\frac{\partial z}{\partial x} - 4\frac{\partial z}{\partial x} = 0,$$

解得

$$\frac{\partial z}{\partial x} = \frac{x}{2-z}$$

同理可得

$$\frac{\partial z}{\partial y} = \frac{y}{2-z}.$$

方法三：微分法.

等式两端同时取微分，得 $dx^2 + dy^2 + dz^2 - d(4z) = 0$，

即 $2x\,dx + 2y\,dy + 2z\,dz - 4\,dz = 0$，整理得 $dz = \dfrac{x}{2-z}dx + \dfrac{y}{2-z}dy$，所以

$$\frac{\partial z}{\partial x} = \frac{x}{2-z}, \quad \frac{\partial z}{\partial y} = \frac{y}{2-z}.$$

例2 设 $z = f(x, y)$ 是由方程 $z - y - x + xe^{z-y-x} = 0$ 所确定的二元函数，求 dz.

解 设 $F(x, y, z) = z - y - x + xe^{z-y-x}$，则

$$F_x = -1 + e^{z-y-x} - xe^{z-y-x}, \quad F_y = -1 - xe^{z-y-x}, \quad F_z = 1 + xe^{z-y-x}, \quad 故$$

$$\frac{\partial z}{\partial x} = -\frac{F_x}{F_z} = \frac{1+(x-1)e^{z-y-x}}{1+xe^{z-y-x}}, \quad \frac{\partial z}{\partial y} = -\frac{F_y}{F_z} = 1, \quad 所以$$

$$dz = \frac{1+(x-1)e^{z-y-x}}{1+xe^{z-y-x}}dx + dy.$$

例 3 设 $z^3 - 3xyz = 1$，求 $\dfrac{\partial^2 z}{\partial x \partial y}$.

解 设 $F(x,y,z) = z^3 - 3xyz - 1$，则

$F_x = -3yz$，$F_y = -3xz$，$F_z = 3z^2 - 3xy$，所以

$$\frac{\partial z}{\partial x} = -\frac{F_x}{F_z} = \frac{yz}{z^2 - xy}, \quad \frac{\partial z}{\partial y} = -\frac{F_y}{F_z} = \frac{xz}{z^2 - xy}$$

$$\frac{\partial^2 z}{\partial x \partial y} = \frac{\partial}{\partial y}\left(\frac{yz}{z^2-xy}\right)$$

$$= \frac{(z^2-xy)\left(z+y\dfrac{\partial z}{\partial y}\right) - yz\left(2z\dfrac{\partial z}{\partial y} - x\right)}{(z^2-xy)^2}$$

$$= \frac{z(z^4 - 2xyz^2 - x^2y^2)}{(z^2-xy)^3}.$$

例 4 设函数 $u = u(x,y)$ 由方程 $u = \varphi(u) + \int_y^x P(t)\,dt$ 确定，其中函数 φ 可微，函数 P 连续，且 $\varphi'(u) \neq 1$，求 $P(x)\dfrac{\partial u}{\partial y} + P(y)\dfrac{\partial u}{\partial x}$.

解 令 $F(x,y,u) = u - \varphi(u) - \int_y^x P(t)\,dt$，则 $F_x = -P(x)$，$F_y = P(y)$，$F_u = 1 - \varphi'(u)$，

所以 $\dfrac{\partial u}{\partial x} = -\dfrac{F_x}{F_u} = \dfrac{P(x)}{1-\varphi'(u)}$，$\dfrac{\partial u}{\partial y} = -\dfrac{F_y}{F_u} = \dfrac{-P(y)}{1-\varphi'(u)}$，因此

$$P(x)\frac{\partial u}{\partial y} + P(y)\frac{\partial u}{\partial x} = \frac{-P(x)P(y)}{1-\varphi'(u)} + \frac{P(x)P(y)}{1-\varphi'(u)} = 0.$$

例 5 已知 $F\left(\dfrac{x}{z}, \dfrac{y}{z}\right) = 0$ 确定隐函数 $z = f(x,y)$，两者均有二阶连续偏导数，试证明 $x\dfrac{\partial z}{\partial x} + y\dfrac{\partial z}{\partial y} = z$.

证 利用公式法 $F_x = F_1' \cdot \dfrac{1}{z}$，$F_y = F_2' \cdot \dfrac{1}{z}$，$F_z = F_1' \cdot \left(-\dfrac{x}{z^2}\right) + F_2' \cdot \left(-\dfrac{y}{z^2}\right)$，则

$$\frac{\partial z}{\partial x} = -\frac{F_x}{F_z} = -\frac{\dfrac{1}{z}F_1'}{F_1'\cdot\left(-\dfrac{x}{z^2}\right) + F_2'\cdot\left(-\dfrac{y}{z^2}\right)} = \frac{zF_1'}{xF_1' + yF_2'}$$

$$\frac{\partial z}{\partial x} = -\frac{F_y}{F_z} = -\frac{\dfrac{1}{z}F_2'}{F_1'\cdot\left(-\dfrac{x}{z^2}\right) + F_2'\cdot\left(-\dfrac{y}{z^2}\right)} = \frac{zF_2'}{xF_1' + yF_2'}$$

故 $x\dfrac{\partial z}{\partial x}+y\dfrac{\partial z}{\partial y}=\dfrac{xzF_1'}{xF_1'+yF_2'}+\dfrac{yzF_2'}{xF_1'+yF_2'}=z$.

例 6 设 $u=f(x,y,z)=x^3y^2z^2$，其中 $z=z(x,y)$ 是由方程 $x^3+y^3+z^3-3xyz=0$ 所确定的函数，求 $\left.\dfrac{\partial u}{\partial x}\right|_{(-1,0,1)}$.

解 方法一：

由已知条件 $\dfrac{\partial u}{\partial x}=f_x+f_z\cdot\dfrac{\partial z}{\partial x}=3x^2y^2z^2+2x^3y^2z\cdot\dfrac{\partial z}{\partial x}$，

而令 $F(x,y,z)=x^3+y^3+z^3-3xyz$，可得 $\dfrac{\partial z}{\partial x}=-\dfrac{F_x}{F_z}=-\dfrac{x^2-yz}{z^2-xy}$，

所以 $\dfrac{\partial u}{\partial x}=3x^2y^2z^2-2x^3y^2z\dfrac{x^2-yz}{z^2-xy}$，故 $\left.\dfrac{\partial u}{\partial x}\right|_{(-1,0,1)}=0$.

方法二：

$$\left.\dfrac{\partial u}{\partial x}\right|_{(-1,0,1)}=\left.\dfrac{\mathrm{d}f(x,0,z(x,0))}{\mathrm{d}x}\right|_{x=-1}=\left.\dfrac{\mathrm{d}0}{\mathrm{d}x}\right|_{x=-1}=0.$$

7.6.3 习题

1. 求由下列函数所确定的隐函数的导数 $\dfrac{\mathrm{d}y}{\mathrm{d}x}$：

（1） $xy-\ln y=\mathrm{e}$； （2） $\ln\sqrt{x^2+y^2}=\arctan\dfrac{y}{x}$；

（3） $y-x\mathrm{e}^y+x=0$.

2. 求由下列函数所确定的隐函数的偏导数 $\dfrac{\partial z}{\partial x}$ 和 $\dfrac{\partial z}{\partial y}$：

（1） $\sin(xy)+\cos(xz)=\tan(yz)$； （2） $\dfrac{x}{z}=\ln\dfrac{z}{y}$；

（3） $\mathrm{e}^z=xyz$； （4） $x+2y+z=2\sqrt{xyz}$；

（5） $z^3-2xz+y=0$.

3. 设 $2\sin(x+2y-3z)=x+2y-3z$，证明：$\dfrac{\partial z}{\partial x}+\dfrac{\partial z}{\partial y}=1$.

4. 设 $x^2+y^2+z^2=y\cdot f\left(\dfrac{z}{y}\right)$，其中函数 f 可导，求 $\dfrac{\partial z}{\partial x}$ 和 $\dfrac{\partial z}{\partial y}$.

7.6.4 习题详解

1. **解** （1）令 $F(x,y) = xy - \ln y - e$，则 $F_x = y$，$F_y = x - \dfrac{1}{y}$，所以

$$\frac{dy}{dx} = -\frac{F_x}{F_y} = -\frac{y}{x - \dfrac{1}{y}} = \frac{y^2}{1-xy};$$

（2）原式可变形为 $\dfrac{1}{2}\ln(x^2+y^2) = \arctan\dfrac{y}{x}$，令

$$F(x,y) = \frac{1}{2}\ln(x^2+y^2) - \arctan\frac{y}{x}$$

则

$$F_x = \frac{1}{2} \cdot \frac{1}{x^2+y^2} \cdot 2x - \frac{1}{1+\left(\dfrac{y}{x}\right)^2} \cdot \left(-\frac{y}{x^2}\right) = \frac{x+y}{x^2+y^2}$$

$$F_y = \frac{1}{2} \cdot \frac{1}{x^2+y^2} \cdot 2y - \frac{1}{1+\left(\dfrac{y}{x}\right)^2} \cdot \frac{1}{x} = \frac{y-x}{x^2+y^2}$$

所以 $\dfrac{dy}{dx} = -\dfrac{F_x}{F_y} = \dfrac{x+y}{x-y}$；

（3）令 $F(x,y) = y - xe^y + x$，则 $F_x = -e^y + 1$，$F_y = 1 - xe^y$

所以 $\dfrac{dy}{dx} = -\dfrac{F_x}{F_y} = \dfrac{e^y - 1}{1 - xe^y}$.

2. **解** （1）令 $F(x,y,z) = \sin(xy) + \cos(xz) - \tan(yz)$，则 $F_x = y\cos(xy) - z\sin(xz)$，$F_y = x\cos(xy) - z\sec^2(yz)$，$F_z = -x\sin(xz) - y\sec^2(yz)$，故

$$z_x = -\frac{F_x}{F_z} = \frac{y\cos(xy) - z\sin(xz)}{x\sin(xz) + y\sec^2(yz)}$$

$$z_y = -\frac{F_y}{F_z} = \frac{x\cos(xy) - z\sec^2(yz)}{x\sin(xz) + y\sec^2(yz)};$$

（2）令 $F(x,y,z) = \dfrac{x}{z} - \ln\dfrac{z}{y} = \dfrac{x}{z} - \ln z + \ln y$，则

$$F_x = \frac{1}{z},\quad F_y = \frac{1}{y},\quad F_z = -\frac{x}{z^2} - \frac{1}{z}$$

故 $z_x = -\dfrac{F_x}{F_z} = \dfrac{\dfrac{1}{z}}{\dfrac{x}{z^2} + \dfrac{1}{z}} = \dfrac{z}{x+z}$

$$z_y = -\frac{F_y}{F_z} = \frac{\dfrac{1}{y}}{\dfrac{x}{z^2}+\dfrac{1}{z}} = \frac{z^2}{y(x+z)};$$

(3) 令 $F(x,y,z) = e^z - xyz$，则

$$F_x = -yz, \quad F_y = -xz, \quad F_z = e^z - xy$$

故 $$z_x = -\frac{F_x}{F_z} = \frac{yz}{e^z - xy} = \frac{yz}{xyz - xy} = \frac{z}{x(z-1)}$$

$$z_y = -\frac{F_y}{F_z} = \frac{xz}{e^z - xy} = \frac{xz}{xyz - xy} = \frac{z}{y(z-1)};$$

(4) 令 $F(x,y,z) = x + 2y + z - 2\sqrt{xyz}$，则

$$F_x = 1 - 2 \cdot \frac{1}{2\sqrt{xyz}} \cdot yz = 1 - \frac{yz}{\sqrt{xyz}}, \quad F_y = 2 - 2 \cdot \frac{1}{2\sqrt{xyz}} \cdot xz = 2 - \frac{xz}{\sqrt{xyz}}$$

$$F_z = 1 - 2 \cdot \frac{1}{2\sqrt{xyz}} \cdot xy = 1 - \frac{xy}{\sqrt{xyz}}$$

故 $$z_x = -\frac{F_x}{F_z} = \frac{\sqrt{xz} - z\sqrt{y}}{x\sqrt{y} - \sqrt{xz}}, \quad z_y = -\frac{F_y}{F_z} = \frac{2\sqrt{yz} - z\sqrt{x}}{y\sqrt{x} - \sqrt{yz}};$$

(5) 令 $F(x,y,z) = z^3 - 2xz + y$，则

$$F_x = -2z, \quad F_y = 1, \quad F_z = 3z^2 - 2x$$

故 $$z_x = -\frac{F_x}{F_z} = \frac{2z}{3z^2 - 2x}, \quad z_y = -\frac{F_y}{F_z} = \frac{1}{2x - 3z^2}.$$

3. 证 令 $F(x,y,z) = 2\sin(x+2y-3z) - x - 2y + 3z$，则

$$F_x = 2\cos(x+2y-3z) - 1$$

$$F_y = 2\cos(x+2y-3z) \cdot 2 - 2 = 4\cos(x+2y-3z) - 2$$

$$F_z = 2\cos(x+2y-3z) \cdot (-3) + 3 = -6\cos(x+2y-3z) + 3$$

故 $$z_x = -\frac{F_x}{F_z} = \frac{2\cos(x+2y-3z) - 1}{6\cos(x+2y-3z) - 3}$$

$$z_y = -\frac{F_y}{F_z} = \frac{4\cos(x+2y-3z) - 2}{6\cos(x+2y-3z) - 3}.$$

所以 $$\frac{\partial z}{\partial x} + \frac{\partial z}{\partial y} = \frac{2\cos(x+2y-3z) - 1}{6\cos(x+2y-3z) - 3} + \frac{4\cos(x+2y-3z) - 2}{6\cos(x+2y-3z) - 3}$$

$$= \frac{6\cos(x+2y-3z)-3}{6\cos(x+2y-3z)-3} = 1.$$

4．**解** 令 $F(x,y,z) = x^2 + y^2 + z^2 - y \cdot f\left(\dfrac{z}{y}\right)$，则

$$F_x = 2x, \quad F_y = 2y - f\left(\dfrac{z}{y}\right) - y \cdot f'\left(\dfrac{z}{y}\right) \cdot \left(-\dfrac{z}{y^2}\right) = 2y - f\left(\dfrac{z}{y}\right) + \dfrac{z}{y}f'\left(\dfrac{z}{y}\right),$$

$$F_z = 2z - y \cdot f'\left(\dfrac{z}{y}\right) \cdot \dfrac{1}{y} = 2z - f'\left(\dfrac{z}{y}\right)$$

故 $z_x = -\dfrac{F_x}{F_z} = \dfrac{2x}{f'\left(\dfrac{z}{y}\right) - 2z}$，$z_y = -\dfrac{F_y}{F_z} = \dfrac{yf\left(\dfrac{z}{y}\right) - zf'\left(\dfrac{z}{y}\right) - 2y^2}{2yz - yf'\left(\dfrac{z}{y}\right)}$.

7.7 多元函数的极值及其应用

7.7.1 知识点分析

1．二元函数极值的定义

设函数 $z = f(x,y)$ 在点 $P_0(x_0, y_0)$ 的某一邻域内有定义，对于该邻域内异于点 $P_0(x_0, y_0)$ 的任意一点 $P(x,y)$，如果 $f(x,y) < f(x_0, y_0)$，则称 $f(x_0, y_0)$ 为函数的极大值；如果 $f(x,y) > f(x_0, y_0)$，则称 $f(x_0, y_0)$ 为函数的极小值．极大值和极小值统称为极值．使函数取得极值的点称为极值点．

2．二元函数取极值的必要条件

设函数 $z = f(x,y)$ 在点 $P_0(x_0, y_0)$ 处具有偏导数，且在点 $P_0(x_0, y_0)$ 处有极值，则有

$$f_x(x_0, y_0) = 0, \quad f_y(x_0, y_0) = 0.$$

即可偏导函数的极值点一定是驻点．

注 驻点不一定都是极值点．如函数 $z = xy$，$(0,0)$ 是其驻点，但不是极值点．

可疑的极值点：驻点和偏导数都不存在的点．如函数 $z = \sqrt{x^2 + y^2}$，点 $(0,0)$ 的偏导数虽不存在，但点 $(0,0)$ 是其极小值点．

3．二元函数取极值的充分条件

若点 $P_0(x_0, y_0)$ 是函数 $z = f(x,y)$ 的驻点，即 $f_x(x_0, y_0) = 0$，$f_y(x_0, y_0) = 0$，令 $f_{xx}(x_0, y_0) = A$，$f_{xy}(x_0, y_0) = B$，$f_{yy}(x_0, y_0) = C$，则有以下结论：

(1) 当 $AC-B^2>0$ 时，函数 $f(x,y)$ 在点 $P_0(x_0,y_0)$ 处有极值，且当 $A>0$ 时有极小值 $f(x_0,y_0)$，当 $A<0$ 时有极大值 $f(x_0,y_0)$；

(2) 当 $AC-B^2<0$ 时，函数 $f(x,y)$ 在点 $P_0(x_0,y_0)$ 处无极值；

(3) 当 $AC-B^2=0$ 时，需另作讨论．

4. 二元函数求极值的步骤

(1) 解方程组 $f_x(x,y)=0$，$f_y(x,y)=0$ 得驻点 (x_0,y_0)；

(2) 求出每一个驻点 (x_0,y_0) 二阶偏导数的值 A、B、C．

(3) 根据 $AC-B^2$ 的符号，利用结论判断函数 $f(x_0,y_0)$ 是否是极值．

5. 二元函数的最值

(1) 若函数 $f(x,y)$ 在有界闭区域 D 上连续，则求出函数 $f(x,y)$ 在各驻点和不可偏导点的函数值及在边界上的最大值和最小值，然后加以比较得出最值．

(2) 在实际问题中，根据问题的实际背景可以判断函数 $f(x,y)$ 的最大（小）值一定在有界闭区域 D 内取得，而函数在 D 内只有一个驻点，则此驻点是函数 $f(x,y)$ 在 D 上的最大（小）值点．

6. 条件极值的求法

(1) 转化为无条件极值．

(2) 拉格朗日乘数法．

在条件 $\varphi(x,y)=0$ 下，求目标函数 $z=f(x,y)$ 的极值，步骤如下：

a. 构造拉格朗日函数 $L(x,y,\lambda)=f(x,y)+\lambda\varphi(x,y)$．

b. 解方程组 $\begin{cases} L_x=f_x(x,y)+\lambda\varphi_x(x,y)=0 \\ L_y=f_y(x,y)+\lambda\varphi_y(x,y)=0 \\ \varphi(x,y)=0 \end{cases}$ 得 x 和 y．

c. 点 (x,y) 就是函数 $z=f(x,y)$ 在附加条件 $\varphi(x,y)=0$ 下的可能的极值点．

7.7.2 典例解析

例 1 求函数 $f(x,y)=\mathrm{e}^{x-y}(x^2-2y^2)$ 的极值．

解 解方程组 $\begin{cases} f_x(x,y)=\mathrm{e}^{x-y}(x^2-2y^2+2x)=0 \\ f_y(x,y)=\mathrm{e}^{x-y}(-x^2+2y^2-4y)=0 \end{cases}$，得驻点 $(0,0)$ 和 $(-4,-2)$．

又
$f_{xx}(x,y)=\mathrm{e}^{x-y}(x^2-2y^2+4x+2)=A$
$f_{xy}(x,y)=\mathrm{e}^{x-y}(-x^2+2y^2-2x-4y)=B$
$f_{yy}(x,y)=\mathrm{e}^{x-y}(x^2-2y^2+8y-4)=C$

在点 $(0,0)$ 处，$A=2,B=0,C=-4$，$AC-B^2<0$，故在点 $(0,0)$ 处无极值．

在点 $(-4,-2)$ 处，$A=-6\mathrm{e}^{-2}$，$B=8\mathrm{e}^{-2}$，$C=-12\mathrm{e}^{-2}$，$AC-B^2>0$，$A<0$，故在点 $(-4,-2)$ 处有极大值 $f(-4,-2)=8\mathrm{e}^{-2}$.

例2 抛物面 $z=x^2+y^2$ 被平面 $x+y+z=1$ 截成椭圆形，求原点到该椭圆的最长与最短距离.

解 设点 (x,y,z) 是该椭圆上的任一点，则该点必须同时满足已知的抛物面及平面的方程，于是约束条件为 $z=x^2+y^2$ 与 $x+y+z=1$.

所求距离 $d=\sqrt{x^2+y^2+z^2}$，为运算方便，将目标函数改为 $d^2=x^2+y^2+z^2$，构造拉格朗日函数：

$$L(x,y,z,\lambda,\mu)=x^2+y^2+z^2+\lambda(z-x^2-y^2)+\mu(x+y+z-1)$$

列出方程组
$$\begin{cases} L_x=2x-2\lambda x+\mu=0 & (1)\\ L_y=2y-2\lambda y+\mu=0 & (2)\\ L_z=2z+\lambda+\mu=0 & (3)\\ L_\lambda=z-x^2+y^2=0 & (4)\\ L_\mu=x+y+z-1=0 & (5) \end{cases}$$

由（1）、（2）得 $x=y$，代入（4）、（5）得 $z=2x^2$，$z=1-2x$，所以解得 $x=y=\dfrac{-1\pm\sqrt{3}}{2}$，$z=2\mp\sqrt{3}$，得两个驻点 $\left(\dfrac{-1\pm\sqrt{3}}{2},\dfrac{-1\pm\sqrt{3}}{2},2\mp\sqrt{3}\right)$，

由问题的实际意义知，最长及最短距离都存在，现仅有两个驻点，最大值与最小值必在这两点上分别取得，代入距离公式 $d^2=x^2+y^2+z^2=9\mp5\sqrt{3}$，所以 $d_1=\sqrt{9+5\sqrt{3}}$，$d_2=\sqrt{9-5\sqrt{3}}$ 分别为所求的最长与最短距离.

例3 欲造一无盖的长方形容器，已知容器底部造价为每平方米 3 元，侧面造价为每平方米 1 元，现想用 36 元造一最大容积的容器，求它的尺寸.

解 设长方体的长、宽、高分别为 x、y、z（单位：米），它的容积为 $V=xyz$，$(x,y,z>0)$，则问题就转化为求 V 在条件 $3xy+2xz+2yz=36$ 下的最大值.构造拉格朗日函数 $L(x,y,z)=xyz+\lambda(3xy+2xz+2yz-36)$，

列出方程组 $\begin{cases} L_x=yz+3\lambda y+2\lambda z=0\\ L_y=xz+3\lambda x+2\lambda z=0\\ L_z=xy+2\lambda x+2\lambda y=0\\ 3xy+2xz+2yz=36 \end{cases}$，解得 $\begin{cases} x=y=2\\ z=3 \end{cases}$

由实际问题的意义知，一定存在满足条件的容积最大的长方形容器，又因为驻点唯一，所以长、宽、高分别为 2 米、2 米、3 米时该容器的容积最大.

例 4 某工厂生产甲、乙两种产品,当这两种产品的产量分别为 x 和 y (单位:吨)时的总收益函数为 $R(x,y) = 42x + 27y - 4x^2 - 2xy - y^2$ (单元:万元),总成本函数为 $C(x,y) = 36 + 8x + 12y$ (单位:万元). 除此之外,每生产一吨甲、乙两种产品还需分别支付排污费 2 万元和 1 万元. 求:

(1)在不限制排污费用支出的情况下,这两种产品的产量各为多少吨时总利润最大?最大总利润是多少?

(2)当限制排污费用支出总额为 8 万元的条件下,甲、乙两种产品的产量各为多少时总利润最大?最大总利润是多少?

解 (1)总利润为
$$L(x,y) = R(x,y) - C(x,y) - 2x - y = -4x^2 - 2xy - y^2 + 32x + 14y - 36 \quad (x,y > 0)$$
令 $L_x = -8x - 2y + 32 = 0$,$L_y = -2x - 2y + 14 = 0$,解得 $x = 3$,$y = 4$,

又因为 $L_{xx} = -8 = A$,$L_{xy} = -2 = B$,$L_{yy} = -2 = C$,$AC - B^2 > 0$,$A < 0$,所以 $L(3,4)$ 为极大值亦即最大值,即这两种产品的产量各为 3 吨和 4 吨时总利润最大,最大总利润为 40 万元.

(2)问题可转化为求利润函数在附加条件 $2x + y = 8$ 下的最大值问题.

构造拉格朗日函数 $F(x,y,\lambda) = -4x^2 - 2xy - y^2 + 32x + 14y - 36 + \lambda(2x + y - 8)$

解方程组 $\begin{cases} F_x = -8x - 2y + 32 + 2\lambda = 0 \\ F_y = -2x - 2y + 14 + \lambda = 0 \\ F_\lambda = 2x + y - 8 = 0 \end{cases}$,可得 $x = 2.5$,$y = 3$

由实际问题的意义可知最大值一定存在,又因为驻点唯一,所以在限制排污费用支出总额为 8 万元的条件下,两种产品的产量分别为 2.5 吨和 3 吨时总利润最大,最大总利润为 37 万元.

7.7.3 习题

1. 求函数 $f(x,y) = x^3 + y^3 - 3xy$ 的极值.
2. 求函数 $f(x,y) = 4(x-y) - x^2 - y^2$ 的极值.
3. 求函数 $f(x,y) = e^{2x}(x + y^2 + 2y)$ 的极值.
4. 某厂家生产的一种产品同时在两个市场销售,售价分别为 P_1 和 P_2,销售量分别为 Q_1 和 Q_2,需求函数分别为 $Q_1 = 24 - 0.2P_1$,$Q_2 = 10 - 0.5P_2$,总成本函数为 $C = 34 + 40(Q_1 + Q_2)$,问厂家如何制定该产品在两个市场的售价能使其获得的总利润最大?最大利润是多少?
5. 某养殖场饲养两种鱼,若甲种鱼放养 x (万尾),乙种鱼放养 y (万尾),

收获时两种鱼的收获量分别为 $(3-\alpha x-\beta y)x$ 和 $(4-\beta x-2\alpha y)y$（$\alpha>\beta>0$），求使产鱼总量最大的放养数.

6. 要造一个容积等于定数 k 的长方体无盖水池，应如何选择水池的尺寸方可使它的表面积最小.

7. 设生产某种产品需要投入两种要素，x_1 和 x_2 分别为两要素的投入量，Q 为产出量；若生产函数 $Q=2x_1^\alpha x_2^\beta$（$\alpha,\beta>0$，且 $\alpha+\beta=1$），假设两种要素的价格分别为 P_1 和 P_2，试问：当产出量为 12 时，两要素各投入多少可使投入总费用最小.

8. 某工厂生产两种产品 A 与 B，出售单价分别为 10 元与 9 元，生产 x 单位的产品 A 与生产 y 单位的产品 B 的总费用是：
$$400+2x+3y+0.01(3x^2+xy+3y^2)\ （元）$$
求取得最大利润时两种产品的产量.

9. 设生产某种产品的数量与所用两种原料 A、B 的数量 x、y 间有关系式 $P(x,y)=0.005x^2y$，欲用 150 元采购原料，已知 A、B 原料的单价分别为 1 元和 2 元，问两种原料各购进多少可使生产的数量最多？

7.7.4 习题详解

1. **解** $f_x=3x^2-3y$，$f_y=3y^2-3x$，令
$$\begin{cases} f_x=3x^2-3y=0 \\ f_y=3y^2-3x=0 \end{cases}$$

求得驻点 $(0,0)$ 和 $(1,1)$，

再求出二阶偏导数：
$$A=f_{xx}=6x,\qquad B=f_{xy}=-3,\qquad C=f_{yy}=6y.$$

在点 $(0,0)$ 处，$AC-B^2=-9<0$，所以函数在点 $(0,0)$ 处无极值；

在点 $(1,1)$ 处，$AC-B^2=27>0$，又因为 $A>0$，所以函数在点 $(1,1)$ 处有极小值 $f(1,1)=-1$.

2. **解** $f_x=4-2x$，$f_y=-4-2y$，令
$$\begin{cases} f_x=4-2x=0 \\ f_y=-4-2y=0 \end{cases}$$

求得驻点 $(2,-2)$，

再求出二阶偏导数：
$$A=f_{xx}=-2,\qquad B=f_{xy}=0,\qquad C=f_{yy}=-2.$$

在点 $(2,-2)$ 处，$AC-B^2=4>0$，又因为 $A<0$，所以函数在点 $(2,-2)$ 处有极

大值 $f(2,-2)=8$.

3. **解** $f_x = 2e^{2x}(x+y^2+2y)+e^{2x}$, $f_y = e^{2x}(2y+2)$, 令

$$\begin{cases} f_x = e^{2x}(2x+2y^2+4y+1)=0 \\ f_y = e^{2x}(2y+2)=0 \end{cases}$$

求得驻点 $\left(\dfrac{1}{2},-1\right)$,

再求出二阶偏导数:

$$A = f_{xx} = 4e^{2x}(x+y^2+2y+1), \quad B = f_{xy} = 4e^{2x}(y+1), \quad C = f_{yy} = 2e^{2x}.$$

在点 $\left(\dfrac{1}{2},-1\right)$ 处, $AC-B^2 = 4e^2 > 0$, 又因为 $A > 0$, 所以函数在点 $\left(\dfrac{1}{2},-1\right)$ 处有极小值 $f\left(\dfrac{1}{2},-1\right) = -\dfrac{e}{2}$.

4. **解** 总收入为 $R = P_1 Q_1 + P_2 Q_2 = P_1(24-0.2P_1) + P_2(10-0.5P_2)$

总成本为 $C = 34 + 40(Q_1+Q_2) = 34 + 40(24-0.2P_1+10-0.5P_2)$

因此总利润函数为

$$L = R - C = P_1(24-0.2P_1) + P_2(10-0.5P_2) - 34 - 40(24-0.2P_1+10-0.5P_2)$$
$$= -0.2P_1^2 - 0.5P_2^2 + 32P_1 + 30P_2 - 1394$$

且由

$$L_{P_1} = -0.4P_1 + 32 = 0, \quad L_{P_2} = -P_2 + 30 = 0$$

得到唯一的驻点 $(80,30)$, 又因为

$$A = L_{P_1 P_1} = -0.4, \quad B = L_{P_1 P_2} = 0, \quad C = L_{P_2 P_2} = -1$$
$$AC - B^2 = 0.4 > 0, \quad A = -0.4 < 0$$

所以点 $(80,30)$ 为极大值点, 则该点是最大值点. 即两个市场售价分别为 80 和 30 时所获得的利润最大, 最大利润为 $L(80,30) = 336$.

5. **解** 产鱼总量 $f(x,y) = (3-\alpha x - \beta y)x + (4-\beta x - 2\alpha y)y$ $(\alpha > \beta > 0)$

由 $f_x(x,y) = 3 - 2\alpha x - 2\beta y = 0$, $f_y(x,y) = 4 - 4\alpha y - 2\beta x = 0$

得驻点 $\left(\dfrac{3\alpha-2\beta}{2\alpha^2-\beta^2}, \dfrac{4\alpha-3\beta}{2(2\alpha^2-\beta^2)}\right)$

又因为 $A = f_{xx}(x,y) = -2\alpha$, $B = f_{xy}(x,y) = -2\beta$, $C = f_{yy}(x,y) = -4\alpha$

$$AC - B^2 = 8\alpha^2 - 4\beta^2 > 0 \ (\alpha > \beta > 0), \quad A < 0$$

所以在此驻点处函数有极大值, 亦即最大值。即使产鱼总量最大的放养数分别是甲种鱼 $\dfrac{3\alpha-2\beta}{2\alpha^2-\beta^2}$ 万尾, 乙种鱼 $\dfrac{4\alpha-3\beta}{2(2\alpha^2-\beta^2)}$ 万尾.

6. 解 设长方体的长、宽、高分别为 $x、y、z$，则问题转化为在条件 $xyz = k$ 下求函数 $S = xy + 2yz + 2xz$ $(x, y, z > 0)$ 的最大值．构造拉格朗日函数

$$L(x, y, z, \lambda) = xy + 2yz + 2xz + \lambda(xyz - k)$$

令
$$\begin{cases} L_x = y + 2z + \lambda yz = 0 & (1) \\ L_y = x + 2z + \lambda xz = 0 & (2) \\ L_z = 2(x + y) + \lambda xy = 0 & (3) \\ L_\lambda = xyz - k = 0 & (4) \end{cases}$$

由（1）、（2）得 $x = y$，代入（2）、（3）得 $z = \dfrac{1}{2}x = \dfrac{1}{2}y$，所以解方程组得

$$x = y = \sqrt[3]{2k},\ z = \frac{\sqrt[3]{2k}}{2},$$

这是唯一可能的极值点．由实际问题的意义可知最小值一定存在，所以最小值就在这个可能的极值点处取得，也就是说水池长宽均为 $\sqrt[3]{2k}$，高为 $\dfrac{\sqrt[3]{2k}}{2}$ 时它的表面积最小．

7. 解 投入总费用为 $f(x_1, x_2) = x_1 P_1 + x_2 P_2$，问题转化为求目标函数 $f(x_1, x_2)$ 在约束条件 $2x_1^\alpha x_2^\beta = 12$ 下的最小值．

构造拉格朗日函数 $L(x_1, x_2, \lambda) = x_1 P_1 + x_2 P_2 + \lambda(2x_1^\alpha x_2^\beta - 12)$

解方程组 $\begin{cases} L_{x_1} = P_1 + \lambda 2\alpha x_1^{\alpha-1} x_2^\beta = 0 \\ L_{x_2} = P_2 + \lambda 2\beta x_1^\alpha x_2^{\beta-1} = 0 \\ L_\lambda = 2x_1^\alpha x_2^\beta - 12 = 0 \end{cases}$ 得驻点 $x_1 = 6\left(\dfrac{P_2 \alpha}{P_1 \beta}\right)^\beta$ 和 $x_2 = 6\left(\dfrac{P_1 \beta}{P_2 \alpha}\right)^\alpha$

因为此驻点是唯一可能的极值点，又由问题本身可知总费用的最小值一定存在，所以当两种要素分别投入 $x_1 = 6\left(\dfrac{P_2 \alpha}{P_1 \beta}\right)^\beta$ 和 $x_2 = 6\left(\dfrac{P_1 \beta}{P_2 \alpha}\right)^\alpha$ 时可使投入总费用最小．

8. 解 总收入为 $R(x, y) = 10x + 9y$，总成本为

$$C(x, y) = 400 + 2x + 3y + 0.01(3x^2 + xy + 3y^2)$$

因此总利润函数为

$$L(x, y) = 10x + 9y - [400 + 2x + 3y + 0.01(3x^2 + xy + 3y^2)],\ \text{其中}\ x \geq 0,\ y \geq 0.$$

且由

$$L_x'(x, y) = 8 - 0.06x - 0.01y = 0,\ L_y'(x, y) = 6 - 0.01x - 0.06y = 0$$

得到唯一的驻点 $(120, 80)$，又因为

$$A = L_{xx}''(x, y) = -0.06,\ B = L_{xy}''(x, y) = -0.01,\ C = L_{yy}''(x, y) = -0.06$$

$$AC - B^2 = 0.0035 > 0,\ A = -0.06 < 0$$

所以点 $(120,80)$ 为极大值点，则该点是最大值点．即生产 A 产品 120 件，B 产品 80 件时所获得的利润最大．

9．**解** 产品的数量为
$$P(x,y) = 0.005x^2 y$$
限制条件为 $x+2y=150$，依条件极值问题的解法，构造拉格朗日函数
$$L(x,y,\lambda) = P(x,y) = 0.005x^2 y + \lambda(x+2y-150)$$

解方程组 $\begin{cases} L_x = 0.01xy + \lambda = 0 \\ L_y = 0.005x^2 + 2\lambda = 0 \\ L_\lambda = x+2y-150 = 0 \end{cases}$ 的前两个方程可得 $x=4y$．

又 $x+2y-150=0$，得唯一的驻点 $(100,25)$．根据问题本身的意义以及驻点的唯一性可知，当购进 A 原料数量为 100，B 原料数量为 25 时可使生产的数量最多．

本章练习 A

1．单项选择题

（1）设 $f(x,y) = \dfrac{xy}{x^2+y^2}$，则下列选项中不正确的是（　　）．

  A．$f\left(1,\dfrac{y}{x}\right) = f(x,y)$ B．$f\left(1,\dfrac{x}{y}\right) = f(x,y)$

  C．$f\left(\dfrac{1}{x},\dfrac{1}{y}\right) = f(x,y)$ D．$f(x+y,x-y) = f(x,y)$

（2）若 $\lim\limits_{\substack{y=kx \\ x \to 0}} f(x,y) = A$ 对任何 k 都成立，则必有（　　）．

  A．$f(x,y)$ 在点 $(0,0)$ 处连续   B．$f(x,y)$ 在点 $(0,0)$ 处有极限

  C．$\lim\limits_{\substack{x \to 0 \\ y \to 0}} f(x,y) = A$ D．$\lim\limits_{\substack{x \to 0 \\ y \to 0}} f(x,y)$ 不一定存在

（3）函数 $f(x,y)$ 在点 (x_0,y_0) 偏导数存在是 $f(x,y)$ 在该点连续的（　　）．

  A．充分非必要条件   B．必要非充分条件

  C．充分必要条件   D．既非充分也非必要条件

（4）设 $z = f(xy, x^2-y^2)$，函数 f 有二阶连续导数，则 $\dfrac{\partial^2 z}{\partial y^2} = $（　　）．

  A．$x^2 f''_{11} + 4xy f''_{12} + 4y^2 f''_{22} + 2f'_2$ B．$x^2 f''_{11} + 4y^2 f''_{22} - 2f'_2$

  C．$x^2 f''_{11} - 4xy f''_{12} + 4y^2 f''_{22} - 2f'_2$ D．$-2f'_2$

2. 在"充分""必要"和"充要"三者中选择一个正确的填入空格内.

(1) 函数 $f(x,y)$ 在点 (x,y) 可微是 $f(x,y)$ 在该点连续的（　　）条件，函数 $f(x,y)$ 在点 (x,y) 连续是 $f(x,y)$ 在该点可微的（　　）条件；

(2) 函数 $z=f(x,y)$ 在点 (x,y) 的偏导数 $\dfrac{\partial z}{\partial x}$ 及 $\dfrac{\partial z}{\partial y}$ 存在是 $f(x,y)$ 在该点可微的（　　）条件，函数 $z=f(x,y)$ 在点 (x,y) 可微是函数在该点的偏导数 $\dfrac{\partial z}{\partial x}$ 及 $\dfrac{\partial z}{\partial y}$ 存在的（　　）条件；

(3) 函数 $z=f(x,y)$ 在点 (x,y) 的偏导数 $\dfrac{\partial z}{\partial x}$ 及 $\dfrac{\partial z}{\partial y}$ 存在且连续是 $f(x,y)$ 在该点可微的（　　）条件；

(4) 函数 $z=f(x,y)$ 的两个二阶混合偏导数 $\dfrac{\partial^2 z}{\partial x \partial y}$ 及 $\dfrac{\partial^2 z}{\partial y \partial x}$ 在区域 D 内连续是这两个二阶混合偏导数在 D 内相等的（　　）条件.

3. 填空题

(1) 设函数 $z = \dfrac{1}{\ln(x+y)}$，则其定义域为＿＿＿＿＿＿.

(2) $\lim\limits_{\substack{x\to 0 \\ y\to 0}} \dfrac{1-\cos(x^2+y^2)}{(x^2+y^2)\mathrm{e}^{x^2+y^2}} =$ ＿＿＿＿＿＿.

(3) 设 $f(x,y) = \mathrm{e}^{x+y^2}$，则 $\left.\dfrac{\partial f}{\partial x}\right|_{(0,1)} =$ ＿＿＿＿＿＿，$\left.\dfrac{\partial f}{\partial y}\right|_{(0,1)} =$ ＿＿＿＿＿＿.

(4) 设 $z = z(x,y)$ 是由方程 $x+y+z+xyz=0$ 确定的隐函数，则 $\left.\dfrac{\partial z}{\partial x}\right|_{(0,1)} =$ ＿＿＿＿＿＿.

4. 求下列极限：

(1) $\lim\limits_{\substack{x\to 1 \\ y\to 0}} \dfrac{\mathrm{e}^x \cos y}{3x^2+y^2+1}$；

(2) $\lim\limits_{\substack{x\to 0 \\ y\to 0}} \dfrac{(2+x)\sin(x^2+y^2)}{x^2+y^2}$.

5. 设函数 $f(x,y) = \begin{cases} (x^2+y^2)\sin\dfrac{1}{x^2+y^2}, & x^2+y^2 \neq 0 \\ 0, & x^2+y^2 = 0 \end{cases}$，问函数 $f(x,y)$ 在点 $(0,0)$ 处的偏导数是否存在？

6. 求下列函数的二阶偏导数：

(1) $z = \ln(x+y^2)$；

(2) $z = x\sin(x+y)$.

7. 设 $z = f(u,x,y)$, $u = xe^y$，其中函数 f 具有连续的二阶偏导数，求 $\dfrac{\partial^2 z}{\partial x \partial y}$.

8. 设 $z = f(x,y)$ 是由方程 $xyz + \sqrt{x^2 + y^2 + z^2} = \sqrt{2}$ 所确定的隐函数，求 $\dfrac{\partial z}{\partial x}$ 和 $\dfrac{\partial z}{\partial y}$.

9. 设 $z = x^2 \arctan \dfrac{y}{x} - y^2 \arctan \dfrac{x}{y}$，求 $\dfrac{\partial^2 z}{\partial x \partial y}$.

10. 设 $u = \dfrac{z}{x^2 + y^2}$，求 $\mathrm{d}u \big|_{(1,1,2)}$.

11. 设 $z = xy + \cos t$，$x = \mathrm{e}^t$，$y = \sin t$，求 $\dfrac{\mathrm{d}z}{\mathrm{d}t}$.

12. 设 $z = xyf\left(\dfrac{y}{x}\right)$，其中函数 $f(u)$ 可导，证明 $xz_x + yz_y = 2z$.

13. 求函数 $f(x,y) = x^4 + y^4 - (x+y)$ 的极值.

14. 求函数 $f(x,y) = x^2(2 + y^2) + y\ln y$ 的极值.

本章练习 B

1. 单项选择题

（1）在空间直角坐标系中，方程 $x^2 + y^2 + z^2 - 2x + 4y + 4 = 0$ 表示的曲面是（ ）.

  A．平面   B．柱面   C．圆锥面   D．球面

（2）$\lim\limits_{\substack{x \to 0 \\ y \to 1}} (1 + xy)^{\frac{1}{x}} = $（ ）.

  A．1   B．0   C．∞ D．e

（3）设函数 $f(x,y) = \begin{cases} \dfrac{xy}{x^2 + y^2}, & x^2 + y^2 \neq 0 \\ 0, & x^2 + y^2 = 0 \end{cases}$，则（ ）.

  A．极限 $\lim\limits_{\substack{x \to 0 \\ y \to 0}} f(x,y)$ 存在，但 $f(x,y)$ 在点 $(0,0)$ 处不连续

  B．极限 $\lim\limits_{\substack{x \to 0 \\ y \to 0}} f(x,y)$ 存在，且 $f(x,y)$ 在点 $(0,0)$ 处连续

  C．极限 $\lim\limits_{\substack{x \to 0 \\ y \to 0}} f(x,y)$ 不存在，故 $f(x,y)$ 在点 $(0,0)$ 处不连续

  D．极限 $\lim\limits_{\substack{x \to 0 \\ y \to 0}} f(x,y)$ 不存在，但 $f(x,y)$ 在点 $(0,0)$ 处连续

（4）记 $f_{xx}(x_0,y_0)=A$，$f_{xy}(x_0,y_0)=B$，$f_{yy}(x_0,y_0)=C$，那么当 $AC-B^2>0$，$A<0$ 时，函数 $f(x,y)$ 在其驻点 (x_0,y_0) 处取得（　　）．

　　A．极小值　　　　B．极大值　　　C．无极值　　　D．无法判断

（5）已知点 (x_0,y_0) 使得 $f_x(x_0,y_0)=0$，$f_y(x_0,y_0)=0$，则（　　）．

　　A．点 (x_0,y_0) 是 $f(x,y)$ 的驻点

　　B．点 (x_0,y_0) 是 $f(x,y)$ 的极值点

　　C．函数 $z=f(x,y)$ 在点 (x_0,y_0) 处连续

　　D．点 (x_0,y_0) 是 $f(x,y)$ 的最值点

2．填空题

（1）函数 $z=\sqrt{y-x^2}+\sqrt{4-y}$ 的定义域为_____．

（2）设 $f(x,y)=x+y+(y-1)\arcsin\sqrt{\dfrac{x}{y}}$，则 $f_x(2,1)=$_____．

（3）设 $z=\ln(x+y^2)$，则 $\mathrm{d}z\big|_{\substack{x=1\\y=0}}=$_____．

（4）设 $z=\dfrac{1}{y}f(xy)$，其中 $f(u)$ 为可导函数，则 $\dfrac{\partial z}{\partial x}=$_____．

3．求函数 $z=\dfrac{y}{x}$ 当 $x=2$，$y=1$，$\Delta x=0.1$，$\Delta y=-0.2$ 时的全增量 Δz 和全微分 $\mathrm{d}z$．

4．设函数 $u=x^y$，而 $x=\varphi(t)$，$y=\psi(t)$ 都是可微函数，求 $\dfrac{\mathrm{d}u}{\mathrm{d}t}$．

5．设 $u=(1+xy)^z$，求 $u_x(1,2,3)$，$u_y(1,2,3)$，$u_z(1,2,3)$．

6．设 $u=\mathrm{e}^{xz}+\sin yz$，其中 z 是由方程 $\cos^2 x+\cos^2 y+\cos^2 z=1$ 所确定的关于 x 和 y 的函数，求 $\dfrac{\partial u}{\partial x}$．

7．设 $x^2+z^2=y\varphi\left(\dfrac{z}{y}\right)$，其中 φ 为可微函数，求 $\dfrac{\partial z}{\partial y}$．

8．设二元函数 $z=f\left(xy,\dfrac{x}{y}\right)+yg(x+y)$，函数 f 具有二阶连续偏导数，函数 g 具有二阶连续导数，求 $\dfrac{\partial^2 z}{\partial x\partial y}$．

9．某企业在雇佣 x 名技术工人，y 名非技术工人时，产品的产量 $Q=-8x^2+12xy-3y^2$．若企业只能雇佣 230 人，那么该工厂雇佣多少名技术工人，多少名非技术工人才能使产量 Q 最大？

10．假设某企业在两个相互分割的市场上出售同一种产品，两个市场的需求函数分别是

$$P_1 = 18 - 2Q_1, \quad P_2 = 12 - Q_2$$

其中 P_1 和 P_2 分别表示该产品在两个市场的价格（单位：万元/吨），Q_1 和 Q_2 分别表示该产品在两个市场的销售量（即需求量，单位：吨），并且该企业生产这种产品的总成本函数为

$$C = 2Q + 5$$

其中 Q 表示该产品在两个市场的销售总量，即 $Q = Q_1 + Q_2$. 求：

（1）如果该企业实行价格差异策略，试确定两个市场上该产品的销售量和价格，使该企业获得最大利润；

（2）如果该企业实行价格无差别策略，试确定两个市场上该产品的销售量及其统一的价格，使该企业的总利润最大化，并比较两种价格策略下的总利润大小.

本章练习 A 答案

1. 单项选择题

（1）D　（2）D　（3）D

（4）C　提示：$\dfrac{\partial z}{\partial y} = f_1' \cdot x + f_2' \cdot (-2y) = xf_1' - 2yf_2'$

$\dfrac{\partial^2 z}{\partial y^2} = x[f_{11}'' \cdot x + f_{12}'' \cdot (-2y)] - 2f_2' - 2y[f_{21}'' \cdot x + f_{22}'' \cdot (-2y)]$

$= x^2 f_{11}'' - 4xy f_{12}'' + 4y^2 f_{22}'' - 2f_2'$.

2.（1）充分，必要；（2）必要，充分；（3）必要；（4）充分.

3. 填空题

（1）$\{(x,y) \mid x+y > 0 \text{ 且 } x+y \neq 1\}$　（2）0　（3）e，$2e$

（4）0．提示：方程 $x + y + z + xyz = 0$ 两边同时对 x 求偏导得：

$1 + \dfrac{\partial z}{\partial x} + yz + xy \dfrac{\partial z}{\partial x} = 0$，即 $\dfrac{\partial z}{\partial x} = -\dfrac{1+yz}{1+xy}$，

将 $x = 0$，$y = 1$ 代入方程得 $z = -1$，故 $\left.\dfrac{\partial z}{\partial x}\right|_{(0,1)} = 0$.

4. 解　（1）$\lim\limits_{\substack{x \to 1 \\ y \to 0}} \dfrac{e^x \cos y}{3x^2 + y^2 + 1} = \dfrac{e \cdot 1}{3 + 0 + 1} = \dfrac{e}{4}$；

（2）$\lim\limits_{\substack{x \to 0 \\ y \to 0}} \dfrac{(2+x)\sin(x^2+y^2)}{x^2+y^2} = \lim\limits_{\substack{x \to 0 \\ y \to 0}} (2+x) \cdot \dfrac{\sin(x^2+y^2)}{x^2+y^2} = 2 \cdot 1 = 2$.

5. **解** 根据偏导数的定义

$$f_x(0,0) = \lim_{\Delta x \to 0} \frac{f(0+\Delta x, 0) - f(0,0)}{\Delta x}$$

$$= \lim_{\Delta x \to 0} \frac{(\Delta x)^2 \sin \frac{1}{(\Delta x)^2} - 0}{\Delta x}$$

$$= \lim_{\Delta x \to 0} \Delta x \sin \frac{1}{(\Delta x)^2} = 0 \text{（提示：无穷小与有界量的乘积仍为无穷小）}$$

同理 $f_y(0,0) = 0$，故 $f(x,y)$ 在点 $(0,0)$ 处偏导数存在.

6. **解** （1） $z_x = \dfrac{1}{x+y^2}$，$z_y = \dfrac{1}{x+y^2} \cdot 2y = \dfrac{2y}{x+y^2}$

$$z_{xx} = -\frac{1}{(x+y^2)^2}, \quad z_{xy} = -\frac{2y}{(x+y^2)^2}$$

$$z_{yy} = \frac{2 \cdot (x+y^2) - 2y \cdot 2y}{(x+y^2)^2} = \frac{2(x-y^2)}{(x+y)^2};$$

（2） $z_x = \sin(x+y) + x\cos(x+y)$，$z_y = x\cos(x+y)$

$$z_{xx} = \cos(x+y) + \cos(x+y) - x\sin(x+y)$$
$$= 2\cos(x+y) - x\sin(x+y)$$

$$z_{xy} = \cos(x+y) - x\sin(x+y), \quad z_{yy} = -x\sin(x+y).$$

7. **解** $\dfrac{\partial z}{\partial x} = f_1' \cdot e^y + f_2'$

$$\frac{\partial^2 z}{\partial x \partial y} = e^y f_1' + e^y (f_{11}'' \cdot xe^y + f_{13}'') + (f_{21}'' \cdot xe^y + f_{23}'')$$

$$= xe^{2y} f_{11}'' + e^y f_{13}'' + xe^y f_{21}'' + f_{23}'' + e^y f_1'.$$

8. **解** 令 $F(x,y,z) = xyz + \sqrt{x^2+y^2+z^2} - \sqrt{2}$，则

$$F_x = yz + \frac{2x}{2\sqrt{x^2+y^2+z^2}} = yz + \frac{x}{\sqrt{x^2+y^2+z^2}}$$

同理可得

$$F_y = xz + \frac{y}{\sqrt{x^2+y^2+z^2}}, \quad F_z = xy + \frac{z}{\sqrt{x^2+y^2+z^2}}$$

故 $\dfrac{\partial z}{\partial x} = -\dfrac{F_x}{F_z} = -\dfrac{yz + \dfrac{x}{\sqrt{x^2+y^2+z^2}}}{xy + \dfrac{z}{\sqrt{x^2+y^2+z^2}}}$

$$= -\frac{x+yz\sqrt{x^2+y^2+z^2}}{z+xy\sqrt{x^2+y^2+z^2}}$$

$$\frac{\partial z}{\partial y} = -\frac{F_y}{F_z} = -\frac{y+xz\sqrt{x^2+y^2+z^2}}{z+xy\sqrt{x^2+y^2+z^2}}.$$

9. 解 $\dfrac{\partial z}{\partial x} = 2x\arctan\dfrac{y}{x} + x^2 \dfrac{1}{1+\left(\dfrac{y}{x}\right)^2}\cdot\left(-\dfrac{y}{x^2}\right) - y^2\dfrac{1}{1+\left(\dfrac{x}{y}\right)^2}\cdot\left(\dfrac{1}{y}\right)$

$$= 2x\arctan\frac{y}{x} - \frac{x^2 y}{x^2+y^2} - \frac{y^3}{x^2+y^2}$$

$$= 2x\arctan\frac{y}{x} - \frac{x^2 y + y^3}{x^2+y^2}$$

$$= 2x\arctan\frac{y}{x} - y$$

$$\frac{\partial^2 z}{\partial x \partial y} = 2x\frac{1}{1+\left(\dfrac{y}{x}\right)^2}\cdot\frac{1}{x} - 1 = \frac{x^2-y^2}{x^2+y^2}.$$

10. 解 $u_x = -\dfrac{z}{(x^2+y^2)^2}\cdot 2x = -\dfrac{2xz}{(x^2+y^2)^2}$, 从而 $u_x|_{(1,1,2)} = -1$

$$u_y = -\frac{z}{(x^2+y^2)^2}\cdot 2y = -\frac{2yz}{(x^2+y^2)^2}, \text{ 从而 } u_y|_{(1,1,2)} = -1$$

$$u_z = \frac{1}{x^2+y^2}, \text{ 从而 } u_z|_{(1,1,2)} = \frac{1}{2}$$

$$du|_{(1,1,2)} = dx + dy + \frac{1}{2}dz.$$

11. 解 $\dfrac{dz}{dt} = \dfrac{\partial z}{\partial x}\cdot\dfrac{dx}{dt} + \dfrac{\partial z}{\partial y}\cdot\dfrac{dy}{dt} + \dfrac{\partial z}{\partial t}$

$$= y\cdot e^t + x\cdot \cos t - \sin t$$

$$= e^t \sin t + e^t \cos t - \sin t.$$

点拨 $\dfrac{dz}{dt}$ 是把 z 看成 x 的一元函数而对 x 求导, $\dfrac{\partial z}{\partial t}$ 是把 z 看成 x、y、t 的三元函数而对 x 求偏导.

12. 证 $z_x = yf\left(\dfrac{y}{x}\right) + xyf'\left(\dfrac{y}{x}\right)\cdot\left(-\dfrac{y}{x^2}\right) = yf - \dfrac{y^2}{x}f'$

$$z_y = xf\left(\frac{y}{x}\right) + xyf'\left(\frac{y}{x}\right) \cdot \frac{1}{x} = xf + yf'$$

$$xz_x + yz_y = xyf - y^2 f' + xyf + y^2 f' = 2xyf = 2z.$$

13．解 $f_x(x,y) = 4x^3 - 1$，$f_y(x,y) = 4y^3 - 1$，令

$$\begin{cases} f_x(x,y) = 4x^3 - 1 \\ f_y(x,y) = 4y^3 - 1 \end{cases}$$

解得 $x = y = \dfrac{1}{\sqrt[3]{4}}$，所以点 $\left(\dfrac{1}{\sqrt[3]{4}}, \dfrac{1}{\sqrt[3]{4}}\right)$ 是可能的极值点．

又 $A = f_{xx} = 12x^2$，$B = f_{xy} = 0$，$C = f_{yy} = 12y^2$

在点 $\left(\dfrac{1}{\sqrt[3]{4}}, \dfrac{1}{\sqrt[3]{4}}\right)$ 处 $A = \dfrac{6}{\sqrt[3]{2}}$，$B = 0$，$C = \dfrac{6}{\sqrt[3]{2}}$，$AC - B^2 > 0$，$A > 0$，故点 $\left(\dfrac{1}{\sqrt[3]{4}}, \dfrac{1}{\sqrt[3]{4}}\right)$ 为极小值点，且极小值为 $f\left(\dfrac{1}{\sqrt[3]{4}}, \dfrac{1}{\sqrt[3]{4}}\right) = -\dfrac{3}{2\sqrt[3]{4}}$．

14．解 $f_x = 2x(2 + y^2)$，$f_y = 2x^2 y + \ln y + 1$，令

$$\begin{cases} f_x = 2x(2 + y^2) = 0 \\ f_y = 2x^2 y + \ln y + 1 = 0 \end{cases}$$

求得驻点 $\left(0, \dfrac{1}{e}\right)$，

再求出二阶偏导数：

$$A = f_{xx} = 2(2 + y^2), \qquad B = f_{xy} = 4xy, \qquad C = f_{yy} = 2x^2 + \dfrac{1}{y}.$$

在点 $\left(0, \dfrac{1}{e}\right)$ 处，$AC - B^2 = 4e + \dfrac{2}{e} > 0$，又因为 $A > 0$，所以函数在点 $\left(0, \dfrac{1}{e}\right)$ 处有极小值 $f\left(0, \dfrac{1}{e}\right) = -\dfrac{1}{e}$．

本章练习 B 答案

1．单项选择题

（1）D．提示：将原方程配方得 $x^2 - 2x + 1 + y^2 + 4y + 4 + z^2 = 1 + 4 - 4$，即 $(x-1)^2 + (y+2)^2 + z^2 = 1$，表示球心在点 $(1, -2, 0)$，半径为1的球面．

（2）D   （3）C   （4）B   （5）A

2. 填空题

（1）$\{(x,y) | x^2 \leq y \leq 4\}$　　（2）1　　（3）dx

（4）$f'(xy)$　提示：$\dfrac{\partial z}{\partial x} = \dfrac{1}{y} f'(xy) \cdot y = f'(xy)$.

3. 解　$dz = -\dfrac{y}{x^2} dx + \dfrac{1}{x} dy$，则函数在 $x=2$，$y=1$，$\Delta x = 0.1$，$\Delta y = -0.2$ 时的全微分

$$dz = -\dfrac{1}{4} \cdot 0.1 + \dfrac{1}{2} \cdot (-0.2) = -\dfrac{1}{8}.$$

4. 解　$\dfrac{du}{dt} = \dfrac{\partial u}{\partial x} \dfrac{dx}{dt} + \dfrac{\partial u}{\partial y} \dfrac{dy}{dt}$

$$= yx^{y-1} \cdot \varphi'(t) + x^y \ln x \cdot \psi'(t)$$
$$= x^{y-1}(y\varphi'(t) + x \ln x \psi'(t)).$$

5. 解　$u_x = z(1+xy)^{z-1} \cdot y = yz(1+xy)^{z-1}$，从而 $u_x(1,2,3) = 54$

$u_x = z(1+xy)^{z-1} \cdot x = xz(1+xy)^{z-1}$，从而 $u_y(1,2,3) = 27$

$u_z = (1+xy)^z \ln(1+xy)$，从而 $u_z(1,2,3) = 27\ln 3$.

6. 解　由 $u = e^{xz} + \sin(yz)$ 可得

$$\dfrac{\partial u}{\partial x} = e^{xz} \cdot z + e^{xz} \cdot x \cdot \dfrac{\partial z}{\partial x} + \cos(yz) \cdot y \cdot \dfrac{\partial z}{\partial x}$$

把 z 看成关于 x 和 y 的函数，在方程 $\cos^2 x + \cos^2 y + \cos^2 z = 1$ 两边同时对 x 求偏导，可得

$$2\cos x \cdot (-\sin x) + 2\cos z \cdot (-\sin z) \cdot \dfrac{\partial z}{\partial x} = 0$$

所以 $\dfrac{\partial z}{\partial x} = -\dfrac{\sin 2x}{\sin 2z}$，故 $\dfrac{\partial u}{\partial x} = ze^{xz} - [xe^{xz} + y\cos(yz)]\dfrac{\sin 2x}{\sin 2z}$.

7. 解　设 $F(x,y,z) = x^2 + z^2 - y\varphi\left(\dfrac{z}{y}\right)$，则

$F_x = 2x$

$F_y = -\varphi\left(\dfrac{z}{y}\right) - y\varphi'\left(\dfrac{z}{y}\right) \cdot \left(-\dfrac{z}{y^2}\right) = -\varphi\left(\dfrac{z}{y}\right) + \dfrac{z}{y}\varphi'\left(\dfrac{z}{y}\right)$

$F_z = 2z - y\varphi'\left(\dfrac{z}{y}\right) \cdot \left(\dfrac{1}{y}\right) = 2z - \varphi'\left(\dfrac{z}{y}\right)$

所以　$\dfrac{\partial z}{\partial x} = -\dfrac{F_x}{F_z} = -\dfrac{2x}{2z - \varphi'\left(\dfrac{z}{y}\right)}$

$$\frac{\partial z}{\partial y} = -\frac{F_y}{F_z} = \frac{\varphi\left(\frac{z}{y}\right) - \frac{z}{y}\varphi'\left(\frac{z}{y}\right)}{2z - \varphi'\left(\frac{z}{y}\right)} = \frac{y\varphi\left(\frac{z}{y}\right) - z\varphi'\left(\frac{z}{y}\right)}{2yz - y\varphi'\left(\frac{z}{y}\right)}.$$

8. **解** $\dfrac{\partial z}{\partial x} = f_1' \cdot y + f_2' \cdot \dfrac{1}{y} + yg' \cdot 1 = yf_1' + \dfrac{1}{y}f_2' + yg'$

$\dfrac{\partial^2 z}{\partial x \partial y} = f_1' + y\left[f_{11}'' \cdot x + f_{12}'' \cdot \left(-\dfrac{x}{y^2}\right)\right] - \dfrac{1}{y^2}f_2' + \dfrac{1}{y}\left[f_{21}'' \cdot x + f_{22}'' \cdot \left(-\dfrac{x}{y^2}\right)\right] + g' + yg'' \cdot 1$

$= f_1' + xyf_{11}'' - \dfrac{x}{y}f_{12}'' - \dfrac{1}{y^2}f_2' + \dfrac{x}{y}f_{12}'' - \dfrac{x}{y^3}f_{22}'' + g' + yg''$

$= f_1' - \dfrac{1}{y^2}f_2' + xyf_{11}'' - \dfrac{x}{y^3}f_{22}'' + g' + yg''.$

9. **解** 产量为 $Q = -8x^2 + 12xy - 3y^2$，限制条件为 $x + y = 230$，依条件极值问题的解法，令

$$\begin{cases} L_x = -16x + 12y + \lambda = 0 \\ L_y = 12x - 6y + \lambda = 0 \\ L_\lambda = x + y - 230 = 0 \end{cases}$$

可得 $14x = 9y$．又 $x + y = 230$，得唯一的驻点 $(90, 140)$．

根据问题本身的意义以及驻点的唯一性可知，当雇佣 90 名技术工人、140 名非技术工人时能使产量 Q 最大．

10. **解** （1）根据题意，可知总利润函数
$L = R - C = P_1Q_1 + P_2Q_2 - (2Q - 5) = -2Q_1^2 - Q_2^2 + 16Q_1 + 10Q_2 - 5$

令 $\dfrac{\partial L}{\partial Q_1} = -4Q_1 + 16 = 0$，$\dfrac{\partial L}{\partial Q_2} = -2Q_2 + 10 = 0$

解得 $Q_1 = 4$，$Q_2 = 5$，则 $P_1 = 10$（万元/吨），$P_2 = 7$（万元/吨）．

因为驻点 $(4, 5)$ 唯一，且由实际问题可知一定存在最大值，故最大值必在驻点处取得，即两个市场上该产品的销售量分别为 4 吨和 5 吨，价格分别为 10 万元/吨和 7 万元/吨时该企业获得最大利润，最大利润为 $L(4, 5) = 52$（万元）．

（2）若实行价格无差别策略，则 $P_1 = P_2$，于是有约束条件 $2Q_1 - Q_2 = 6$．因此问题转化为求利润函数 $L = -2Q_1^2 - Q_2^2 + 16Q_1 + 10Q_2 - 5$ 在约束条件 $2Q_1 - Q_2 = 6$ 下的最值问题．

构造拉格朗日函数
$F(Q_1, Q_2, \lambda) = -2Q_1^2 - Q_2^2 + 16Q_1 + 10Q_2 - 5 + \lambda(2Q_1 - Q_2 - 6)$

令 $\begin{cases} \dfrac{\partial F}{\partial Q_1} = -4Q_1 + 16 + 2\lambda = 0 \\ \dfrac{\partial F}{\partial Q_2} = -2Q_2 + 10 - \lambda = 0 \\ \dfrac{\partial F}{\partial \lambda} = 2Q_1 - Q_2 - 6 = 0 \end{cases}$，解得 $Q_1 = 5$，$Q_2 = 4$，则 $P_1 = P_2 = 8$.

由驻点唯一及问题的实际意义可知，当两个市场上该产品的销售量分别为 5 吨和 4 吨，统一价格为 8 万元/吨时，该企业可获得最大利润，此时最大利润为 $L(5,4) = 49$（万元）.

由上述结果可知，企业实行差别定价所得总利润大于统一价格的总利润.

第8章 二重积分

知识结构图

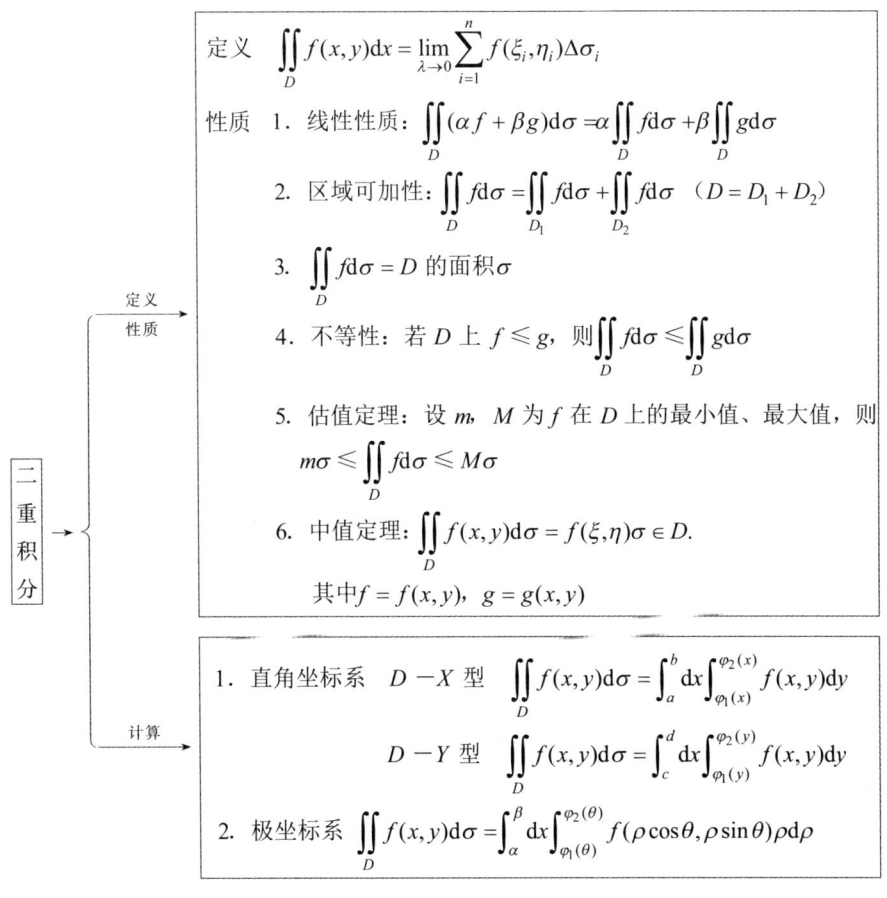

本章学习目标

- 理解二重积分的概念和几何意义，了解二重积分的性质.
- 掌握二重积分的计算方法.

8.1 二重积分的概念与性质

8.1.1 知识点分析

1. 二重积分的概念

二重积分是通过"分割、近似、求和、取极限"的步骤后得到的一种特殊和式的极限,即

$$\iint\limits_D f(x,y)\mathrm{d}\sigma = \lim_{\lambda \to 0}\sum_{i=1}^n f(\xi_i,\eta_i)\Delta\sigma_i,$$

其中 $\Delta\sigma_i$ 是分割区域 D 为 n 个子区域 $\Delta\sigma_1,\Delta\sigma_2,\cdots,\Delta\sigma_n$ 时第 i 个小区域的面积 ($i = 1, 2, \cdots, n$),λ 为所有子区域直径的最大值,$(\xi_i,\eta_i) \in \Delta\sigma_i$ ($i = 1, 2, \cdots, n$),$f(x,y)$ 称为被积函数,$f(x,y)\mathrm{d}\sigma$ 称为被积表达式,$\mathrm{d}\sigma$ 称为面积元素,x 和 y 称为积分变量,D 称为积分区域,$\sum_{i=1}^n f(\xi_i,\eta_i)\Delta\sigma_i$ 称为积分和.

注 (1) 二重积分的值与区域 D 的分割方法无关,和 $(\xi_i,\eta_i) \in \Delta\sigma_i$ 的取法无关,与被积函数 $f(x,y)$ 和积分区域 D 有关;

(2) 在直角坐标系中面积元素 $\mathrm{d}\sigma = \mathrm{d}x\mathrm{d}y$,即 $\iint\limits_D f(x,y)\mathrm{d}\sigma = \iint\limits_D f(x,y)\mathrm{d}x\mathrm{d}y$.

(3) 可积的条件:若函数 $f(x,y)$ 在有界闭区域 D 上连续,则函数 $f(x,y)$ 在 D 上的二重积分必存在.

2. 二重积分的几何意义

(1) 若被积函数 $f(x,y) \geqslant 0$,二重积分 $\iint\limits_D f(x,y)\mathrm{d}\sigma$ 的几何意义就是以 D 为底,以曲面 $z = f(x,y)$ 为顶的曲顶柱体的体积;

(2) 若被称函数 $f(x,y) \leqslant 0$,曲顶柱体在 xOy 面的下方,二重积分 $\iint\limits_D f(x,y)\mathrm{d}\sigma$ 的几何意义就是曲顶柱体的体积的负值;

(3) 若被称函数 $f(x,y)$ 在 D 上的若干区域是正的,其他部分区域是负的,我们把 xOy 面上方的曲顶柱体体积取成正,xOy 面下方的曲顶柱体体积取成负,则二重积分 $\iint\limits_D f(x,y)\mathrm{d}\sigma$ 的几何意义就是这些部分区域对应的曲顶柱体体积的代数和.

3. 二重积分的性质

性质 1(线性性质) 设 α、β 为常数,则

$$\iint\limits_{D}[\alpha f(x,y)\pm\beta g(x,y)]\mathrm{d}\sigma=\alpha\iint\limits_{D}f(x,y)\mathrm{d}\sigma\pm\beta\iint\limits_{D}g(x,y)\mathrm{d}\sigma.$$

性质 2（积分区域的可加性） 若区域 D 可分为两个不相交的部分区域 D_1、D_2，则

$$\iint\limits_{D}f(x,y)\mathrm{d}\sigma=\iint\limits_{D_1}f(x,y)\mathrm{d}\sigma+\iint\limits_{D_2}f(x,y)\mathrm{d}\sigma.$$

性质 3 若在 D 上 $f(x,y)\equiv1$，$S(D)$ 为区域 D 的面积，则 $\iint\limits_{D}\mathrm{d}\sigma=S(D)$.

性质 4 若在 D 上恒有 $f(x,y)\geqslant g(x,y)$，则 $\iint\limits_{D}f(x,y)\mathrm{d}\sigma\geqslant\iint\limits_{D}g(x,y)\mathrm{d}\sigma$.

性质 5（估值定理） 设 M 与 m 分别是 $f(x,y)$ 在有界闭区域 D 上的最大值和最小值，$S(D)$ 是 D 的面积，则 $m\cdot S(D)\leqslant\iint\limits_{D}f(x,y)\mathrm{d}\sigma\leqslant M\cdot S(D)$.

性质 6（二重积分的中值定理） 设函数 $f(x,y)$ 在有界闭区域 D 上连续，记 $S(D)$ 是 D 的面积，则在 D 上至少存在一点 (ξ,η)，使得 $\iint\limits_{D}f(x,y)\mathrm{d}\sigma=f(\xi,\eta)\cdot S(D)$.

8.1.2 典例解析

例 1 利用二重积分的几何意义计算在区域 $D=\{(x,y)|x^2+y^2\leqslant1\}$ 上的二重积分 $\iint\limits_{D}\sqrt{1-x^2-y^2}\mathrm{d}\sigma=$ _____ .

解 由二重积分的几何意义可知，$\iint\limits_{D}\sqrt{1-x^2-y^2}\mathrm{d}\sigma=\frac{1}{2}\cdot\frac{4}{3}\pi=\frac{2}{3}\pi$，故答案为 $\frac{2}{3}\pi$.

点拨 若被积函数 $f(x,y)\geqslant0$，二重积分 $\iint\limits_{D}f(x,y)\mathrm{d}\sigma$ 的几何意义就是以 D 为底，以曲面 $z=f(x,y)$ 为顶的曲顶柱体的体积，上述积分值就是以 D 为底，以半球面 $z=\sqrt{1-x^2-y^2}$ 为顶的半球体的体积.

例 2 利用二重积分的性质估计积分 $I=\iint\limits_{D}(x^2+4y^2+9)\mathrm{d}\sigma$ 的值，其中 $D:x^2+y^2\leqslant4$.

解 因为 $(x,y)\in D$，所以 $9\leqslant x^2+4y^2+9\leqslant 4(x^2+y^2)+9\leqslant25$，从而 $9\pi\cdot2^2=\iint\limits_{D}9\mathrm{d}\sigma\leqslant I\leqslant\iint\limits_{D}25\mathrm{d}\sigma=25\pi\cdot2^2$，即 $36\pi\leqslant I\leqslant100\pi$.

点拨 利用性质 5 求被积函数的最大值和最小值即可.

例 3 有下列积分：

$$I_1=\iint\limits_{D}\ln^3(x+y)\mathrm{d}\sigma,\quad I_2=\iint\limits_{D}(x+y)^3\mathrm{d}\sigma,\quad I_3=\iint\limits_{D}\sin^3(x+y)\mathrm{d}\sigma$$

其中 D 是由直线 $x=0$, $y=0$, $x+y=\dfrac{1}{2}$ 和 $x+y=1$ 所围成的，则 I_1、I_2、I_3 之间的大小顺序为（ ）.

  A. $I_1 < I_2 < I_3$ B. $I_2 < I_1 < I_3$

  C. $I_1 < I_3 < I_2$ D. $I_3 < I_2 < I_1$

解 在区域 D 上，$\dfrac{1}{2} \leqslant x+y \leqslant 1$，从而 $\ln^3(x+y) \leqslant 0$，$\sin^3(x+y) < (x+y)^3$，由二重积分的性质可知，$\iint\limits_D \ln^3(x+y)\mathrm{d}\sigma < \iint\limits_D \sin^3(x+y)\mathrm{d}\sigma < \iint\limits_D (x+y)^3\mathrm{d}\sigma$，即 $I_1 < I_3 < I_2$，从而选 C.

点拨 由二重积分的性质 4 可知，只需比较 $\ln^3(x+y)$、$\sin^3(x+y)$、$(x+y)^3$ 三者的大小.

8.1.3 习题

1. 比较下列二重积分的大小：

（1）$I_1 = \iint\limits_D \ln(x+y)\mathrm{d}\sigma$，$I_2 = \iint\limits_D (x+y)^2\mathrm{d}\sigma$，$I_3 = \iint\limits_D (x+y)\mathrm{d}\sigma$，其中 D 是由直线 $x=0$, $y=0$, $x+y=\dfrac{1}{2}$ 和 $x+y=1$ 所围成的.

（2）$I_1 = \iint\limits_D \ln(x+y)\mathrm{d}\sigma$，$I_2 = \iint\limits_D [\ln(x+y)]^2 \mathrm{d}\sigma$，其中 D 是由 $x+y=2$，$x=1$ 和 $y=0$ 所围成的.

2. 估计下列二重积分的值：

（1）$I = \iint\limits_D xy(x+y+1)\mathrm{d}\sigma$，其中 $D = \{(x,y) | 0 \leqslant x \leqslant 1, 0 \leqslant y \leqslant 1\}$；

（2）$I = \iint\limits_D (x+y+1)\mathrm{d}\sigma$，其中 $D = \{(x,y) | 0 \leqslant x \leqslant 1, 0 \leqslant y \leqslant 2\}$；

（3）$I = \iint\limits_D (x^2+4y^2+9)\mathrm{d}\sigma$，其中 $D = \{(x,y) | x^2+y^2 \leqslant 4\}$.

3. 设 $I_1 = \iint\limits_{D_1}(x^2+y^2)^3 \mathrm{d}\sigma$，其中 $D_1 = \{(x,y) | -1 \leqslant x \leqslant 1, -2 \leqslant y \leqslant 2\}$；

$I_2 = \iint\limits_{D_2}(x^2+y^2)^3 \mathrm{d}\sigma$，其中 $D_2 = \{(x,y) | 0 \leqslant x \leqslant 1, 0 \leqslant y \leqslant 2\}$.

试利用二重积分的几何意义说明 I_1 与 I_2 的关系.

4. 根据二重积分的几何意义确定二重积分 $I = \iint\limits_D \sqrt{a^2-x^2-y^2}\mathrm{d}\sigma$ 的值，其中 $D = \{(x,y) | x^2+y^2 \leqslant a^2, x \geqslant 0, y \geqslant 0\}$.

8.1.4 习题详解

1. **解** （1）在区域 D 上，$\frac{1}{2} < x+y < 1$，故 $\ln(x+y) < (x+y)^2 < (x+y)$，所以

$$\iint_D \ln(x+y)\mathrm{d}\sigma < \iint_D (x+y)^2 \mathrm{d}\sigma < \iint_D (x+y)\mathrm{d}\sigma$$

即 $I_3 > I_2 > I_1$.

（2）在区域 D 上，$1 < x+y < 2$，则 $0 < \ln(x+y) < 1$，故 $\ln(x+y) > [\ln(x+y)]^2$，所以 $I_1 > I_2$.

2. **解** （1）区域 D 的面积是 1，在 D 上 $0 \leqslant xy \leqslant 1$，$1 \leqslant x+y+1 \leqslant 3$，所以 $0 \leqslant xy(x+y+1) \leqslant 3$，由二重积分的性质，则 $0 \leqslant \iint_D xy(x+y+1)\mathrm{d}\sigma \leqslant 3$.

（2）区域 D 的面积是 2，在 D 上 $1 \leqslant (x+y+1) \leqslant 4$，由二重积分的性质，则 $2 \leqslant \iint_D (x+y+1)\mathrm{d}\sigma \leqslant 8$.

（3）在 D 上，$9 \leqslant (x^2+4y^2+9) \leqslant 4,(x^2+y^2)+9 = 25$，区域 D 的面积是 4π，由二重积分的性质，则 $36\pi \leqslant \iint_D (x^2+4y^2+9)\mathrm{d}\sigma \leqslant 100\pi$.

3. **解** 积分区域 D_2 的面积是积分区域 D_1 面积的 $\frac{1}{4}$，且 $(x^2+y^2)^3 \geqslant 0$，所以由二重积分的几何意义得 $I_1 = 4I_2$.

4. **解** 因为 $I = \iint_D \sqrt{a^2-x^2-y^2}\mathrm{d}\sigma$ 表示以积分区域 D 为底，以曲面 $z = \sqrt{a^2-x^2-y^2}$ 为顶的半球体体积的 $\frac{1}{4}$，即 $I = \frac{1}{4} \cdot \frac{1}{2} \cdot \frac{4}{3}\pi a^3 = \frac{1}{6}\pi a^3$.

8.2 二重积分的计算

8.2.1 知识点分析

1. 利用直角坐标计算二重积分

（1）X 型积分区域：表示为 $\{(x,y) | a \leqslant x \leqslant b,\ \varphi_1(x) \leqslant y \leqslant \varphi_2(x)\}$，其中函数 $\varphi_1(x)$ 和 $\varphi_2(x)$ 在区间 $[a,b]$ 上连续．这种区域的特点是：用垂直于 x 轴的直线穿过此区域，与该区域的边界相交不多于两个交点，如图 8.1 所示．

在 X 型积分区域上，二重积分化为二次积分：

$$\iint_D f(x,y)\mathrm{d}\sigma = \int_a^b \mathrm{d}x \int_{\varphi_1(x)}^{\varphi_2(x)} f(x,y)\mathrm{d}y \quad \text{（先对 } y \text{ 积分，后对 } x \text{ 积分）}$$

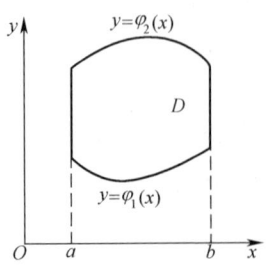 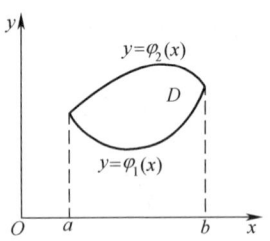

图 8.1

（2）Y 型积分区域：表示为 $\{(x,y)|c\leqslant y\leqslant d,\ \psi_1(y)\leqslant x\leqslant \psi_2(y)\}$，其中函数 $\psi_1(y)$ 和 $\psi_2(y)$ 在区间 $[c,d]$ 上连续. 这种区域的特点是：用垂直于 y 轴的直线穿过此区域，与该区域的边界相交不多于两个交点，如图 8.2 所示.

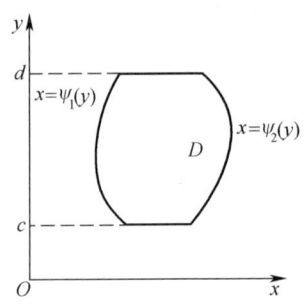 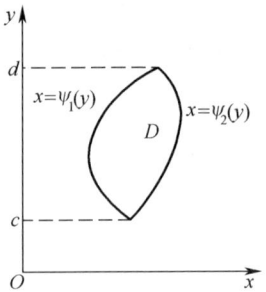

图 8.2

在 Y 型积分区域上，二重积分化为二次积分：

$$\iint_D f(x,y)\mathrm{d}\sigma = \int_c^d \mathrm{d}y \int_{\psi_1(y)}^{\psi_2(y)} f(x,y)\mathrm{d}x \quad \text{（先对 } x \text{ 积分，后对 } y \text{ 积分）}$$

注（1）将二重积分化为二次积分，积分区域为 X 型区域时，要先对 y 后对 x 积分，内层积分由下方边界曲线 $\varphi_1(x)$ 到上方边界曲线 $\varphi_2(x)$，外层积分由左到右积分；积分区域为 Y 型区域时，要先对 x 后对 y 积分，内层积分由左方边界曲线 $\psi_1(y)$ 到右方边界曲线 $\psi_2(y)$，外层积分由下到上积分.

（2）若积分区域既不是 X 型又不是 Y 型区域，可以将它分割成若干块 X 型或 Y 型区域，分别应用公式，再利用二重积分对积分区域的可加性计算即可.

（3）凡遇到如下形式的积分：

$$\int e^{\pm x^2}\mathrm{d}x,\ \int \sin x^2 \mathrm{d}x,\ \int \frac{\sin x}{x}\mathrm{d}x,\ \int \frac{1}{\ln x}\mathrm{d}x$$

一定放在外层积分.

2. 利用对称性简化计算二重积分

对称性定理：设函数 $f(x,y)$ 在积分区域 D 上连续，

①积分区域 D 关于 x 轴对称，有

$$\iint\limits_D f(x,y)\mathrm{d}\sigma = \begin{cases} 2\iint\limits_{D_1} f(x,y)\mathrm{d}\sigma, & f(x,-y) = f(x,y) \\ 0, & f(x,-y) = -f(x,y) \end{cases}$$

其中 $D_1 = \{(x,y) | (x,y) \in D,\ y \geq 0\}$；

②积分区域 D 关于 y 轴对称，有

$$\iint\limits_D f(x,y)\mathrm{d}\sigma = \begin{cases} 2\iint\limits_{D_2} f(x,y)\mathrm{d}\sigma, & f(-x,y) = f(x,y) \\ 0, & f(-x,y) = -f(x,y) \end{cases}$$

其中 $D_2 = \{(x,y) | (x,y) \in D,\ x \geq 0\}$。

3. 利用极坐标计算二重积分

直角坐标系和极坐标系两者之间的转换公式为：

$$\begin{cases} x = \rho\cos\theta \\ y = \rho\sin\theta \end{cases}$$

极坐标系中，面积元素 $\mathrm{d}\sigma = \rho\mathrm{d}\rho\mathrm{d}\theta$，从而

$$\iint\limits_D f(x,y)\mathrm{d}x\mathrm{d}y = \iint\limits_D f(\rho\cos\theta, \rho\sin\theta)\rho\mathrm{d}\rho\mathrm{d}\theta$$

注 用极坐标计算二重积分要注意三方面的变化：

（1）积分区域的转化：$D(x,y) \to D(\rho,\theta)$（即把 D 的直角坐标系中的边界曲线转化为极坐标曲线）；

（2）被积函数的转化：$f(x,y) \to f(\rho\cos\theta, \rho\sin\theta)$；

（3）面积元素的转化：$\mathrm{d}x\mathrm{d}y \to \rho\mathrm{d}\rho\mathrm{d}\theta$。

极坐标系中的二重积分一般转化成先 ρ 后 θ 的二次积分来计算。

（1）极点在积分区域的外部，如图 8.3 所示。

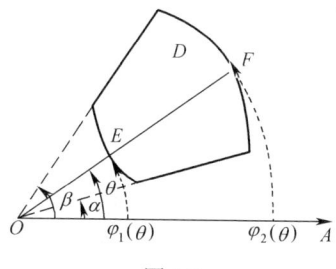

图 8.3

区域 D 的积分限为 $\alpha \leq \theta \leq \beta$，$\varphi_1(\theta) \leq \rho \leq \varphi_2(\theta)$，则

$$\iint\limits_D f(x,y)\mathrm{d}\sigma = \int_\alpha^\beta \mathrm{d}\theta \int_{\varphi_1(\theta)}^{\varphi_2(\theta)} f(\rho\cos\theta, \rho\sin\theta)\rho\mathrm{d}\rho.$$

（2）极点在积分区域的边界上，如图 8.4 所示，

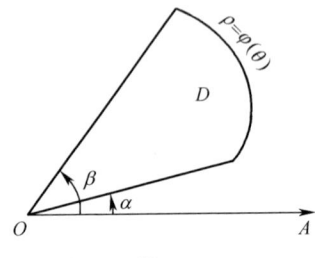

图 8.4

区域 D 的积分限为 $\alpha \leq \theta \leq \beta$，$0 \leq \rho \leq \varphi(\theta)$，则

$$\iint\limits_D f(x,y)\mathrm{d}\sigma = \int_\alpha^\beta \mathrm{d}\theta \int_0^{\varphi(\theta)} f(\rho\cos\theta, \rho\sin\theta)\rho\mathrm{d}\rho.$$

（3）极点在积分区域 D 内部，如图 8.5 所示.

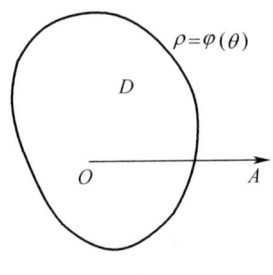

图 8.5

区域 D 的积分限为 $0 \leq \theta \leq 2\pi$，$0 \leq \rho \leq \varphi(\theta)$，则

$$\iint\limits_D f(x,y)\mathrm{d}\sigma = \int_0^{2\pi} \mathrm{d}\theta \int_0^{\varphi(\theta)} f(\rho\cos\theta, \rho\sin\theta)\rho\mathrm{d}\rho.$$

注 积分区域 D 是圆形、扇形区域、环形，或积函数 $f(x,y)$ 含 x^2+y^2 或 $\dfrac{y}{x}$ 时，优先考虑用极坐标来计算二重积分.

8.2.2 典例解析

例 1 设 D 是由直线 $y=1, y=x, x=-1$ 所围成的闭区域，D_1 是 D 在第一象限的部分，则 $\iint\limits_D (xy+\cos x \sin y)\mathrm{d}x\mathrm{d}y = ($ 　　$)$.

A. $2\iint\limits_{D_1} \cos x \sin y \mathrm{d}x\mathrm{d}y$ B. $2\iint\limits_{D_1} xy\mathrm{d}x\mathrm{d}y$
C. $4\iint\limits_{D_1} (xy + \cos x \sin y)\mathrm{d}x\mathrm{d}y$ D. 0

解 连接积分区域 D 中的 O 点和 C 点，如图 8.6 所示.

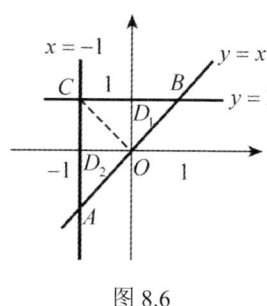

图 8.6

根据二重积分的对称性定理

$$\iint\limits_{D} (xy + \cos x \sin y)\mathrm{d}x\mathrm{d}y = \iint\limits_{D} xy\mathrm{d}\sigma + \iint\limits_{D} \cos x \sin y\mathrm{d}\sigma$$
$$= 0 + 2\iint\limits_{D_1} \cos x \sin y\mathrm{d}\sigma$$

故选 A.

例 2 计算二重积分 $I = \iint\limits_{D} 2xy\mathrm{d}\sigma$，其中 D 是由 $y^2 = x$ 和 $y = x - 2$ 所围成的闭区域.

解 画出积分区域，如图 8.7 所示，D 既是 X 型区域又是 Y 型区域.

方法一：将积分区域 D 看作 Y 型区域，如图 8.7 所示，则 D 表示为

$$D = \{(x,y) \mid -1 \leqslant y \leqslant 2,\ y^2 \leqslant x \leqslant y+2\}.$$

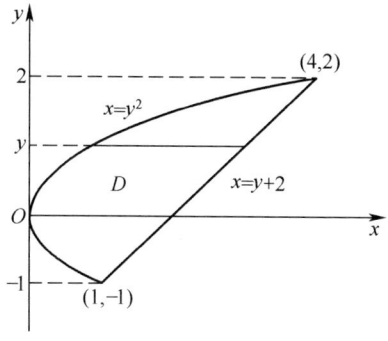

图 8.7

因此 $I = 2\int_{-1}^{2}dy\int_{y^2}^{y+2}xydx = \int_{-1}^{2}\left[y(y+2)^2 - y^5\right]dy = \dfrac{45}{4}$.

方法二：将积分区域 D 看作 X 型区域，则需要将 D 分成 D_1 和 D_2 两部分，如图 8.8 所示.

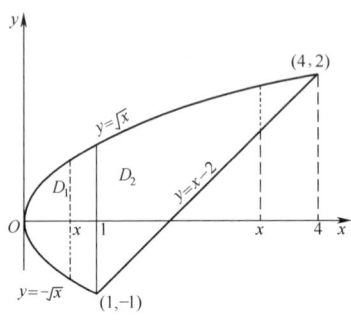

图 8.8

其中 D_1 和 D_2 分别表示为
$$D_1 = \{(x,y) \mid 0 \le x \le 1, -\sqrt{x} \le y \le \sqrt{x}\}$$
$$D_2 = \{(x,y) \mid 1 \le x \le 4, \ x-2 \le y \le \sqrt{x}\}$$

根据积分对积分区域的可加性有
$$I = \iint_{D_1} 2xy d\sigma + \iint_{D_2} 2xy d\sigma$$
$$= 2\int_0^1 dx \int_{-\sqrt{x}}^{\sqrt{x}} xy dy + 2\int_1^4 dx \int_{x-2}^{\sqrt{x}} xy dy$$
$$= \int_0^1 [x^2 - x^2] dx + \int_1^4 [x^2 - x(x-2)^2] dx$$
$$= \dfrac{45}{4}.$$

点拨 方法一比方法二简单，为尽可能减少计算量，要考虑积分区域的形状，尽量减少对积分区域的分块.

例 3 计算 $\iint_D x\sqrt{y} d\sigma$，其中 D 是由两条抛物线 $y = \sqrt{x}$ 和 $y = x^2$ 所围成的闭区域.

解 区域 D 如图 8.9 所示，D 既是 X 型区域又是 Y 型区域，选择 X 型区域，则
$$\iint_D x\sqrt{y} d\sigma = \int_0^1 x dx \int_{x^2}^{\sqrt{x}} \sqrt{y} dy$$
$$= \dfrac{2}{3}\int_0^1 x(x^{\frac{3}{4}} - x^3) dx = \dfrac{6}{55}.$$

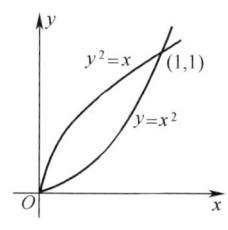

图 8.9

例 4 交换二次积分 $\int_0^1 dy \int_{-\sqrt{1-y^2}}^{\sqrt{1-y^2}} f(x,y)dx$ 的积分次序.

解 二次积分的积分顺序是先 x 积分后 y 积分,因此积分区域是 Y 型, $D=\{(x,y)\,|\,0\leqslant y\leqslant 1,\ -\sqrt{1-y^2}\leqslant x\leqslant \sqrt{1-y^2}\}$,如图 8.10 所示,

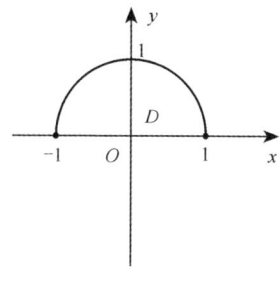

图 8.10

交换积分次序,先 y 积分后 x 积分,把区域 D 看成 X 型,可知

$$D=\{(x,y)\,|\,-1\leqslant x\leqslant 1,\ 0\leqslant y\leqslant \sqrt{1-x^2}\}$$

因此 $\int_0^1 dy \int_{-\sqrt{1-y^2}}^{\sqrt{1-y^2}} f(x,y)dx = \int_{-1}^1 dx \int_0^{\sqrt{1-x^2}} f(x,y)dy$.

点拨 交换积分次序需要转换积分区域的类型.

例 5 计算二次积分 $\int_0^2 dx \int_x^2 \sin y^2 dy$.

解 由于 $\sin y^2$ 的原函数不是初等函数,因此先对 y 进行积分,只能交换积分次序,积分区域如图 8.11 所示.

则 $\int_0^2 dx \int_x^2 \sin y^2 dy = \int_0^2 dy \int_0^y \sin y^2 dx$

$= \int_0^2 y \sin y^2 dx = \dfrac{1}{2}(1-\cos 4)$.

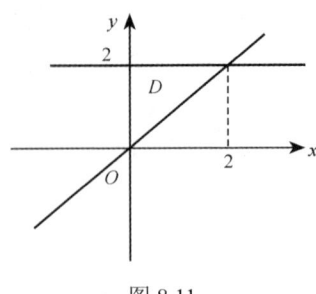

图 8.11

例 6 计算 $\iint\limits_{D} \arctan\dfrac{y}{x} \mathrm{d}\sigma$,其中 D 是由圆周 $x^2+y^2=4$ 和 $x^2+y^2=1$ 及直线 $y=0$ 和 $y=x$ 所围成的第一象限内的闭区域.

解 区域 D 如图 8.12 所示,极坐标计算.

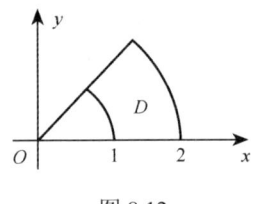

图 8.12

极坐标系下的表示:$0\leqslant\theta\leqslant\dfrac{\pi}{4}$,$1\leqslant\rho\leqslant 2$,面积元素 $\mathrm{d}\sigma=\rho\mathrm{d}\rho\mathrm{d}\theta$.

直角坐标和极坐标的转换公式为:

$$x=\rho\cos\theta,\ y=\rho\sin\theta,\ \arctan\dfrac{y}{x}=\arctan(\tan\theta)=\theta$$

因此,$\iint\limits_{D}\arctan\dfrac{y}{x}\mathrm{d}\sigma=\iint\limits_{D}\theta\cdot\rho\mathrm{d}\rho\mathrm{d}\theta$

$$=\int_{0}^{\frac{\pi}{4}}\theta\mathrm{d}\theta\int_{1}^{2}\rho\mathrm{d}\rho$$

$$=\left[\dfrac{1}{2}\theta^2\right]_{0}^{\frac{\pi}{4}}\cdot\left[\dfrac{1}{2}\rho^2\right]_{1}^{2}$$

$$=\dfrac{3\pi^2}{64}.$$

例 7 二次积分 $\int_{0}^{\frac{\pi}{2}}\mathrm{d}\theta\int_{0}^{\cos\theta}f(\rho\cos\theta,\rho\sin\theta)\rho\mathrm{d}\rho$ 可以转化成( ).

A. $\int_{0}^{1}\mathrm{d}y\int_{0}^{\sqrt{y-y^2}}f(x,y)\mathrm{d}x$ B. $\int_{0}^{1}\mathrm{d}y\int_{0}^{\sqrt{1-y^2}}f(x,y)\mathrm{d}x$

C. $\int_0^1 dx \int_0^1 f(x,y) dy$　　　　　　D. $\int_0^1 dx \int_0^{\sqrt{x-x^2}} f(x,y) dy$

解　积分区域在极坐标系中的表示为 $0 \leqslant \theta \leqslant \dfrac{\pi}{2}$, $0 \leqslant \rho \leqslant \cos\theta$.

根据直角坐标系和极坐标系的转换关系：$x = \rho\cos\theta$, $y = \rho\sin\theta$.

极坐标系中的曲线 $\rho = \cos\theta$ 在直角坐标系中对应曲线 $x^2 + y^2 = x$ ，在直角坐标系中如图 8.13 所示.

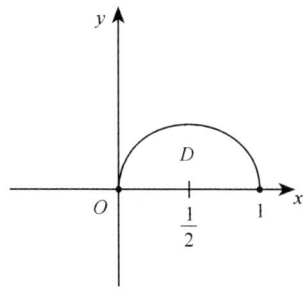

图 8.13

该积分区域既是 X 型区域又是 Y 型区域.

选 X 型区域，表示为 $D = \{(x,y) \mid 0 \leqslant x \leqslant 1,\ 0 \leqslant y \leqslant \sqrt{x-x^2}\}$；

选 Y 型区域，表示为 $D = \left\{(x,y) \mid 0 \leqslant y \leqslant \dfrac{1}{2},\ \dfrac{1}{2} - \sqrt{\dfrac{1}{4} - y^2} \leqslant x \leqslant \dfrac{1}{2} + \sqrt{\dfrac{1}{4} - y^2}\right\}$，

由积分限的表示得知应选 D.

例 8　计算 $\iint\limits_D |y - x^2|\, d\sigma$ ，其中 $D = \{(x,y) \mid 0 \leqslant x \leqslant 1,\ 0 \leqslant y \leqslant 1\}$.

解　曲线 $y = x^2$ 将积分区域 D 分成两部分 D_1 和 D_2 ，如图 8.14 所示，则

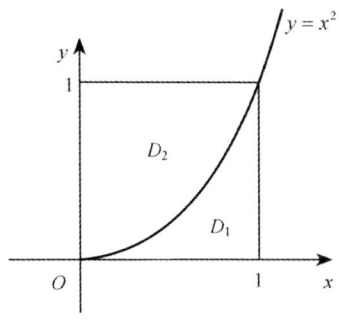

图 8.14

$$\iint\limits_D |y-x^2|\,d\sigma = \iint\limits_{D_1} -(y-x^2)\,d\sigma + \iint\limits_{D_2} (y-x^2)\,d\sigma$$

$$= \int_0^1 dx \int_0^{x^2} (x^2-y)\,dy + \int_0^1 dx \int_{x^2}^1 (y-x^2)\,dy = \frac{11}{30}.$$

8.2.3 习题

1．交换下列二次积分的积分次序：

（1） $\int_0^1 dy \int_0^y f(x,y)\,dx$； （2） $\int_0^2 dy \int_{y^2}^{2y} f(x,y)\,dx$；

（3） $\int_1^e dx \int_0^{\ln x} f(x,y)\,dy$； （4） $\int_0^1 dx \int_0^{x^2} f(x,y)\,dy$.

2．计算下列二重积分：

（1） $\iint\limits_D (x+y)\,d\sigma$，其中 D 是由 $y=\dfrac{1}{x}$、$y=2$ 和 $x=2$ 所围成的闭区域；

（2） $\iint\limits_D (3x+2y)\,d\sigma$，其中 D 是由两坐标轴及直线 $x+y=2$ 所围成的闭区域；

（3） $\iint\limits_D y\,d\sigma$，其中 D 由 $x^2+y^2 \leqslant 1$ 和 $y \geqslant 0$ 确定．

3．将下列二次积分转化为极坐标形式的二次积分．

（1） $\int_0^1 dx \int_0^1 f(x,y)\,dy$； （2） $\int_0^2 dx \int_x^{\sqrt{3}x} f(\sqrt{x^2+y^2})\,dy$；

（3） $\int_0^1 dx \int_x^{\sqrt{2x-x^2}} f(x,y)\,dy$； （4） $\int_0^1 dy \int_y^{2-y} f(x,y)\,dx$.

4．利用极坐标计算下列二重积分：

（1） $\iint\limits_D \ln(1+x^2+y^2)\,d\sigma$，其中 D 是由圆周 $x^2+y^2=1$ 所围成的闭区域；

（2） $\iint\limits_D \sqrt{x^2+y^2}\,d\sigma$，其中 D 是圆环 $\pi^2 \leqslant x^2+y^2 \leqslant 4\pi^2$.

5．选择适当的坐标计算下列二重积分：

（1） $\iint\limits_D \dfrac{x^2}{y^2}\,d\sigma$，其中 D 是由直线 $y=x$、$x=2$ 及曲线 $xy=1$ 所围成的闭区域；

（2） $\iint\limits_D \dfrac{1}{\sqrt{1-x^2-y^2}}\,d\sigma$，其中 D 由 $x^2+y^2 \leqslant 1$ 确定．

8.2.4 习题详解

1．**解** （1）由二次积分的积分限知积分区域 $D: 0 \leqslant y \leqslant 1,\ 0 \leqslant x \leqslant y$，如图

8.15 所示，把 D 看作 X 型区域，则 $D: 0 \leq x \leq 1, x \leq y \leq 1$，从而

$$\int_0^1 \mathrm{d}y \int_0^y f(x,y)\mathrm{d}x = \int_0^1 \mathrm{d}x \int_x^1 f(x,y)\mathrm{d}y ;$$

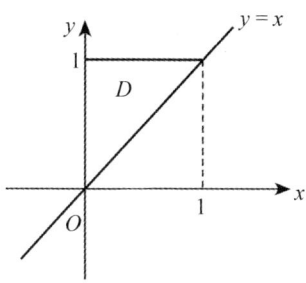

图 8.15

（2）由二次积分的积分限知积分区域 $D: 0 \leq y \leq 2, y^2 \leq x \leq 2y$，如图 8.16 所示．

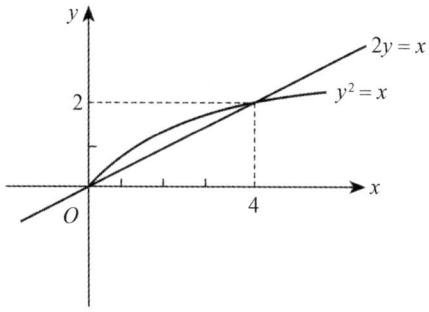

图 8.16

把 D 看作 X 型区域，则 $D: 0 \leq x \leq 4, \frac{1}{2}x \leq y \leq \sqrt{x}$，从而

$$\int_0^2 \mathrm{d}y \int_{y^2}^{2y} f(x,y)\mathrm{d}x = \int_0^4 \mathrm{d}x \int_{\frac{x}{2}}^{\sqrt{x}} f(x,y)\mathrm{d}y ;$$

（3）由二次积分的积分限知积分区域 $D: 0 \leq x \leq \mathrm{e}, 0 \leq y \leq \ln x$，如图 8.17 所示．

把 D 看作 Y 型区域，则 $D: 0 \leq y \leq 1, \mathrm{e}^y \leq x \leq \mathrm{e}$，从而

$$\int_1^{\mathrm{e}} \mathrm{d}x \int_0^{\ln x} f(x,y)\mathrm{d}y = \int_0^1 \mathrm{d}y \int_{\mathrm{e}^y}^{\mathrm{e}} f(x,y)\mathrm{d}x ;$$

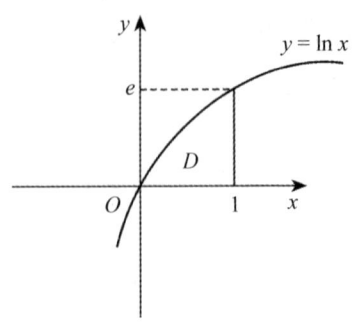

图 8.17

（4）由二次积分的积分限知，积分区域 $D:0\leqslant x\leqslant 1,\ 0\leqslant y\leqslant x^2$，如图 8.18 所示.

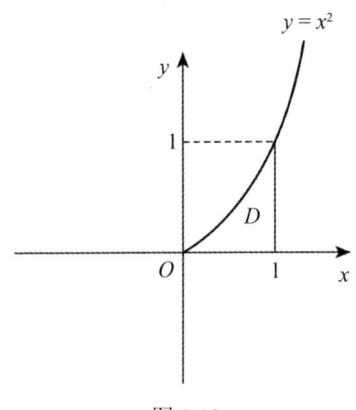

图 8.18

把 D 看作 Y 型区域，则 $D:0\leqslant y\leqslant 1,\sqrt{y}\leqslant x\leqslant 1$，从而

$$\int_0^1 dx\int_0^{x^2} f(x,y)dy = \int_0^1 dy\int_{\sqrt{y}}^1 f(x,y)dx.$$

2. **解** （1）区域 D 如图 8.19 所示.

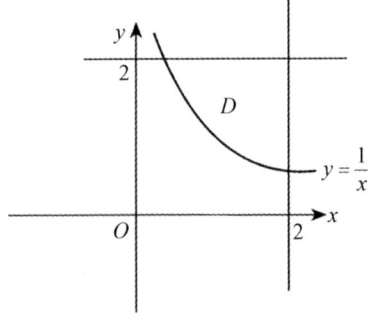

图 8.19

将区域 D 看作 X 型区域，则 $D: \frac{1}{2} \leq x \leq 2, \frac{1}{x} \leq y \leq 2$，从而

$$\iint\limits_{D}(x+y)\,\mathrm{d}\sigma = \int_{\frac{1}{2}}^{2}\mathrm{d}x\int_{\frac{1}{x}}^{2}(x+y)\,\mathrm{d}y$$

$$= \int_{\frac{1}{2}}^{2}\left(2x - \frac{1}{2x^2} + 1\right)\mathrm{d}x$$

$$= \left[x^2 + \frac{1}{2x} + x\right]_{\frac{1}{2}}^{2}$$

$$= \frac{9}{2};$$

（2）区域 D 如图 8.20 所示.

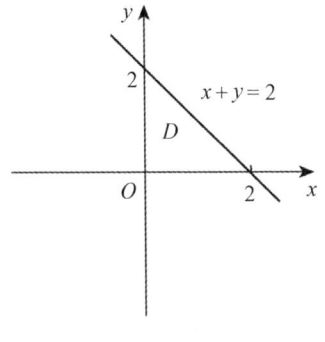

图 8.20

将区域 D 看作 X 型区域，则 $D: 0 \leq x \leq 2, 0 \leq y \leq 2-x$，从而

$$\iint\limits_{D}(3x+2y)\,\mathrm{d}\sigma = \int_{0}^{2}\mathrm{d}x\int_{0}^{2-x}(3x+2y)\,\mathrm{d}y$$

$$= \int_{0}^{2}(-2x^2 + 2x + 4)\,\mathrm{d}x$$

$$= \left[-\frac{2}{3}x^3 + x^2 + 4x\right]_{0}^{2}$$

$$= \frac{20}{3};$$

（3）如图 8.21 所示，选择利用极坐标计算二重积分，区域 $D: 0 \leq \theta \leq \pi$，$0 \leq \rho \leq 1$，则

$$\iint\limits_{D}y\,\mathrm{d}\sigma = \iint\limits_{D}\rho^2\sin\theta\,\mathrm{d}\rho\mathrm{d}\theta = \int_{0}^{\pi}\mathrm{d}\theta\int_{0}^{1}\rho^2\sin\theta\,\mathrm{d}\rho = \frac{1}{3}\int_{0}^{\pi}\sin\theta\,\mathrm{d}\theta = \left[-\frac{1}{3}\cos\theta\right]_{0}^{\pi} = \frac{2}{3}.$$

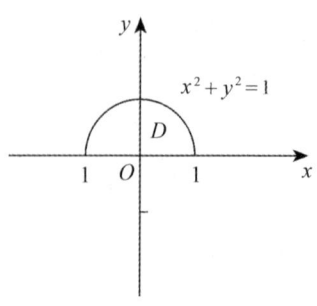

图 8.21

3. 解 （1）积分区域 D：$0 \leqslant x \leqslant 1$，$0 \leqslant y \leqslant 1$，如图 8.22 所示.

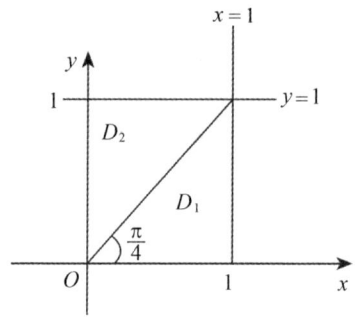

图 8.22

极坐标下，积分区域 D_1：$0 \leqslant \theta \leqslant \dfrac{\pi}{4}$，$0 \leqslant \rho \leqslant \sec\theta$，$D_2$：$\dfrac{\pi}{4} \leqslant \theta \leqslant \dfrac{\pi}{2}$，$0 \leqslant \rho \leqslant \csc\theta$，

则原式 $= \displaystyle\int_0^{\frac{\pi}{4}} \mathrm{d}\theta \int_0^{\sec\theta} f(\rho\cos\theta, \rho\sin\theta)\rho\,\mathrm{d}\rho + \int_{\frac{\pi}{4}}^{\frac{\pi}{2}} \mathrm{d}\theta \int_0^{\csc\theta} f(\rho\cos\theta, \rho\sin\theta)\rho\,\mathrm{d}\rho$；

（2）积分区域 D：$0 \leqslant x \leqslant 2$，$x \leqslant y \leqslant \sqrt{3}x$，如图 8.23 所示.

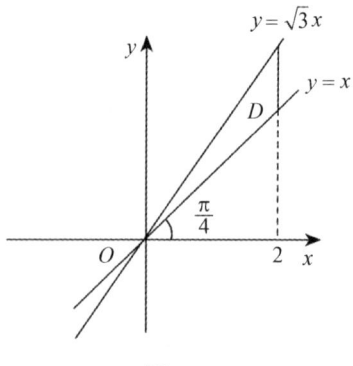

图 8.23

极坐标下，积分区域 $D: \dfrac{\pi}{4} \leqslant \theta \leqslant \dfrac{\pi}{3},\ 0 \leqslant \rho \leqslant 2\sec\theta$，则

$$\text{原式} = \int_{\frac{\pi}{4}}^{\frac{\pi}{3}} d\theta \int_0^{2\sec\theta} f(\rho)\rho d\rho;$$

（3）积分区域 D：$0 \leqslant x \leqslant 1,\ x \leqslant y \leqslant \sqrt{2x-x^2}$，如图 8.24 所示．

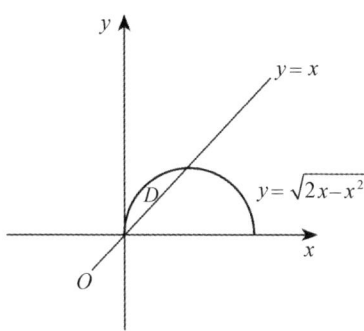

图 8.24

极坐标下，积分区域 $D: \dfrac{\pi}{4} \leqslant \theta \leqslant \dfrac{\pi}{2},\ 0 \leqslant \rho \leqslant 2\cos\theta$，则

$$\text{原式} = \int_{\frac{\pi}{4}}^{\frac{\pi}{2}} d\theta \int_0^{2\cos\theta} f(\rho\cos\theta, \rho\sin\theta)\rho d\rho;$$

（4）积分区域 D：$0 \leqslant y \leqslant 1,\ y \leqslant x \leqslant 2-y$，如图 8.25 所示．

极坐标下，积分区域 $D: 0 \leqslant \theta \leqslant \dfrac{\pi}{4},\ 0 \leqslant \rho \leqslant \dfrac{2}{\sin\theta + \cos\theta}$，则

$$\text{原式} = \int_0^{\frac{\pi}{4}} d\theta \int_0^{\frac{2}{\cos\theta + \sin\theta}} f(\rho\cos\theta, \rho\sin\theta)\rho d\rho.$$

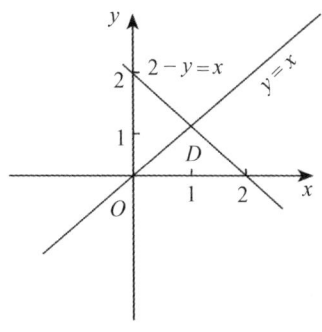

图 8.25

4. 解 （1）$\iint_D \ln(1+x^2+y^2)\,d\sigma = \int_0^{2\pi} d\theta \int_0^1 \ln(1+\rho^2)\rho\,d\rho$

$= 2\pi \cdot \dfrac{1}{2}\int_0^1 \ln(1+\rho^2)\,d(1+\rho^2) \xrightarrow{\diamondsuit t=1+\rho^2} \pi\int_1^2 \ln t\,dt$

$= \pi\left[t\ln t\Big|_1^2 - \int_1^2 t\,d\ln t \right]$

$= \pi(2\ln 2 - 1)$;

（2）$\iint_D \sqrt{x^2+y^2}\,d\sigma = \int_0^{2\pi} d\theta \int_\pi^{2\pi} \rho^2\,d\rho$

$= 2\pi\int_\pi^{2\pi} \rho^2\,d\rho$

$= 2\pi\left[\dfrac{\rho^3}{3}\right]_\pi^{2\pi}$

$= \dfrac{14}{3}\pi^4$.

5. 解 （1）积分区域 D 如图 8.26 所示.

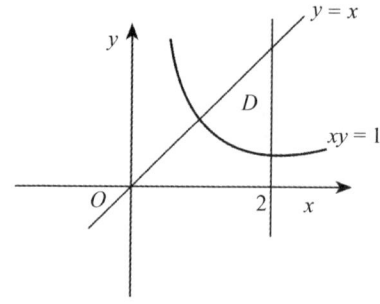

图 8.26

选择利用直角坐标系计算，积分区域 $D: 1 \leqslant x \leqslant 2, \dfrac{1}{x} \leqslant y \leqslant x$，则

$\iint_D \dfrac{x^2}{y^2}\,d\sigma = \int_1^2 dx \int_{\frac{1}{x}}^x \dfrac{x^2}{y^2}\,dy$

$= \int_1^2 \left[-\dfrac{x^2}{y}\right]_{\frac{1}{x}}^x dx$

$= \int_1^2 (x^3 - x)\,dx$

$= \left[\dfrac{x^4}{4} - \dfrac{x^2}{2}\right]_1^2 = \dfrac{9}{4}$;

（2）积分区域 D 如图 8.27 所示.

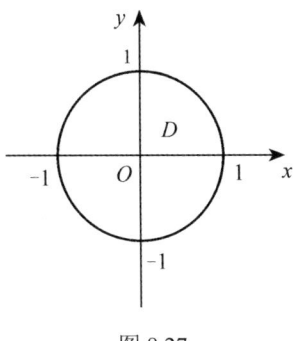

图 8.27

选择利用极坐标系计算，积分区域 $D: 0 \leqslant \theta \leqslant 2\pi, 0 \leqslant \rho \leqslant 1$，则

$$\iint_D \frac{1}{\sqrt{1-x^2-y^2}} d\sigma = \int_0^{2\pi} d\theta \int_0^1 \frac{\rho}{\sqrt{1-\rho^2}} d\rho$$

$$= 2\pi \cdot \left(-\frac{1}{2}\right) \int_0^1 \frac{1}{\sqrt{1-\rho^2}} d(1-\rho^2)$$

$$= -2\pi \sqrt{1-\rho^2} \Big|_0^1$$

$$= 2\pi.$$

本章练习 A

1．填空题

（1）设 $D = \{(x,y) \mid 0 \leqslant x \leqslant 1, 0 \leqslant y \leqslant 1\}$，则 $\iint_D 2 d\sigma = $ _____．

（2）若积分区域 D 是由直线 $x=0$，$x=2$，$y=0$，$y=2$ 围成的矩形区域，则 $\iint_D e^{x+y} dxdy = $ _____．

（3）交换积分次序 $\int_0^{\frac{1}{4}} dy \int_y^{\sqrt{y}} f(x,y) dx + \int_{\frac{1}{4}}^{\frac{1}{2}} dy \int_y^{\frac{1}{2}} f(x,y) dx = $ _____．

（4）设 D 为 $x^2 + y^2 \leqslant a^2$（$a > 0$）的上半部分，则二重积分 $\iint_D x\sqrt{x^2+y^2} d\sigma = $ _____．

2. 单项选择题

(1) 设区域 $D = \{(x,y) \mid x^2 + y^2 \leq a^2,\ a > 0,\ y \geq 0\}$，则 $\iint\limits_{D}(x^2+y^2)dxdy = (\quad)$.

A. $\int_0^{\pi}d\theta\int_0^{a}\rho^3 d\rho$

B. $\int_0^{\pi}d\theta\int_0^{a}\rho^2 d\rho$

C. $\int_{-\frac{\pi}{2}}^{\frac{\pi}{2}}d\theta\int_0^{a}\rho^3 d\rho$

D. $\int_{-\frac{\pi}{2}}^{\frac{\pi}{2}}d\theta\int_0^{a}\rho^2 d\rho$

(2) 设 D 是以 $O(0,0)$，$A(1,0)$，$B(1,2)$，$C(0,1)$ 为顶点的梯形所围成的闭区域，则 $\iint\limits_{D}f(x,y)d\sigma$ 化成二次积分是（　）.

A. $\int_0^1 dx\int_1^{1+x}f(x,y)dy$

B. $\int_0^1 dx\int_1^{2+x}f(x,y)dy$

C. $\int_0^1 dy\int_0^1 f(x,y)dx + \int_1^2 dy\int_{y-1}^1 f(x,y)dx$

D. $\int_0^1 dy\int_0^1 f(x,y)dx + \int_0^2 dy\int_{y-1}^1 f(x,y)dx$

(3) 将二重积分 $I = \int_0^a dx\int_x^{\sqrt{2ax-x^2}}f(x,y)dy$ 转化为用极坐标表示，下列选项中正确的是（　）.

A. $\int_0^{\frac{\pi}{2}}d\theta\int_0^{2a\cos\theta}f(\rho\cos\theta,\rho\sin\theta)\rho d\rho$

B. $\int_{\frac{\pi}{4}}^{\frac{\pi}{2}}d\theta\int_0^{2a\sin\theta}f(\rho\cos\theta,\rho\sin\theta)\rho d\rho$

C. $\int_0^{\frac{\pi}{2}}d\theta\int_0^{2a\sin\theta}f(\rho\cos\theta,\rho\sin\theta)d\rho$

D. $\int_{\frac{\pi}{4}}^{\frac{\pi}{2}}d\theta\int_0^{2a\cos\theta}f(\rho\cos\theta,\rho\sin\theta)\rho d\rho$

3. 交换下列二次积分的次序：

(1) $\int_0^1 dy\int_0^{\sqrt{y}}f(x,y)dx$；

(2) $\int_0^4 dx\int_0^{2\sqrt{x}}f(x,y)dy$；

(3) $\int_0^1 dx\int_0^x f(x,y)dy + \int_1^2 dx\int_0^{2-x}f(x,y)dy$.

4. 计算 $\iint\limits_{D}y dx dy$，其中 D 是由曲线 $y=1-x^2$ 与 $y=x^2-1$ 所围成的区域.

5. 计算 $\int_0^1 dy\int_y^1 \dfrac{\sin x}{x}dx$.

6. 设区域 D 是以 $(0,0)$, $(1,1)$ 和 $(0,1)$ 为顶点的三角形，计算 $\iint\limits_{D} e^{-y^2} d\sigma$.

本章练习 B

1. 填空题

（1）把二次积分 $I = \int_0^1 dx \int_{1-x}^{\sqrt{1-x^2}} f(x,y) dy$ 化为极坐标形式，则 $I =$ _____.

（2）设 D 为 $x^2 + y^2 = 1$ 所围成的区域，则 $\iint\limits_{D}(2 - x^2 - y^2) d\sigma =$ _____.

（3）设 $D = \{(x,y) | a^2 \leqslant x^2 + y^2 \leqslant b^2, a > 0, b > 0\}$，用极坐标表示 $\iint\limits_{D} f(x,y) d\sigma$ = _____.

2. 单项选择题

（1）二次积分 $\int_0^{\frac{\pi}{2}} d\theta \int_0^{2\sin\theta} f(\rho\cos\theta, \rho\sin\theta) \rho d\rho$ 可以写成（　　）.

  A. $\int_0^1 dx \int_0^{1-\sqrt{1-x^2}} f(x,y) dy$ B. $\int_0^2 dy \int_0^{1-\sqrt{1-y^2}} f(x,y) dx$

  C. $\int_0^2 dy \int_0^{\sqrt{2y-y^2}} f(x,y) dx$ D. $\int_0^1 dx \int_0^{\sqrt{2x-x^2}} f(x,y) dy$

（2）设 $D: |x| + |y| \leqslant 1$，D_1 是其在第一象限的区域，则 $\iint\limits_{D} f(x^2, |y|) d\sigma = $（　　）.

  A. $2\iint\limits_{D_1} f(x^2, |y|) d\sigma$ B. $4\iint\limits_{D_1} f(x^2, |y|) d\sigma$

  C. $8\iint\limits_{D_1} f(x^2, |y|) d\sigma$ D. 0

（3）设 $f(x,y)$ 连续，且 $f(x,y) = xy + \iint\limits_{D} f(u,v) du dv$，$D$ 是由 $y = 0$，$y = x^2$，$x = 1$ 所围成的区域，则 $f(x,y) = $（　　）.

  A. xy B. $2xy$ C. $xy + \dfrac{1}{8}$ D. $xy + 1$

3. 计算下列二重积分：

（1）$\iint\limits_{D}(6 - 2x - 3y) d\sigma$，其中 D 是以 $(0,0)$、$(3,0)$ 和 $(0,2)$ 为顶点的三角形闭区域；

（2）$\iint\limits_{D} \dfrac{y}{x^2} d\sigma$，其中 $D = \{(x,y) | 1 \leqslant x \leqslant 2, 0 \leqslant y \leqslant 1\}$；

（3）$\iint\limits_{D}\sqrt{R^2-x^2-y^2}\,\mathrm{d}\sigma$，其中 D 是圆周 $x^2+y^2=Rx$ 所围成的闭区域；

（4）$\iint\limits_{D}(y^2+3x-6y+9)\mathrm{d}\sigma$，其中 $D=\left\{(x,y)\big|x^2+y^2\leqslant R^2\right\}$.

4. 证明 $\int_a^b(b-x)f(x)\mathrm{d}x=\int_a^b\mathrm{d}x\int_a^x f(y)\mathrm{d}y$.

5. 将下列积分转化成极坐标形式并计算积分值：
$$I=\int_0^1\mathrm{d}y\int_0^{\sqrt{1-y^2}}\sin(x^2+y^2)\mathrm{d}x.$$

6. 计算二重积分 $\iint\limits_{D}\dfrac{1}{2+x^2+y^2}\mathrm{d}\sigma$，其中 D：$x^2+y^2\leqslant 1$.

7. 计算二重积分 $\iint\limits_{D}|y|\mathrm{e}^{|x|}\mathrm{d}\sigma$，其中 D：$x^2+y^2\leqslant 1$.

8. 计算二重积分 $\iint\limits_{D}\sin\sqrt{x^2+y^2}\,\mathrm{d}x\mathrm{d}y$，其中 D 是由 $x^2+y^2=\pi^2$ 和 $x^2+y^2=4\pi^2$ 围成的区域.

本章练习 A 答案

1. 填空题

（1）2　　（2）$(\mathrm{e}^2-1)^2$. 提示：$\iint\limits_{D}\mathrm{e}^{x+y}\mathrm{d}x\mathrm{d}y=\int_0^2\mathrm{e}^x\mathrm{d}x\cdot\int_0^2\mathrm{e}^y\mathrm{d}y=(\mathrm{e}^2-1)^2$.

（3）$\int_0^{\frac{1}{2}}\mathrm{d}x\int_{x^2}^x f(x,y)\mathrm{d}y$. 提示：积分区域如图 8.28 所示.

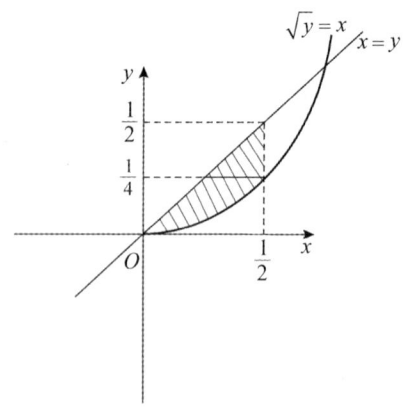

图 8.28

将区域 D 看成 X 型区域，表示为 $0 \leqslant x \leqslant \dfrac{1}{2}$，$x^2 \leqslant y \leqslant x$，所以

$$\int_0^{\frac{1}{4}} \mathrm{d}y \int_y^{\sqrt{y}} f(x,y)\mathrm{d}x + \int_{\frac{1}{4}}^{\frac{1}{2}} \mathrm{d}y \int_y^{\frac{1}{2}} f(x,y)\mathrm{d}x = \int_0^{\frac{1}{2}} \mathrm{d}x \int_{x^2}^{x} f(x,y)\mathrm{d}y.$$

（4）0．提示：利用极坐标计算积分 $\iint\limits_{D} x\sqrt{x^2+y^2}\,\mathrm{d}\sigma = \int_0^{\pi}\cos\theta\,\mathrm{d}\theta\int_0^a \rho^3\mathrm{d}\rho = 0$ 或利用对称性计算．

2．单项选择题

（1）A．提示：极坐标系下的积分区域 $D = \{(\rho,\theta) \mid 0 \leqslant \theta \leqslant \pi, 0 \leqslant \rho \leqslant a\}$．

（2）C．提示：积分区域如图 8.29 所示，根据积分区域可得结论．

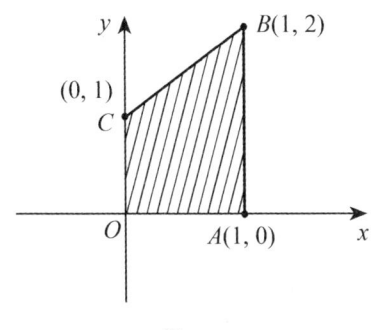

图 8.29

（3）D．提示：画出积分区域，利用直角坐标系和极坐标的转换公式可得．

3．**解** （1）由二次积分的积分限知积分区域 $D: 0 \leqslant y \leqslant 1$，$0 \leqslant x \leqslant \sqrt{y}$，如图 8.30 所示．

把 D 看作 X 型区域，则 $D: 0 \leqslant x \leqslant 1, x^2 \leqslant y \leqslant 1$，从而

$$\text{原式} = \int_0^1 \mathrm{d}x \int_{x^2}^1 f(x,y)\mathrm{d}y;$$

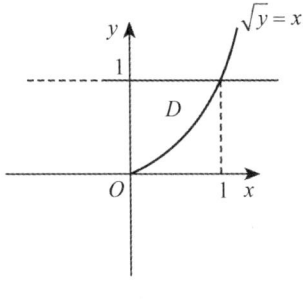

图 8.30

（2）由二次积分的积分限知积分区域 $D: 0 \leqslant x \leqslant 4, 0 \leqslant y \leqslant 2\sqrt{x}$，如图 8.31 所示．

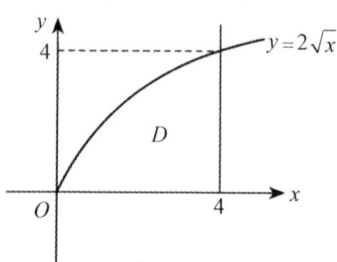

图 8.31

把 D 看作 Y 型区域，则 $D: 0 \leqslant y \leqslant 4, \dfrac{y^2}{4} \leqslant x \leqslant 4$，从而

$$原式 = \int_0^4 dy \int_{\frac{y^2}{4}}^4 f(x,y) dx;$$

（3）由二次积分的积分限知．积分区域 $D_1: 0 \leqslant x \leqslant 1, 0 \leqslant y \leqslant x$，$D_2: 1 \leqslant x \leqslant 2, 0 \leqslant y \leqslant 2-x$，如图 8.32 所示．

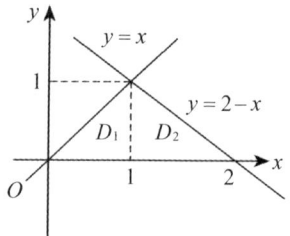

图 8.32

把 D 看作 Y 型区域，则 $D: 0 \leqslant y \leqslant 1, y \leqslant x \leqslant 2-y$，从而

$$原式 = \int_0^1 dy \int_y^{2-y} f(x,y) dx.$$

4. **解** 原式 $= \int_{-1}^1 dx \int_{x^2-1}^{1-x^2} y dy$

$$= \int_{-1}^1 \left[\dfrac{1}{2} y^2\right]_{x^2-1}^{1-x^2} dx$$

$$= \int_{-1}^1 \dfrac{1}{2}\left[(1-x^2)^2 - (x^2-1)^2\right] dx = 0$$

或直接用对称性计算．

5. **解** 因为 $\dfrac{\sin x}{x}$ 的原函数无法用初等函数表示，所以选择 D 为 X 型区域，因此

$$\text{原式} = \int_0^1 dx \int_0^x \dfrac{\sin x}{x} dy = \int_0^1 \sin x\, dx = 1 - \cos 1.$$

6. **解** 因为 e^{-y^2} 无法积分，所以选择 D 为 Y 型区域，因此

$$\iint_D e^{-y^2} dxdy = \int_0^1 dy \int_0^y e^{-y^2} dx$$
$$= \int_0^1 y e^{-y^2} dy$$
$$= \left[-\dfrac{1}{2} e^{-y^2} \right]_0^1$$
$$= \dfrac{1}{2}(1 - e^{-1}).$$

本章练习 B 答案

1. 填空题

（1）$I = \int_0^{\frac{\pi}{2}} d\theta \int_{\frac{1}{\sin\theta + \cos\theta}}^1 f(\rho\cos\theta, \rho\sin\theta)\rho d\rho$. 提示：在直角坐标系下画出积分区域 D，如图 8.33 所示．

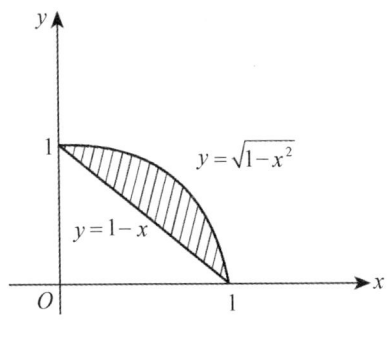

图 8.33

用极坐标表示 D: $0 \leqslant \theta \leqslant \dfrac{\pi}{2}$, $\dfrac{1}{\sin\theta + \cos\theta} \leqslant \rho \leqslant 1$，所以

$$I = \int_0^{\frac{\pi}{2}} d\theta \int_{\frac{1}{\sin\theta + \cos\theta}}^1 f(\rho\cos\theta, \rho\sin\theta)\rho d\rho.$$

(2) $\dfrac{3\pi}{2}$. 提示：原式 $= 2\pi\int_0^1 (2-\rho^2)\mathrm{d}\rho = -\dfrac{\pi}{2}\left[(2-\rho^2)^2\right]_0^1 = \dfrac{3\pi}{2}$.

(3) $\iint\limits_D f(x,y)\mathrm{d}\sigma = \int_0^{2\pi}\mathrm{d}\theta\int_a^b f(\rho\cos\theta,\rho\sin\theta)\rho\mathrm{d}\rho$.

2．单项选择题

(1) C. 提示：积分区域在直角坐标系中如图 8.34 所示.

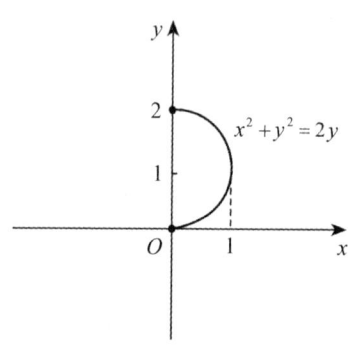

图 8.34

该积分区域既是 X 型区域又是 Y 型区域.

把积分区域看作 X 型区域，表示为 $0\leqslant x\leqslant 1$，$1-\sqrt{1-x^2}\leqslant y\leqslant 1+\sqrt{1-x^2}$.

把积分区域看作 Y 型区域，表示为 $0\leqslant y\leqslant 2$，$0\leqslant x\leqslant \sqrt{2y-y^2}$.

(2) B. 提示：被积函数关于 x 和 y 都是偶函数，根据对称性的结论.

(3) C. 提示：在 $f(x,y) = xy + \iint\limits_D f(u,v)\mathrm{d}u\mathrm{d}v$ 等式两边取积分，得

$$\iint\limits_D f(x,y)\mathrm{d}x\mathrm{d}y = \iint\limits_D xy\mathrm{d}x\mathrm{d}y + \iint\limits_D \mathrm{d}\sigma \cdot \iint\limits_D f(u,v)\mathrm{d}u\mathrm{d}v,$$

而 $\iint\limits_D \mathrm{d}\sigma = \int_0^1 \mathrm{d}x\int_0^{x^2}\mathrm{d}y = \dfrac{1}{3}$，因此

$$\iint\limits_D f(x,y)\mathrm{d}x\mathrm{d}y = \int_0^1 x\mathrm{d}x\int_0^{x^2} y\mathrm{d}y + \dfrac{1}{3}\iint\limits_D f(x,y)\mathrm{d}x\mathrm{d}y$$

$$= \dfrac{1}{12} + \dfrac{1}{3}\iint\limits_D f(x,y)\mathrm{d}x\mathrm{d}y.$$

所以 $\iint\limits_D f(x,y)\mathrm{d}x\mathrm{d}y = \dfrac{1}{8}$，故 $f(x,y) = xy + \dfrac{1}{8}$.

3．**解** (1) 积分区域如图 8.35 所示.

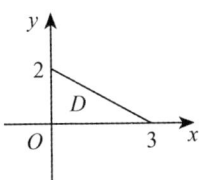

图 8.35

$D: 0 \leq x \leq 3,\ 0 \leq y \leq -\dfrac{2x}{3}+2$,

$$\iint\limits_D (6-2x-3y)\mathrm{d}\sigma = \int_0^3 \mathrm{d}x \int_0^{-\frac{2}{3}x+2}(6-2x-3y)\mathrm{d}y$$

$$= \int_0^3 \left[6y - 2xy - \dfrac{3}{2}y^2 \right]_0^{-\frac{2x}{3}+2} \mathrm{d}x$$

$$= \int_0^3 \left(\dfrac{2}{3}x^2 - 4x + 6 \mathrm{d}x \right)$$

$$= \left[\dfrac{2}{9}x^3 - 2x^2 + 6x \right]_0^3 = 6 ;$$

(2) $\iint\limits_D \dfrac{y}{x^2}\mathrm{d}\sigma = \int_1^2 \dfrac{1}{x^2}\mathrm{d}x \int_0^1 y\,\mathrm{d}y = \left[-\dfrac{1}{x} \right]_1^2 \cdot \left[\dfrac{y^2}{2} \right]_0^1 = \dfrac{1}{4}$;

(3) 选择用极坐标表示, 积分区域如图 8.36 所示.

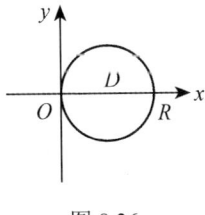

图 8.36

$D: -\dfrac{\pi}{2} \leq \theta \leq \dfrac{\pi}{2},\ 0 \leq \rho \leq R\cos\theta$

$$\iint\limits_D \sqrt{R^2 - x^2 - y^2}\,\mathrm{d}\sigma = \int_{-\frac{\pi}{2}}^{\frac{\pi}{2}} \mathrm{d}\theta \int_0^{R\cos\theta} \sqrt{R^2 - \rho^2}\,\rho\,\mathrm{d}\rho$$

$$= -\dfrac{1}{2}\int_{-\frac{\pi}{2}}^{\frac{\pi}{2}} \left[\dfrac{2}{3}(R^2 - \rho^2)^{\frac{3}{2}} \right]_0^{R\cos\theta} \mathrm{d}\theta$$

$$= \frac{1}{3}\int_{-\frac{\pi}{2}}^{\frac{\pi}{2}} R^3(1-\sin\theta)\mathrm{d}\theta$$

$$= \frac{R^3}{3}[\theta+\cos\theta]_{-\frac{\pi}{2}}^{\frac{\pi}{2}} = \frac{R^3}{3}\left(\pi-\frac{4}{3}\right);$$

（4）选择用极坐标表示，积分区域如图 8.37 所示.

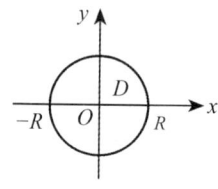

图 8.37

$D:0\leqslant\theta\leqslant 2\pi,\ 0\leqslant\rho\leqslant R$，由对称性可得

$$\iint\limits_{D}(y^2+3x-6y+9)\mathrm{d}\sigma = \iint\limits_{D}3x\mathrm{d}\sigma + \iint\limits_{D}(y^2-6y+9)\mathrm{d}\sigma$$

$$= \iint\limits_{D}(y^2-6y+9)\mathrm{d}\sigma$$

$$= \int_0^{2\pi}\mathrm{d}\theta\int_0^R(\rho^2\sin^2\theta-6\rho\sin\theta+9)\rho\mathrm{d}\rho$$

$$= \int_0^{2\pi}\left(\frac{1}{4}R^4\sin^2\theta+\frac{9}{2}R^2\right)\mathrm{d}\theta$$

$$= \frac{\pi R^4}{4}+9\pi R^2.$$

4. 证 由 $\int_a^b\mathrm{d}x\int_a^x f(y)\mathrm{d}y$ 得积分区域 $D:a\leqslant x\leqslant b,\ a\leqslant y\leqslant x$，如图 8.38 所示.

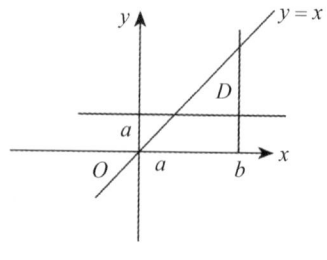

图 8.38

把 D 看作 Y 型区域，则 $D:a\leqslant y\leqslant b,\ y\leqslant x\leqslant b$.

$$\int_a^b dx \int_a^x f(y) dy = \int_a^b dy \int_y^b f(y) dx$$
$$= \int_a^b f(y)[x]_y^b dy$$
$$= \int_a^b f(y)(b-y) dy$$
$$= \int_a^b f(x)(b-x) dx.$$

5. **解** 积分区域 $D: 0 \leq y \leq 1, 0 \leq x \leq \sqrt{1-y^2}$，如图 8.39 所示.

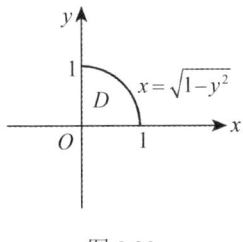

图 8.39

极坐标下的积分区域 $D: 0 \leq \theta \leq \dfrac{\pi}{2}, 0 \leq \rho \leq 1$，直角坐标和极坐标的转换公式：$x = \rho\cos\theta, y = \rho\sin\theta$，面积元素 $d\sigma = \rho d\rho d\theta$，从而，

$$I = \int_0^{\frac{\pi}{2}} d\theta \int_0^1 \sin\rho^2 \rho d\rho$$
$$= \frac{\pi}{2} \cdot \frac{1}{2} \int_0^1 \sin\rho^2 d\rho^2$$
$$= \frac{\pi}{4}(1-\cos 1).$$

6. **解** 极坐标系下的积分区域表示：$0 \leq \theta \leq 2\pi, 0 \leq \rho \leq 1$，面积元素 $d\sigma = \rho d\rho d\theta$，直角坐标和极坐标的转换公式：$x = \rho\cos\theta, y = \rho\sin\theta$，因此

$$\iint_D \frac{1}{2+x^2+y^2} d\sigma = \int_0^{2\pi} d\theta \int_0^1 \frac{1}{2+\rho^2} \rho d\rho$$
$$= 2\pi \cdot \left[\frac{1}{2}\ln(2+\rho^2)\right]_0^1$$
$$= \pi(\ln 3 - \ln 2).$$

7. **解** 因为 D 关于 x 轴和 y 轴都对称，而被积函数 $|y|e^{|x|}$ 关于 x 和 y 都是偶函数，设 D 在第一象限的区域为 D_1，所以

$$\iint_D |y| e^{|x|} d\sigma = 4\iint_{D_1} y e^x dx dy$$
$$= 4\int_0^1 e^x dx \int_0^{\sqrt{1-x^2}} y dy$$
$$= 2\int_0^1 (1-x^2) e^x dx$$
$$= 2(e-1) - 2\int_0^1 x^2 e^x dx$$
$$= 2(e-1) - 2e + 4\int_0^1 x e^x dx = 2.$$

点拨 虽然 D 为圆形区域，但根据被积函数的特点，利用直角坐标系计算更容易．

8．**解** 利用极坐标计算：
$$原式 = \int_0^{2\pi} d\theta \int_\pi^{2\pi} \rho \sin\rho d\rho$$
$$= 2\pi \left[\rho \cos\rho\right]_\pi^{2\pi} + 2\pi \int_\pi^{2\pi} \cos\rho d\rho$$
$$= -6\pi^2 + 2\pi \left[\sin\rho\right]_\pi^{2\pi} = -6\pi^2.$$

第9章 无穷级数

知识结构图

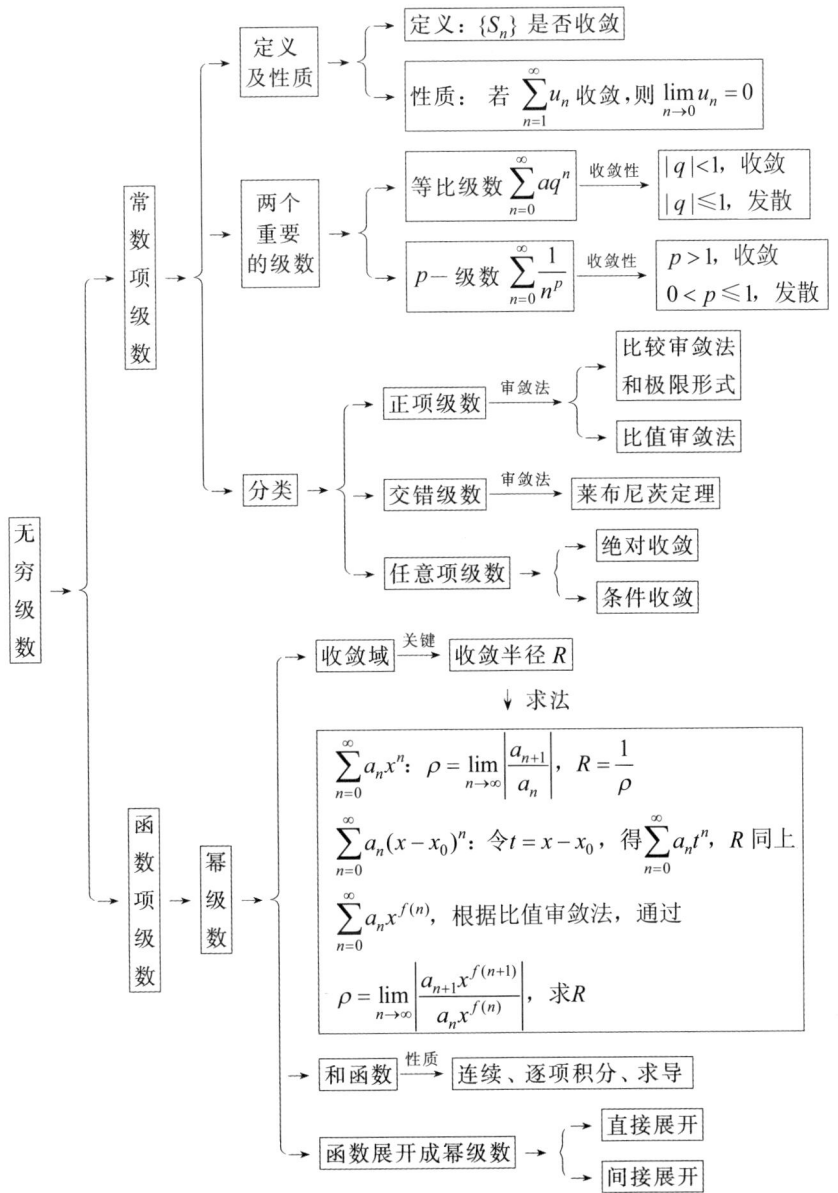

学习目标

- 掌握无穷级数收敛与发散的概念和收敛级数的性质.
- 掌握正项级数的审敛法.
- 掌握交错级数收敛性的判断和绝对收敛与条件收敛的定义及任意项级数收敛性的判断.
- 掌握幂级数收敛域的定义及求法,掌握幂级数的运算及性质.

9.1 常数项级数的概念和性质

9.1.1 知识点分析

1. 常数项级数的概念

(1) 给定一个数列 $u_1, u_2, \cdots, u_n, \cdots$,我们把形如

$$u_1 + u_2 + \cdots + u_n + \cdots$$

的表达式叫作(常数项)无穷级数,简称常数项级数或级数,记作 $\sum_{n=1}^{\infty} u_n$,即

$$\sum_{n=1}^{\infty} u_n = u_1 + u_2 + \cdots + u_n + \cdots,$$

其中第 n 项 u_n 叫作级数的一般项或通项.

(2) 无穷级数 $\sum_{n=1}^{\infty} u_n$ 的前 n 项的和称为该级数的部分和,记为 s_n,即

$$s_n = u_1 + u_2 + \cdots + u_n = \sum_{i=1}^{n} u_i.$$

(3) 如果级数 $\sum_{n=1}^{\infty} u_n$ 的部分和数列 $\{s_n\}$ 有极限 s,即 $\lim_{n \to \infty} s_n = s$,则称无穷级数 $\sum_{n=1}^{\infty} u_n$ 收敛,这时极限 s 称为此级数的和,并写作

$$s = \sum_{n=1}^{\infty} u_n = u_1 + u_2 + \cdots + u_n + \cdots;$$

如果 $\{s_n\}$ 没有极限,则称无穷级数 $\sum_{n=1}^{\infty} u_n$ 发散,发散级数没有和.

(4) 当级数收敛时,其部分和 s_n 是级数的和 s 的近似值,它们之间的差值

$$r_n = s - s_n = u_{n+1} + u_{n+2} + \cdots$$

叫作级数的余项.

注 级数 $\sum_{n=1}^{\infty} u_n$ 与数列 $\{s_n\}$ 的敛散性相同, 且在收敛时有

$$s = \sum_{n=1}^{\infty} u_n = \lim_{n \to \infty} s_n, \quad 即 \sum_{n=1}^{\infty} u_n = \lim_{n \to \infty} \sum_{i=1}^{n} u_i.$$

2. 无穷级数的基本性质

性质 1 若级数 $\sum_{n=1}^{\infty} u_n$ 收敛, 且其和为 s, 则对任何常数 k, 级数 $\sum_{n=1}^{\infty} ku_n$ 也收敛, 且其和为 ks.

注 当 $k \neq 0$ 时, 级数 $\sum_{n=1}^{\infty} u_n$ 与 $\sum_{n=1}^{\infty} ku_n$ 的敛散性相同.

性质 2 若级数 $\sum_{n=1}^{\infty} u_n$、$\sum_{n=1}^{\infty} v_n$ 收敛于和 s、σ, 即

$$\sum_{n=1}^{\infty} u_n = s, \quad \sum_{n=1}^{\infty} v_n = \sigma$$

则级数 $\sum_{n=1}^{\infty} (u_n \pm v_n)$ 也收敛, 且其和为 $s \pm \sigma$.

注 (1) 两个收敛级数可以逐项相加或相减, 其收敛性不变, 但级数和发生改变.

(2) 两个发散的级数逐项相加所得的级数不一定发散.

例如级数 $\sum_{n=1}^{\infty} n$ 和级数 $\sum_{n=1}^{\infty} (-n)$ 都是发散的, 但是它们逐项相加所得的级数却是收敛的.

(3) 若一个级数收敛, 另一个级数发散, 则逐项相加所得的级数必发散.

(4) 如果两个级数逐项相加所得的级数收敛, 而其中一个级数收敛, 则另一个级数必收敛.

性质 3 在级数中任意去掉、加上或者改变有限项, 不会改变级数的敛散性, 但通常情况下, 收敛级数的和会发生变化.

性质 4 如果级数 $\sum_{n=1}^{\infty} u_n$ 收敛, 则对这个级数的项任意加括号之后所得的级数仍收敛, 且其和不变.

注 (1) 此性质的逆命题不成立. 即添加括号后的级数收敛, 并不能断定原来的级数收敛. 例如级数

$$(1-1) + (1-1) + \cdots + (1-1) + \cdots$$

收敛于 0，但是去掉括号之后的级数

$$\sum_{n=1}^{\infty}(-1)^{n+1}=1-1+1-1+1-1+\cdots$$

却是发散的.

（2）此性质的逆否命题成立，即如果添加括号后的级数发散，则原来的级数也发散.

性质 5（级数收敛的必要条件） 如果级数 $\sum_{n=1}^{\infty}u_n$ 收敛，则当 $n\to\infty$ 时，它的一般项趋于 0，即

$$\lim_{n\to\infty}u_n=0.$$

注 （1）此性质的逆否命题成立，即如果级数 $\sum_{n=1}^{\infty}u_n$ 的一般项不趋于 0（包含 $\lim_{n\to\infty}u_n$ 不存在的情形），则该级数必定发散.

例如级数 $\sum_{n=1}^{\infty}\dfrac{2n}{5n+8}$，由于 $\lim_{n\to\infty}u_n=\lim_{n\to\infty}\dfrac{2n}{5n+8}=\dfrac{2}{5}\ne 0$，故该级数发散.

（2）一般常用此性质来判定常数项级数发散.

（3）级数的一般项趋于 0 并不是级数收敛的充分条件，有些级数虽然一般项趋于 0，但它仍然是发散的.

例如调和级数 $\sum_{n=1}^{\infty}\dfrac{1}{n}$，显然它的一般项趋于 0，即 $\lim_{n\to\infty}u_n=\lim_{n\to\infty}\dfrac{1}{n}=0$，但它是发散的.

9.1.2 典例解析

例 1 判定级数 $\sum_{n=1}^{\infty}\dfrac{n^{n+\frac{1}{n}}}{\left(n+\dfrac{1}{n}\right)^n}$ 的敛散性.

解 由于 $u_n=\dfrac{n^{n+\frac{1}{n}}}{\left(n+\dfrac{1}{n}\right)^n}=\dfrac{\sqrt[n]{n}}{\left(1+\dfrac{1}{n^2}\right)^n}$，而 $\lim_{n\to+\infty}\sqrt[n]{n}=1$，

$\lim_{n\to+\infty}\left(1+\dfrac{1}{n^2}\right)^n=\lim_{n\to+\infty}\left[\left(1+\dfrac{1}{n^2}\right)^{n^2}\right]^{\frac{1}{n}}=e^0=1$，故 $\lim_{n\to\infty}u_n\ne 0$，所以原级数发散.

点拨 利用性质 5 可知级数发散.

例2 求级数 $\sum_{n=1}^{\infty} \frac{1}{n(n+1)(n+2)}$ 的和.

解 $u_n = \frac{1}{n(n+1)(n+2)} = \frac{1}{2}\left[\frac{1}{n(n+1)} - \frac{1}{(n+1)(n+2)}\right]$，故

$$s_n = \frac{1}{2}\left[\left(\frac{1}{1\times 2} - \frac{1}{2\times 3}\right) + \left(\frac{1}{2\times 3} - \frac{1}{3\times 4}\right) + \cdots + \left(\frac{1}{n(n+1)} - \frac{1}{(n+1)(n+2)}\right)\right]$$

$$= \frac{1}{2}\left[\frac{1}{2} - \frac{1}{(n+1)(n+2)}\right]$$

所以 $\sum_{n=1}^{\infty} \frac{1}{n(n+1)(n+2)} = \lim_{n\to\infty} s_n = \lim_{n\to\infty} \frac{1}{2}\left[\frac{1}{2} - \frac{1}{(n+1)(n+2)}\right] = \frac{1}{4}$.

点拨 利用"拆项相消"的方法计算部分和.

9.1.3 习题

1. 回答下列问题：

（1）若级数 $\sum_{n=1}^{\infty} u_n$ 发散，k 为一常数，则级数 $\sum_{n=1}^{\infty} ku_n$ 发散吗？

（2）如果级数 $\sum_{n=1}^{\infty} u_n$ 发散，级数 $\sum_{n=1}^{\infty} v_n$ 收敛，且 λ 为一正常数，那么级数 $\sum_{n=1}^{\infty} (u_n - \lambda v_n)$ 收敛还是发散？

（3）若级数 $\sum_{n=1}^{\infty} (u_n + v_n)$ 收敛，则级数 $\sum_{n=1}^{\infty} u_n$ 与 $\sum_{n=1}^{\infty} v_n$ 是否收敛？

（4）级数 $\sum_{n=1}^{\infty} u_n$ 的一般项 u_n 趋于 0，是该级数收敛的充分条件吗？

（5）级数 $\sum_{n=1}^{\infty} u_n$ 的一般项 u_n 不趋于 0，是该级数发散的充分条件吗？

2. 写出下列级数的一般项：

（1）$\frac{1}{2} + \frac{1}{4} + \frac{1}{8} + \cdots$；

（2）$\frac{2}{1} - \frac{3}{2} + \frac{4}{3} - \frac{5}{4} + \frac{6}{5} - \cdots$；

（3）$\frac{\sqrt{x}}{2} + \frac{x}{2\cdot 4} + \frac{x\sqrt{x}}{2\cdot 4\cdot 6} + \frac{x^2}{2\cdot 4\cdot 6\cdot 8} + \cdots$；

（4）$\frac{x^2}{3} - \frac{x^3}{5} + \frac{x^4}{7} - \frac{x^5}{9} + \cdots$.

3. 根据级数收敛与发散的定义判定下列级数的敛散性：

（1）$\sum_{n=1}^{\infty} (\sqrt{n+1} - \sqrt{n})$；

（2）$\sum_{n=1}^{\infty} \frac{1}{(3n-2)(3n+1)}$.

4. 判定下列级数的敛散性：

(1) $\sum_{n=1}^{\infty}(-1)^n\frac{9^n}{8^n}$；

(2) $\sum_{n=1}^{\infty}\frac{1}{5n}$；

(3) $\sum_{n=1}^{\infty}\frac{1}{\sqrt[n]{a}}$ （$a>0$）；

(4) $\sum_{n=1}^{\infty}\frac{2^n+(-3)^n}{5^n}$；

(5) $\sum_{n=1}^{\infty}\frac{1}{\left(1+\frac{1}{n}\right)^n}$；

(6) $\sum_{n=1}^{\infty}\sin\frac{n\pi}{6}$.

5. 将循环小数 $0.333333\cdots$ 写成无穷级数形式并用分数表示.

6. 设银行存款的年利率为 10%，若以年复利计息，应一次性存入多少资金才能保证从存入之日算起，以后每年能从银行提取 500 万元以支付职工福利直至永远.

9.1.4 习题详解

1. 解 （1）不一定. 当 $k=0$ 时，级数 $\sum_{n=1}^{\infty}ku_n$ 收敛；

（2）发散. 利用反证法，假设 $\sum_{n=1}^{\infty}(u_n-\lambda v_n)$ 收敛，又因为 $\sum_{n=1}^{\infty}\lambda v_n$ 也收敛，则 $\sum_{n=1}^{\infty}u_n=\sum_{n=1}^{\infty}(u_n-\lambda v_n)+\sum_{n=1}^{\infty}\lambda v_n$ 收敛，与已知矛盾，故 $\sum_{n=1}^{\infty}(u_n-\lambda v_n)$ 发散；

（3）不一定. 如 $\sum_{n=1}^{\infty}u_n=\sum_{n=1}^{\infty}(-1)^n$，$\sum_{n=1}^{\infty}v_n=\sum_{n=1}^{\infty}(-1)^{n-1}$，$\sum_{n=1}^{\infty}(u_n+v_n)$ 收敛，但 $\sum_{n=1}^{\infty}u_n$ 与 $\sum_{n=1}^{\infty}v_n$ 均发散；又如 $\sum_{n=1}^{\infty}u_n=\sum_{n=1}^{\infty}\left(\frac{1}{2}\right)^n$，$\sum_{n=1}^{\infty}v_n=\sum_{n=1}^{\infty}-\left(\frac{1}{2}\right)^n$，$\sum_{n=1}^{\infty}(u_n+v_n)$ 收敛，但 $\sum_{n=1}^{\infty}u_n$ 与 $\sum_{n=1}^{\infty}v_n$ 均收敛；

（4）不是. 如 $\sum_{n=1}^{\infty}\frac{1}{n}$，$\frac{1}{n}\to 0(n\to\infty)$，但 $\sum_{n=1}^{\infty}\frac{1}{n}$ 发散；

（5）是. 提示：级数收敛的必要条件的逆否命题成立.

2. 解 （1）$\frac{1}{2^n}$； （2）$(-1)^{n+1}\frac{n+1}{n}$； （3）$\frac{x^{\frac{n}{2}}}{(2n)!!}$； （4）$(-1)^{n+1}\frac{x^{n+1}}{2n+1}$.

3. 解 （1）$S_n=(\sqrt{2}-\sqrt{1})+(\sqrt{3}-\sqrt{2})+\cdots+(\sqrt{n+1}-\sqrt{n})=\sqrt{n+1}-1$，$\lim_{n\to\infty}S_n=\infty$，故 $\sum_{n=1}^{\infty}(\sqrt{n+1}-\sqrt{n})$ 发散；

（2） $S_n = \dfrac{1}{1\cdot 4}+\dfrac{1}{4\cdot 7}+\dfrac{1}{7\cdot 10}+\cdots+\dfrac{1}{(3n-2)(3n+1)}$

$= \dfrac{1}{3}\left[\left(1-\dfrac{1}{4}\right)+\left(\dfrac{1}{4}-\dfrac{1}{7}\right)+\left(\dfrac{1}{7}-\dfrac{1}{10}\right)+\cdots+\left(\dfrac{1}{3n-2}-\dfrac{1}{3n+1}\right)\right]=\dfrac{1}{3}\left(1-\dfrac{1}{3n+1}\right)$

$\lim\limits_{n\to\infty}S_n=\dfrac{1}{3}$，故 $\sum\limits_{n=1}^{\infty}\dfrac{1}{(3n-2)(3n+1)}$ 收敛．

4．解 （1）发散．因为该级数为等比级数，且 $q=-\dfrac{8}{9}$，即 $|q|<1$，故级数发散；

（2）发散．因为调和级数 $\sum\limits_{n=1}^{\infty}\dfrac{1}{n}$ 发散，故原级数也发散；

（3）发散．因为级数的一般项为 $u_n=\dfrac{1}{\sqrt[n]{a}}$，且 $\lim\limits_{n\to\infty}u_n=\lim\limits_{n\to\infty}\dfrac{1}{\sqrt[n]{a}}=\lim\limits_{n\to\infty}a^{-\frac{1}{n}}=1\neq 0$，故由级数收敛的必要条件知原级数发散；

（4）收敛．因为级数 $\sum\limits_{n=1}^{\infty}\dfrac{2^n}{5^n}=\sum\limits_{n=1}^{\infty}\left(\dfrac{2}{5}\right)^n$ 收敛，且级数 $\sum\limits_{n=1}^{\infty}\dfrac{(-3)^n}{5^n}=\sum\limits_{n=1}^{\infty}\left(-\dfrac{3}{5}\right)^n$ 也收敛，故由性质可知原级数收敛；

（5）发散．因为级数的一般项 $u_n=\dfrac{1}{\left(1+\dfrac{1}{n}\right)^n}$，且 $\lim\limits_{n\to\infty}u_n=\lim\limits_{n\to\infty}\dfrac{1}{\left(1+\dfrac{1}{n}\right)^n}=\dfrac{1}{\mathrm{e}}\neq 0$，故由级数收敛的必要条件知原级数发散；

（6）发散．因为 $a_n=\sin\dfrac{n\pi}{6}$，令 $b_n=2\sin\dfrac{\pi}{12}a_n=2\sin\dfrac{\pi}{12}\sin\dfrac{n\pi}{6}$，则

$$b_n=\cos\left(\dfrac{n\pi}{6}-\dfrac{\pi}{12}\right)-\cos\left(\dfrac{n\pi}{6}+\dfrac{\pi}{12}\right)=\cos\dfrac{2n-1}{12}\pi-\cos\dfrac{2n+1}{12}\pi$$

故 $S_n=\sum\limits_{k=1}^{n}b_k$，由于 $\cos\dfrac{2n+1}{12}\pi$ 当 $n\to+\infty$ 时振荡无极限，所以 $\sum\limits_{n=1}^{\infty}b_n$ 发散，故原级数发散．

5．解 $0.333333\cdots=\dfrac{3}{10}+\dfrac{3}{10^2}+\dfrac{3}{10^3}+\cdots+\dfrac{3}{10^n}+\cdots=3\dfrac{\dfrac{1}{10}}{1-\dfrac{1}{10}}=\dfrac{1}{3}$．

6．解 因为 $\sum\limits_{n=1}^{\infty}\dfrac{500}{(1+0.1)^n}=5000$，所以应当一次性存入 5000 万元．

9.2 正项级数及其审敛法

9.2.1 知识点分析

1. 正项级数的概念

若级数 $\sum_{n=1}^{\infty} u_n$ 的每一项 $u_n \geq 0$（$n = 1, 2, \cdots$），则称该级数为正项级数.

2. 正项级数的审敛法

（1）正项级数 $\sum_{n=1}^{\infty} u_n$ 收敛的充分必要条件是它的部分和数列 $\{s_n\}$ 有界.

（2）比较审敛法：设 $\sum_{n=1}^{\infty} u_n$ 和 $\sum_{n=1}^{\infty} v_n$ 都是正项级数，且 $u_n \leq v_n$（$n = 1, 2, \cdots$）.

①若级数 $\sum_{n=1}^{\infty} v_n$ 收敛，则级数 $\sum_{n=1}^{\infty} u_n$ 收敛；

②若级数 $\sum_{n=1}^{\infty} u_n$ 发散，则级数 $\sum_{n=1}^{\infty} v_n$ 发散.

（3）比较审敛法的极限形式：设 $\sum_{n=1}^{\infty} u_n$ 和 $\sum_{n=1}^{\infty} v_n$ 都是正项级数，且 $\lim_{n \to \infty} \dfrac{u_n}{v_n} = l$，其中 $0 \leq l \leq +\infty$.

①若 $0 < l < +\infty$，则级数 $\sum_{n=1}^{\infty} u_n$ 和级数 $\sum_{n=1}^{\infty} v_n$ 同时收敛或同时发散；

②若 $l = 0$，且级数 $\sum_{n=1}^{\infty} v_n$ 收敛，则级数 $\sum_{n=1}^{\infty} u_n$ 收敛；

③若 $l = +\infty$，且级数 $\sum_{n=1}^{\infty} v_n$ 发散，则级数 $\sum_{n=1}^{\infty} u_n$ 发散.

注 在用比较审敛法以及比较审敛法的极限形式时，需要适当地选取一个已知其收敛性的级数 $\sum_{n=1}^{\infty} v_n$ 作为比较的基准. 常用的基准级数是等比级数和 p 级数，并且可通过使用等价无穷小量的替换得到.

（4）比值审敛法（又称达朗贝尔（d'Alembert）判别法）：设 $\sum_{n=1}^{\infty} u_n$ 为正项级数，如果 $\lim_{n \to \infty} \dfrac{u_{n+1}}{u_n} = \rho$（其中 ρ 允许为 $+\infty$），则

①当 $\rho < 1$ 时，级数收敛；

②当 $1 < \rho \leqslant +\infty$ 时，级数发散；

③当 $\rho = 1$ 时，级数可能收敛，也可能发散.

（5）根植审敛法（又称柯西判别法）：设 $\sum_{n=1}^{\infty} u_n$ 为正项级数，如果 $\lim_{n \to \infty} \sqrt[n]{u_n} = \rho$（其中 ρ 允许为 $+\infty$），则

①当 $\rho < 1$ 时，级数收敛；

②当 $1 < \rho \leqslant +\infty$ 时，级数发散；

③当 $\rho = 1$ 时，级数可能收敛，也可能发散.

9.2.2 典例解析

例 1 判定下列级数的敛散性：

（1）$\sum_{n=1}^{\infty} \sin \frac{\pi}{3^n}$；

（2）$\sum_{n=1}^{\infty} \frac{1}{\sqrt{n(n^2+1)}}$；

（3）$\sum_{n=1}^{\infty} \frac{1}{\ln(n+1)}$；

（4）$\sum_{n=1}^{\infty} \sin \frac{1}{n}$.

解 （1）因为 $\sin \frac{\pi}{3^n} < \frac{\pi}{3^n}$，而级数 $\sum_{n=1}^{\infty} \frac{\pi}{3^n}$（等比级数且公比小于 1）收敛，根据比较审敛法可知，级数 $\sum_{n=1}^{\infty} \sin \frac{\pi}{3^n}$ 收敛；

点拨 因为比较审敛法只适用于正项级数，所以先判定级数是否为正项级数.

（2）因为 $\frac{1}{\sqrt{n(n^2+1)}} < \frac{1}{\sqrt{n \cdot n^2}} = \frac{1}{n^{\frac{3}{2}}}$，而级数 $\sum_{n=1}^{\infty} \frac{1}{n^{\frac{3}{2}}}$（基准级数是 p 级数且 $p = \frac{3}{2} > 1$）收敛，根据比较审敛法可知，级数 $\sum_{n=1}^{\infty} \frac{1}{\sqrt{n(n^2+1)}}$ 收敛；

（3）当 $x > 0$ 时，有 $x > \ln(1+x)$. 取 x 为自然数 n，则有 $n > \ln(1+n)$，即 $\frac{1}{n} < \frac{1}{\ln(1+n)}$，而级数 $\sum_{n=1}^{\infty} \frac{1}{n}$ 发散，根据比较审敛法可知，级数 $\sum_{n=1}^{\infty} \frac{1}{\ln(n+1)}$ 发散；

（4）因为一般项 $u_n = \sin \frac{1}{n} \sim \frac{1}{n} (n \to \infty)$，令 $v_n = \frac{1}{n}$，故

$$\lim_{n \to \infty} \frac{u_n}{v_n} = \lim_{n \to \infty} \frac{\sin \frac{1}{n}}{\frac{1}{n}} = 1$$

而级数 $\sum_{n=1}^{\infty}\frac{1}{n}$ 发散，根据比较审敛法的极限形式知，级数 $\sum_{n=1}^{\infty}\sin\frac{1}{n}$ 发散.

例 2 判定下列级数的敛散性：

(1) $\sum_{n=1}^{\infty}\frac{n^n}{(n!)^2}$；

(2) $\sum_{n=1}^{\infty}\frac{n^3}{3^n}$；

(3) $\sum_{n=1}^{\infty}n\tan\frac{\pi}{2^{n+1}}$；

(4) $\sum_{n=1}^{\infty}\frac{2^n}{3^{\ln n}}$.

解 (1) 因为

$$\lim_{n\to\infty}\frac{u_{n+1}}{u_n}=\lim_{n\to\infty}\frac{\frac{(n+1)^{n+1}}{(n+1)!^2}}{\frac{n^n}{(n!)^2}}=\lim_{n\to\infty}\frac{(n+1)^{n+1}}{(n+1)!^2}\cdot\frac{(n!)^2}{n^n}=\lim_{n\to\infty}\frac{(1+\frac{1}{n})^n}{n+1}=0<1$$

根据比值审敛法可知，级数 $\sum_{n=1}^{\infty}\frac{n^n}{(n!)^2}$ 收敛；

(2) 因为 $\lim\limits_{n\to\infty}\frac{u_{n+1}}{u_n}=\lim\limits_{n\to\infty}\frac{(n+1)^3}{3^{n+1}}\cdot\frac{3^n}{n^3}=\frac{1}{3}<1$，根据比值审敛法可知，级数 $\sum_{n=1}^{\infty}\frac{n^3}{3^n}$ 收敛；

(3) 因为 $\lim\limits_{n\to\infty}\frac{u_{n+1}}{u_n}=\lim\limits_{n\to\infty}\frac{(n+1)\tan\frac{\pi}{2^{n+2}}}{n\tan\frac{\pi}{2^{n+1}}}=\lim\limits_{n\to\infty}\frac{\frac{\pi}{2^{n+2}}}{\frac{\pi}{2^{n+1}}}=\frac{1}{2}<1$，根据比值审敛法可知，

级数 $\sum_{n=1}^{\infty}n\tan\frac{\pi}{2^{n+1}}$ 收敛；

(4) 因为 $\lim\limits_{n\to\infty}\sqrt[n]{u_n}=\lim\limits_{n\to\infty}\sqrt[n]{\frac{2^n}{3^{\ln n}}}=\lim\limits_{n\to\infty}\frac{2}{3^{\frac{\ln n}{n}}}=2>1$，根据根植审敛法可知，级数

$\sum_{n=1}^{\infty}\frac{2^n}{3^{\ln n}}$ 发散.

点拨 若一般项中含有 a^n 或 $n!$ 则常采用比值审敛法.

9.2.3 习题

1. 用比较审敛法或其极限形式判定下列级数的敛散性：

(1) $\sum_{n=1}^{\infty}\frac{1}{5^n+3}$；

(2) $\sum_{n=1}^{\infty}\frac{1+n}{1+n^2}$；

(3) $\sum_{n=1}^{\infty}\sqrt{n+1}\left(1-\cos\frac{\pi}{n}\right)$；

(4) $\sum_{n=1}^{\infty}\frac{1}{n\sqrt[n]{n}}$；

(5) $\sum_{n=1}^{\infty} \sin \dfrac{3\pi}{8^n}$; (6) $\sum_{n=1}^{\infty} \dfrac{1}{\sqrt{n}} \sin \dfrac{2}{\sqrt{n}}$.

2. 用比值审敛法判定下列级数的敛散性:

(1) $\sum_{n=1}^{\infty} \dfrac{5^n}{n \cdot 3^n}$; (2) $\sum_{n=1}^{\infty} \dfrac{3^n n!}{n^n}$;

(3) $\sum_{n=1}^{\infty} n \tan \dfrac{\pi}{2^{n+1}}$.

3. 用适当的方法判定下列级数的敛散性:

(1) $\sum_{n=1}^{\infty} \sqrt{\dfrac{n+2}{2n+1}}$; (2) $\sum_{n=1}^{\infty} \dfrac{n!}{5^n}$;

(3) $\sum_{n=1}^{\infty} \ln\left(\dfrac{n+2^n}{2^n}\right)$; (4) $\sum_{n=1}^{\infty} \dfrac{n!}{n^n} \sin^2(nx)$;

(5) $\sum_{n=1}^{\infty} \dfrac{1}{[\ln(n+1)]^n}$.

9.2.4 习题详解

1. 解 (1) 收敛.

因为 $\dfrac{1}{5^n+3} \leqslant \dfrac{1}{5^n}$,又 $\sum_{n=1}^{\infty} \dfrac{1}{5^n}$ 收敛,故由比较审敛法知 $\sum_{n=1}^{\infty} \dfrac{1}{5^n+3}$ 收敛;

(2) 发散.

因为 $\dfrac{1+n}{1+n^2} \geqslant \dfrac{1+n}{n+n^2} = \dfrac{1}{n}$,又 $\sum_{n=1}^{\infty} \dfrac{1}{n}$ 发散,故由比较审敛法知 $\sum_{n=1}^{\infty} \dfrac{1+n}{1+n^2}$ 发散;

(3) 收敛.

因为 $u_n = \sqrt{n+1}\left(1-\cos\dfrac{\pi}{n}\right) \sim \sqrt{n+1} \cdot \dfrac{1}{2}\left(\dfrac{\pi}{n}\right)^2$ $(n \to \infty)$,令 $v_n = \dfrac{\sqrt{n}}{n^2}$,则

$$\lim_{n \to \infty} \dfrac{u_n}{v_n} = \lim_{n \to \infty} \dfrac{\sqrt{n+1}\left(1-\cos\dfrac{\pi}{n}\right)}{\dfrac{\sqrt{n}}{n^2}} = \lim_{n \to \infty} \dfrac{\sqrt{n+1} \cdot \dfrac{1}{2}\left(\dfrac{\pi}{n}\right)^2}{\dfrac{\sqrt{n}}{n^2}} = \dfrac{\pi^2}{2},$$

而级数 $\sum_{n=1}^{\infty} \dfrac{\sqrt{n}}{n^2} = \sum_{n=1}^{\infty} \dfrac{1}{n^{\frac{3}{2}}}$ 收敛,根据比较审敛法的极限形式知,级数 $\sum_{n=1}^{\infty} \sqrt{n+1}\left(1-\cos\dfrac{\pi}{n}\right)$ 收敛;

(4) 发散.

因为 $u_n = \dfrac{1}{n\sqrt[n]{n}}$，令 $v_n = \dfrac{1}{n}$，则 $\lim\limits_{n\to\infty}\dfrac{u_n}{v_n} = \lim\limits_{n\to\infty}\dfrac{\frac{1}{n\sqrt[n]{n}}}{\frac{1}{n}} = \lim\limits_{n\to\infty}\dfrac{1}{\sqrt[n]{n}} = 1$，而级数 $\sum\limits_{n=1}^{\infty}\dfrac{1}{n}$ 发散，

根据比较审敛法的极限形式知，级数 $\sum\limits_{n=1}^{\infty}\dfrac{1}{n\sqrt[n]{n}}$ 发散；

（5）收敛.

因为 $\sin\dfrac{3\pi}{8^n} \leq \dfrac{3\pi}{8^n}$，又 $\sum\limits_{n=1}^{\infty}\dfrac{3\pi}{8^n}$ 收敛（因为等比级数公比小于1），由比较审敛法

知 $\sum\limits_{n=1}^{\infty}\sin\dfrac{3\pi}{8^n}$ 收敛；

（6）发散.

因为 $u_n = \dfrac{1}{\sqrt{n}}\sin\dfrac{2}{\sqrt{n}}$，令 $v_n = \dfrac{1}{n}$，则

$$\lim_{n\to\infty}\dfrac{u_n}{v_n} = \lim_{n\to\infty}\dfrac{\frac{1}{\sqrt{n}}\sin\frac{2}{\sqrt{n}}}{\frac{1}{n}} = \lim_{n\to\infty}\dfrac{\frac{1}{\sqrt{n}}\cdot\frac{2}{\sqrt{n}}}{\frac{1}{n}} = 2$$

而级数 $\sum\limits_{n=1}^{\infty}\dfrac{1}{n}$ 发散，根据比较审敛法的极限形式知，级数 $\sum\limits_{n=1}^{\infty}\dfrac{1}{\sqrt{n}}\sin\dfrac{2}{\sqrt{n}}$ 发散.

2. **解** （1）发散.

因为 $\lim\limits_{n\to\infty}\dfrac{u_{n+1}}{u_n} = \lim\limits_{n\to\infty}\dfrac{\frac{5^{n+1}}{(n+1)\cdot 3^{n+1}}}{\frac{5^n}{n\cdot 3^n}} = \dfrac{5}{3}\lim\limits_{n\to\infty}\dfrac{n}{n+1} = \dfrac{5}{3} > 1$，根据比值审敛法知，级数

$\sum\limits_{n=1}^{\infty}\dfrac{5^n}{n\cdot 3^n}$ 发散；

（2）收敛.

因为 $\lim\limits_{n\to\infty}\dfrac{u_{n+1}}{u_n} = \lim\limits_{n\to\infty}\dfrac{\frac{(n+1)!\cdot 3^{n+1}}{(n+1)^{n+1}}}{\frac{n!\cdot 3^n}{n^n}} = \lim\limits_{n\to\infty}\dfrac{3}{(n+1)^n/n^n} = \lim\limits_{n\to\infty}\dfrac{3}{\left(1+\frac{1}{n}\right)^n} = \dfrac{3}{e} > 1$，根据比值审敛

法知，级数 $\sum\limits_{n=1}^{\infty}\dfrac{n!\cdot 3^n}{n^n}$ 发散；

（3）收敛.

因为 $\lim\limits_{n\to\infty}\dfrac{u_{n+1}}{u_n}=\lim\limits_{n\to\infty}\dfrac{(n+1)\tan\dfrac{\pi}{2^{n+2}}}{n\tan\dfrac{\pi}{2^{n+1}}}=\lim\limits_{n\to\infty}\dfrac{(n+1)\cdot\dfrac{\pi}{2^{n+2}}}{n\cdot\dfrac{\pi}{2^{n+1}}}=\dfrac{1}{2}<1$，根据比值审敛法可

知，级数 $\sum\limits_{n=1}^{\infty}n\tan\dfrac{\pi}{2^{n+1}}$ 收敛．

3. **解** （1）发散．

因为 $\sqrt{\dfrac{n+2}{2n+1}}\geqslant\sqrt{\dfrac{n+2}{2n+2}}=\sqrt{\dfrac{1}{2}}$，又 $\sum\limits_{n=1}^{\infty}\sqrt{\dfrac{1}{2}}$ 发散，由比较审敛法知 $\sum\limits_{n=1}^{\infty}\sqrt{\dfrac{n+2}{2n+1}}$ 发散；

（2）发散．

因为 $\lim\limits_{n\to\infty}\dfrac{u_{n+1}}{u_n}=\lim\limits_{n\to\infty}\dfrac{\dfrac{(n+1)!}{5^{n+1}}}{\dfrac{n!}{5^n}}=\lim\limits_{n\to\infty}\dfrac{n+1}{5}=+\infty$，根据比值审敛法知，级数 $\sum\limits_{n=1}^{\infty}\dfrac{n!}{5^n}$ 发散；

（3）收敛．

因为 $u_n=\ln\left(\dfrac{n+2^n}{2^n}\right)=\ln\left(1+\dfrac{n}{2^n}\right)$，令 $v_n=\dfrac{n}{2^n}$，则

$$\lim_{n\to\infty}\dfrac{u_n}{v_n}=\lim_{n\to\infty}\dfrac{\ln\left(1+\dfrac{n}{2^n}\right)}{\dfrac{n}{2^n}}=1$$

对于级数 $\sum\limits_{n=1}^{\infty}\dfrac{n}{2^n}$，因为 $\lim\limits_{n\to\infty}\dfrac{u_{n+1}}{u_n}=\lim\limits_{n\to\infty}\dfrac{\dfrac{n+1}{2^{n+1}}}{\dfrac{n}{2^n}}=\lim\limits_{n\to\infty}\dfrac{n+1}{2^{n+1}}\cdot\dfrac{2^n}{n}=\dfrac{1}{2}<1$，根据比值审敛法

知，级数 $\sum\limits_{n=1}^{\infty}\dfrac{n}{2^n}$ 收敛，再由比较审敛法的极限形式知，级数 $\sum\limits_{n=1}^{\infty}\ln\left(\dfrac{n+2^n}{2^n}\right)$ 收敛；

（4）收敛．

由于 $\dfrac{n!}{n^n}\sin^2(nx)\leqslant\dfrac{n!}{n^n}$，对于级数 $\sum\limits_{n=1}^{\infty}\dfrac{n!}{n^n}$，因为

$$\lim_{n\to\infty}\dfrac{u_{n+1}}{u_n}=\lim_{n\to\infty}\dfrac{\dfrac{(n+1)!}{(n+1)^{n+1}}}{\dfrac{n!}{n^n}}=\lim_{n\to\infty}\left(\dfrac{n}{n+1}\right)^n=\lim_{n\to\infty}\dfrac{1}{\left(1+\dfrac{1}{n}\right)^n}=\dfrac{1}{\mathrm{e}}<1$$

根据比值审敛法知，级数 $\sum\limits_{n=1}^{\infty}\dfrac{n!}{n^n}$ 收敛．再由比较审敛法知，级数 $\sum\limits_{n=1}^{\infty}\dfrac{n!}{n^n}\sin^2(nx)$ 收敛；

（5）收敛．

因为 $\lim\limits_{n\to\infty}\sqrt[n]{u_n}=\lim\limits_{n\to\infty}\sqrt[n]{\dfrac{1}{[\ln(n+1)]^n}}=\lim\limits_{n\to\infty}\dfrac{1}{\ln(n+1)}=0<1$,根据根值审敛法可知,级数 $\sum\limits_{n=1}^{\infty}\dfrac{1}{[\ln(n+1)]^n}$ 收敛.

9.3 任意项级数的绝对收敛与条件收敛

9.3.1 知识点分析

1. 交错级数及其审敛法

(1) 各项正负交替的数项级数称为交错级数. 它的一般形式为:

$$\sum_{n=1}^{\infty}(-1)^{n-1}u_n=u_1-u_2+u_3-u_4+\cdots \quad \text{或} \quad \sum_{n=1}^{\infty}(-1)^n u_n=-u_1+u_2-u_3+u_4-\cdots$$

其中 $u_n>0$($n=1,2,\cdots$).

(2) 莱布尼茨定理. 如果交错级数 $\sum\limits_{n=1}^{\infty}(-1)^{n-1}u_n$ 满足以下两个条件:

① $u_n \geqslant u_{n+1}$($n=1,2,\cdots$);

② $\lim\limits_{n\to\infty}u_n=0$.

则级数 $\sum\limits_{n=1}^{\infty}(-1)^{n-1}u_n$ 收敛,且其和 $s\leqslant u_1$,其余项 r_n 的绝对值 $|r_n|\leqslant u_{n+1}$.

注 此定理为充分非必要条件.

例如级数 $1-\dfrac{1}{2^2}+\dfrac{1}{3^3}-\dfrac{1}{4^2}+\cdots+\dfrac{1}{(2n-1)^3}-\dfrac{1}{(2n)^2}+\cdots$ 是收敛的,但其 u_n 趋于 $0(n\to\infty)$ 时并不具有单调递减性.

2. 绝对收敛与条件收敛

(1) 如果由级数 $\sum\limits_{n=1}^{\infty}u_n$ 各项的绝对值所构成的正项级数 $\sum\limits_{n=1}^{\infty}|u_n|$ 收敛,则称级数 $\sum\limits_{n=1}^{\infty}u_n$ 绝对收敛; 如果级数 $\sum\limits_{n=1}^{\infty}u_n$ 收敛,而级数 $\sum\limits_{n=1}^{\infty}|u_n|$ 发散,则称级数 $\sum\limits_{n=1}^{\infty}u_n$ 条件收敛.

(2) 绝对收敛的级数必收敛. 即当级数 $\sum\limits_{n=1}^{\infty}|u_n|$ 收敛时,级数 $\sum\limits_{n=1}^{\infty}u_n$ 必收敛.

注 对于任意项级数 $\sum\limits_{n=1}^{\infty}u_n$,如果我们用正项级数的审敛法判定级数 $\sum\limits_{n=1}^{\infty}|u_n|$

收敛，则此级数收敛，且为绝对收敛.

（3）若任意项级数 $\sum_{n=1}^{\infty} u_n = u_1 + u_2 + \cdots + u_n + \cdots$ 满足条件

$$\lim_{n \to \infty} \left| \frac{u_{n+1}}{u_n} \right| = \rho \quad (\text{或} \lim_{n \to \infty} \sqrt[n]{|u_n|} = \rho)$$

其中 ρ 可以为 $+\infty$，则当 $\rho < 1$ 时，级数 $\sum_{n=1}^{\infty} u_n$ 收敛，且为绝对收敛；当 $\rho > 1$ 时，级数 $\sum_{n=1}^{\infty} u_n$ 发散.

注 一般情况下，级数 $\sum_{n=1}^{\infty} |u_n|$ 发散，不能判定级数 $\sum_{n=1}^{\infty} u_n$ 也发散. 但是若用比值审敛法或者根值审敛法判定 $\sum_{n=1}^{\infty} |u_n|$ 发散，则 $\sum_{n=1}^{\infty} u_n$ 亦发散.

3. 判定任意项级数敛散性的步骤

（1）求极限 $\lim_{n \to \infty} u_n$. 若 $\lim_{n \to \infty} u_n \neq 0$，则直接判定级数 $\sum_{n=1}^{\infty} u_n$ 发散；若 $\lim_{n \to \infty} u_n = 0$，则进行步骤（2）；

（2）判断级数 $\sum_{n=1}^{\infty} |u_n|$ 的敛散性.

若级数 $\sum_{n=1}^{\infty} |u_n|$ 收敛（用正项级数审敛法），则级数 $\sum_{n=1}^{\infty} u_n$ 绝对收敛；

若级数 $\sum_{n=1}^{\infty} |u_n|$ 发散（用正项级数审敛法），则进行步骤（3）；

（3）判断级数 $\sum_{n=1}^{\infty} u_n$ 的敛散性.

若级数 $\sum_{n=1}^{\infty} u_n$ 收敛，则级数 $\sum_{n=1}^{\infty} u_n$ 条件收敛；

若级数 $\sum_{n=1}^{\infty} u_n$ 发散，则级数 $\sum_{n=1}^{\infty} u_n$ 发散.

9.3.2 典例解析

例 1 判定级数 $\sum_{n=1}^{\infty} (-1)^{n-1} \sin \frac{1}{n}$ 的敛散性.

解 所给的级数为交错级数，且满足以下条件：

（1）$u_n = \sin\dfrac{1}{n} > u_{n+1} = \sin\dfrac{1}{n+1}$ ($n=1,2,\cdots$)；

（2）$\lim\limits_{n\to\infty} u_n = \lim\limits_{n\to\infty} \sin\dfrac{1}{n} = 0$.

因此根据莱布尼茨定理可知，级数 $\sum\limits_{n=1}^{\infty}(-1)^{n-1}\sin\dfrac{1}{n}$ 收敛.

点拨 第一个条件通常有三种判定方法：

（1）看 $u_n - u_{n+1}$ 是否大于 0；

（2）看 $\dfrac{u_n}{u_{n+1}}$ 是否大于 1；

（3）令 $f(x) = u_n$（将 n 换成 x），看 $f(x)$ 是否单调递减.

例2 判定级数 $\sum\limits_{n=1}^{\infty}(-1)^{n-1}\dfrac{n}{3n+1}$ 的敛散性.

解 因为 $\lim\limits_{n\to\infty}\dfrac{n}{3n+1} = \dfrac{1}{3} \neq 0$，所以 $\lim\limits_{n\to\infty}(-1)^{n-1}\dfrac{n}{3n+1} \neq 0$，故由级数收敛的必要条件知，原级数发散.

例3 判定级数 $\sum\limits_{n=1}^{\infty}(-1)^{n-1}\dfrac{1}{\sqrt{n^2+1}}$ 的敛散性. 若收敛，指出其是绝对收敛还是条件收敛.

解 先判断 $\sum\limits_{n=1}^{\infty}\left|(-1)^{n-1}\dfrac{1}{\sqrt{n^2+1}}\right|$，即 $\sum\limits_{n=1}^{\infty}\dfrac{1}{\sqrt{n^2+1}}$ 的敛散性.

因为 $\lim\limits_{n\to\infty}\dfrac{\dfrac{1}{\sqrt{(n+1)^2+1}}}{\dfrac{1}{n}} = \lim\limits_{n\to\infty}\dfrac{n}{\sqrt{(n+1)^2+1}} = \lim\limits_{n\to\infty}\dfrac{1}{\sqrt{\left(1+\dfrac{1}{n}\right)^2 + \dfrac{1}{n^2}}} = 1$，

而调和级数 $\sum\limits_{n=1}^{\infty}\dfrac{1}{n}$ 发散，故由比较审敛法的极限形式可知，级数 $\sum\limits_{n=1}^{\infty}\dfrac{1}{\sqrt{n^2+1}}$ 发散，而 $u_n = \dfrac{1}{\sqrt{n^2+1}} > u_{n+1} = \dfrac{1}{\sqrt{(n+1)^2+1}}$，且 $\lim\limits_{n\to\infty}u_n = \lim\limits_{n\to\infty}\dfrac{1}{\sqrt{n^2+1}} = 0$，故级数 $\sum\limits_{n=1}^{\infty}(-1)^{n-1}\dfrac{1}{\sqrt{n^2+1}}$ 条件收敛.

例4 判定级数 $\sum\limits_{n=1}^{\infty}(-1)^{n-1}\dfrac{1}{n\cdot 2^n}$ 的敛散性. 若收敛，指出其是绝对收敛还是条件收敛.

解 先判断 $\sum_{n=1}^{\infty}\left|(-1)^{n-1}\dfrac{1}{n\cdot 2^n}\right|$，即 $\sum_{n=1}^{\infty}\dfrac{1}{n\cdot 2^n}$ 的敛散性.

因为 $\lim\limits_{n\to\infty}\dfrac{\dfrac{1}{(n+1)\cdot 2^{n+1}}}{\dfrac{1}{n\cdot 2^n}}=\lim\limits_{n\to\infty}\dfrac{n\cdot 2^n}{(n+1)\cdot 2^{n+1}}=\dfrac{1}{2}<1$，

而 $\sum_{n=1}^{\infty}\dfrac{1}{2^n}$ 收敛（等比级数且公比小于1），故由比值审敛法可知级数 $\sum_{n=1}^{\infty}\dfrac{1}{n\cdot 2^n}$ 收敛，

故原级数 $\sum_{n=1}^{\infty}(-1)^{n-1}\dfrac{1}{n\cdot 2^n}$ 绝对收敛.

9.3.3 习题

1．讨论下列交错级数的敛散性：

（1） $\sum_{n=1}^{\infty}(-1)^n\sqrt{\dfrac{n}{5n+8}}$；   （2） $\sum_{n=1}^{\infty}(-1)^{n-1}\sin\dfrac{1}{2n}$．

2．判定下列级数是否收敛．如果收敛，是绝对收敛还是条件收敛．

（1） $\sum_{n=1}^{\infty}(-1)^{n-1}\dfrac{n}{3^{n-1}}$；   （2） $\sum_{n=1}^{\infty}(-1)^n\dfrac{3^n n!}{n^n}$；

（3） $\sum_{n=1}^{\infty}\dfrac{1}{n}\sin\dfrac{n\pi}{2}$；   （4） $\sum_{n=1}^{\infty}\dfrac{x^n}{n!}$；

（5） $\sum_{n=1}^{\infty}(-1)^n\dfrac{n}{2n+1}$．

9.3.4 习题详解

1．**解** （1）发散．

因为 $\lim\limits_{n\to\infty}(-1)^n\sqrt{\dfrac{n}{5n+8}}\neq 0$，故 $\sum_{n=1}^{\infty}(-1)^n\sqrt{\dfrac{n}{5n+8}}$ 发散；

（2）收敛．

令 $u_n=\sin\dfrac{1}{2n}$，则 $u_{n+1}=\sin\dfrac{1}{2(n+1)}$，则有

① $u_n=\sin\dfrac{1}{2n}>u_{n+1}=\sin\dfrac{1}{2(n+1)}$；

② $\lim\limits_{n\to\infty}u_n=\lim\limits_{n\to\infty}\sin\dfrac{1}{2n}=0$，根据莱布尼茨定理知，级数 $\sum_{n=1}^{\infty}(-1)^{n-1}\sin\dfrac{1}{2n}$ 收敛．

2．**解** （1）绝对收敛．

先判断 $\sum_{n=1}^{\infty}\left|(-1)^{n-1}\dfrac{n}{3^{n-1}}\right|$，即 $\sum_{n=1}^{\infty}\dfrac{n}{3^{n-1}}$ 的敛散性，

因为 $\lim\limits_{n\to\infty}\dfrac{u_{n+1}}{u_n}=\lim\limits_{n\to\infty}\dfrac{\frac{n+1}{3^n}}{\frac{n}{3^{n-1}}}=\lim\limits_{n\to\infty}\dfrac{n+1}{3n}=\dfrac{1}{3}<1$

根据比值审敛法可知级数 $\sum_{n=1}^{\infty}\dfrac{n}{3^{n-1}}$ 收敛，故级数 $\sum_{n=1}^{\infty}(-1)^{n-1}\dfrac{n}{3^{n-1}}$ 绝对收敛；

（2）发散.

先判断 $\sum_{n=1}^{\infty}\left|(-1)^{n-1}\dfrac{3^n n!}{n^n}\right|$，即 $\sum_{n=1}^{\infty}\dfrac{3^n n!}{n^n}$ 的敛散性，

因为 $\lim\limits_{n\to\infty}\dfrac{u_{n+1}}{u_n}=\lim\limits_{n\to\infty}\dfrac{\frac{(n+1)!\cdot 3^{n+1}}{(n+1)^{n+1}}}{\frac{n!\cdot 3^n}{n^n}}=\lim\limits_{n\to\infty}\dfrac{3}{\frac{(n+1)^n}{n^n}}=\lim\limits_{n\to\infty}\dfrac{3}{\left(1+\frac{1}{n}\right)^n}=\dfrac{3}{e}>1$

根据比值审敛法可知级数 $\sum_{n=1}^{\infty}\dfrac{3^n n!}{n^n}$ 发散，故级数 $\sum_{n=1}^{\infty}(-1)^{n-1}\dfrac{n}{3^{n-1}}$ 发散；

（3）条件收敛.

$$\sum_{n=1}^{\infty}\dfrac{1}{n}\sin\dfrac{n\pi}{2}=\sum_{n=1}^{\infty}(-1)^{n-1}\dfrac{1}{2n-1}$$

先判断 $\sum_{n=1}^{\infty}\left|(-1)^{n-1}\dfrac{1}{2n-1}\right|$，即 $\sum_{n=1}^{\infty}\dfrac{1}{2n-1}$ 的敛散性，

因为 $\dfrac{1}{2n-1}\geq\dfrac{1}{2n}$，而级数 $\sum_{n=1}^{\infty}\dfrac{1}{2n}=\dfrac{1}{2}\sum_{n=1}^{\infty}\dfrac{1}{n}$ 发散，根据比较审敛法可知级数 $\sum_{n=1}^{\infty}\dfrac{1}{2n-1}$ 发散，

再判断 $\sum_{n=1}^{\infty}(-1)^{n-1}\dfrac{1}{2n-1}$ 的敛散性，级数 $\sum_{n=1}^{\infty}(-1)^{n-1}\dfrac{1}{2n-1}$ 为交错级数，

令 $u_n=\dfrac{1}{2n-1}$，则 $u_{n+1}=\dfrac{1}{2n+1}$，则有

① $u_n=\dfrac{1}{2n-1}>u_{n+1}=\dfrac{1}{2n+1}$；

② $\lim\limits_{n\to\infty}u_n=\lim\limits_{n\to\infty}\dfrac{1}{2n-1}=0$，

根据莱布尼茨定理知级数 $\sum_{n=1}^{\infty}(-1)^{n-1}\dfrac{1}{2n-1}$ 收敛，故级数 $\sum_{n=1}^{\infty}\dfrac{1}{n}\sin\dfrac{n\pi}{2}$ 条件收敛；

(4) 绝对收敛.

先判断 $\sum_{n=1}^{\infty}\left|\dfrac{x^n}{n!}\right|$，即 $\sum_{n=1}^{\infty}\dfrac{|x|^n}{n!}$ 的敛散性，

因为 $\lim\limits_{n\to\infty}\dfrac{u_{n+1}}{u_n}=\lim\limits_{n\to\infty}\dfrac{\frac{|x|^{n+1}}{(n+1)!}}{\frac{|x|^n}{n!}}=\lim\limits_{n\to\infty}\dfrac{|x|}{n+1}=0<1$，

根据比值审敛法可知级数 $\sum_{n=1}^{\infty}\dfrac{|x|^n}{n!}$ 收敛，故级数 $\sum_{n=1}^{\infty}\dfrac{x^n}{n!}$ 绝对收敛；

(5) 发散.

因为 $\lim\limits_{n\to\infty}u_n=\lim\limits_{n\to\infty}(-1)^n\dfrac{n}{2n+1}\neq 0$，故级数 $\sum_{n=1}^{\infty}(-1)^n\dfrac{n}{2n+1}$ 发散.

9.4 幂级数

9.4.1 知识点分析

1. 函数项级数的概念

（1）若给定一个定义在区间 I 上的函数列

$$u_1(x),\ u_2(x),\ u_3(x),\cdots,\ u_n(x),\cdots$$

则把表达式

$$\sum_{n=1}^{\infty}u_n(x)=u_1(x)+u_2(x)+u_3(x)+\cdots+u_n(x)+\cdots$$

称为函数项无穷级数，简称函数项级数.

注 对于区间 I 上的任意一个值 x_0，函数项级数 $\sum_{n=1}^{\infty}u_n(x)$ 称为常数项级数

$$\sum_{n=1}^{\infty}u_n(x_0)=u_1(x_0)+u_2(x_0)+\cdots+u_n(x_0)+\cdots$$

（2）在收敛域内，函数项级数的和是 x 的函数，被称为函数项级数的和函数，通常记为 $s(x)$. 即 $s(x)=\sum_{n=1}^{\infty}u_n(x)=u_1(x)+u_2(x)+\cdots+u_n(x)+\cdots$. 前 n 项的部分和记作 $s_n(x)$.

注 （1）收敛域上有 $\lim\limits_{n\to\infty}s_n(x)=s(x)$；

（2）对于一般函数项级数 $\sum_{n=1}^{\infty} u_n(x)$ 敛散性的判别，往往把 x 看成常数，先讨论 $\sum_{n=1}^{\infty} |u_n(x)|$ 的敛散性，再讨论端点处的敛散性.

2. 幂级数及其收敛域

（1）形如

$$\sum_{n=0}^{\infty} a_n x^n = a_0 + a_1 x + a_2 x^2 + \cdots + a_n x^n + \cdots$$

或者

$$\sum_{n=0}^{\infty} a_n (x-x_0)^n = a_0 + a_1(x-x_0) + a_2(x-x_0)^2 + \cdots + a_n(x-x_0)^n + \cdots$$

的函数项级数称为幂级数，其中常数 a_0，a_1，a_2，$\cdots$，a_n，$\cdots$ 称为幂级数的系数.

（2）阿贝尔（Abel）定理　若幂级数 $\sum_{n=0}^{\infty} a_n x^n$ 在 $x = x_0$（$x_0 \neq 0$）处收敛，则适合不等式 $|x| < |x_0|$ 的一切 x，幂级数 $\sum_{n=0}^{\infty} a_n x^n$ 都绝对收敛；反之，若幂级数 $\sum_{n=0}^{\infty} a_n x^n$ 在 $x = x_0$ 处发散，则适合不等式 $|x| > |x_0|$ 的一切 x，幂级数 $\sum_{n=0}^{\infty} a_n x^n$ 都发散.

注　该定理表明如果幂级数 $\sum_{n=0}^{\infty} a_n x^n$ 在 $x = x_0$ 处收敛，则对于开区间 $(-|x_0|, |x_0|)$ 内的任何 x，幂级数都收敛；如果幂级数 $\sum_{n=0}^{\infty} a_n x^n$ 在 $x = x_0$ 处发散，则对于闭区间 $[-|x_0|, |x_0|]$ 外的任何 x，幂级数都发散.

（3）给定幂级数 $\sum_{n=0}^{\infty} a_n x^n$，如果其相邻两项的系数 a_n 和 a_{n+1} 满足 $\lim_{n \to \infty} \left| \frac{a_{n+1}}{a_n} \right| = \rho$，则幂级数的收敛半径

$$R = \begin{cases} \dfrac{1}{\rho}, & 0 < \rho < +\infty \\ +\infty, & \rho = 0 \\ 0, & \rho = +\infty \end{cases}$$

3. 幂级数的运算及其性质

性质 1　幂级数 $\sum_{n=0}^{\infty} a_n x^n$ 的和函数 $s(x)$ 在其收敛域 I 上连续.

性质 2　幂级数 $\sum_{n=0}^{\infty} a_n x^n$ 的和函数 $s(x)$ 在其收敛域 I 上可积，并有逐项积分

公式

$$\int_0^x s(x)\mathrm{d}x = \int_0^x \left(\sum_{n=0}^{\infty} a_n x^n\right)\mathrm{d}x = \sum_{n=0}^{\infty} \int_0^x a_n x^n \mathrm{d}x = \sum_{n=0}^{\infty} \frac{a_n}{n+1} x^{n+1} \quad (x \in I),$$

逐项积分后所得的幂级数与原幂级数有相同的收敛半径.

性质 3 幂级数 $\sum_{n=0}^{\infty} a_n x^n$ 的和函数 $s(x)$ 在其收敛区间 $(-R, R)$ 内可导，并有逐项求导公式

$$s'(x) = \left(\sum_{n=0}^{\infty} a_n x^n\right)' = \sum_{n=0}^{\infty} (a_n x^n)' = \sum_{n=1}^{\infty} n a_n x^{n-1} \quad (|x| < R),$$

逐项求导后所得的幂级数与原幂级数有相同的收敛半径.

9.4.2 典例解析

例 1 求级数 $\sum_{n=1}^{\infty} \frac{2^n}{n}(x-1)^n$ 的收敛域.

解 令 $x-1=t$，原级数变为 $\sum_{n=1}^{\infty} \frac{2^n}{n} \cdot t^n$. 先求 $\sum_{n=1}^{\infty} \frac{2^n}{n} \cdot t^n$ 的收敛域，

$\rho = \lim_{n\to\infty}\left|\frac{a_{n+1}}{a_n}\right| = \lim_{n\to\infty}\left|\frac{\frac{2^{n+1}}{n+1}}{\frac{2^n}{n}}\right| = 2$，所以 $\sum_{n=1}^{\infty} \frac{2^n}{n} \cdot t^n$ 的收敛半径 $R = \frac{1}{\rho} = \frac{1}{2}$，其收敛区间是 $\left(-\frac{1}{2}, \frac{1}{2}\right)$，$x = \frac{1}{2}$ 时，为调和级数 $\sum_{n=1}^{\infty} \frac{1}{n}$，发散；$x = -\frac{1}{2}$ 时，为交错级数为 $\sum_{n=1}^{\infty} (-1)^n \frac{1}{n}$，由莱布尼茨定理可知其收敛，故 $\sum_{n=1}^{\infty} \frac{2^n}{n} \cdot t^n$ 的收敛域为 $\left[-\frac{1}{2}, \frac{1}{2}\right)$，从而原级数的收敛域为 $\left[\frac{1}{2}, \frac{3}{2}\right)$.

例 2 求下列幂级数的收敛半径与收敛域：

（1）$\sum_{n=1}^{\infty} \frac{(-1)^n x^n}{n^2}$；（2）$\sum_{n=1}^{\infty} \frac{x^n}{5^n \cdot n!}$.

解（1）因为 $\rho = \lim_{n\to\infty}\left|\frac{a_{n+1}}{a_n}\right| = \lim_{n\to\infty}\left|\frac{\frac{(-1)^{n+1}}{(n+1)^2}}{\frac{(-1)^n}{n^2}}\right| = 1$，所以幂级数的收敛半径 $R = \frac{1}{\rho} = 1$，

其收敛区间是 $(-1, 1)$.

当 $x=-1$ 时，级数 $\sum_{n=1}^{\infty}\dfrac{(-1)^n x^n}{n^2}$ 为 p 级数 $\sum_{n=1}^{\infty}\dfrac{1}{n^2}$，此级数收敛；

当 $x=1$ 时，级数 $\sum_{n=1}^{\infty}\dfrac{(-1)^n x^n}{n^2}$ 为交错级数 $\sum_{n=1}^{\infty}\dfrac{(-1)^n}{n^2}$，此级数收敛．

因此，收敛域为 $[-1,1]$．

点拨 先求收敛半径，根据收敛半径求出收敛区间，再判定端点处的敛散性，从而得出收敛域．

（2）因为 $\rho=\lim\limits_{n\to\infty}\left|\dfrac{a_{n+1}}{a_n}\right|=\lim\limits_{n\to\infty}\left|\dfrac{\frac{1}{5^{n+1}\cdot(n+1)!}}{\frac{1}{5^n\cdot n!}}\right|=\lim\limits_{n\to\infty}\left|\dfrac{1}{5\cdot(n+1)}\right|=0$，所以幂级数的收敛半径 $R=+\infty$，其收敛区间是 $(-\infty,\infty)$，因此收敛域为 $(-\infty,\infty)$．

例 3 求幂级数 $\sum\limits_{n=1}^{\infty} nx^{n-1}$ 的和函数．

解 幂级数只有在收敛域中才有和函数，故先求收敛域．由

$$\rho=\lim_{n\to\infty}\left|\dfrac{a_{n+1}}{a_n}\right|=\lim_{n\to\infty}\dfrac{n+1}{n}=1$$

得收敛半径 $R=1$，收敛区间为 $(-1,1)$．

当 $x=-1$ 时，级数变为 $\sum\limits_{n=1}^{\infty}(-1)^{n-1}n$，此级数发散；

当 $x=1$ 时，级数变为 $\sum\limits_{n=1}^{\infty}n$，此级数发散．因此原级数的收敛域为 $(-1,1)$．

在收敛域 $(-1,1)$ 上，设和函数 $s(x)=\sum\limits_{n=1}^{\infty}nx^{n-1}$，于是

$$\int_0^x s(x)\mathrm{d}x=\sum_{n=1}^{\infty}\int_0^x nx^{n-1}\mathrm{d}x=\sum_{n=1}^{\infty}x^n=\dfrac{x}{1-x}\quad(|x|<1)$$

所以

$$s(x)=\left(\dfrac{x}{1-x}\right)'=\dfrac{1}{(1-x)^2}\quad(|x|<1)$$

即

$$\sum_{n=1}^{\infty}nx^{n-1}=\dfrac{1}{(1-x)^2}\quad(|x|<1).$$

9.4.3 习题

1．求下列幂级数的收敛域：

(1) $\sum_{n=1}^{\infty} \frac{x^n}{n \cdot 3^n}$；

(2) $\sum_{n=1}^{\infty} \frac{n!}{2n+1} x^n$；

(3) $\sum_{n=1}^{\infty} \frac{(x-5)^n}{\sqrt{n}}$；

(4) $\sum_{n=1}^{\infty} \frac{(-1)^n x^n}{n}$；

(5) $\sum_{n=1}^{\infty} (-1)^{n-1} \frac{x^{2n+1}}{2n+1}$；

(6) $\sum_{n=2}^{\infty} \frac{(-1)^n}{4^n (2n+1)} (x-1)^{2n}$．

2．利用逐项求导或逐项积分求下列幂级数的和函数：

(1) $\sum_{n=1}^{\infty} n x^{n-1}$；

(2) $\sum_{n=1}^{\infty} \frac{x^{n-1}}{n \cdot 2^{n-1}}$；

(3) $\sum_{n=0}^{\infty} (n+1)(n+2) x^n$．

9.4.4 习题详解

1．**解** （1）因为 $\rho = \lim_{n \to \infty} \left| \frac{a_{n+1}}{a_n} \right| = \lim_{n \to \infty} \left| \frac{\frac{1}{(n+1) \cdot 3^{n+1}}}{\frac{1}{n \cdot 3^n}} \right| = \lim_{n \to \infty} \frac{1}{3} \frac{n}{n+1} = \frac{1}{3}$，所以幂级数

的收敛半径 $R = \frac{1}{\rho} = 5$，其收敛区间是 $(-3,3)$．当 $x = -3$ 时，级数为交错级数

$\sum_{n=1}^{\infty} \frac{(-3)^n}{n \cdot 3^n} = \sum_{n=1}^{\infty} (-1)^n \frac{1}{n}$，由莱布尼茨定理知此级数收敛；当 $x = 3$ 时，级数为调和级

数 $\sum_{n=1}^{\infty} \frac{3^n}{n \cdot 3^n} = \sum_{n=1}^{\infty} \frac{1}{n}$，此级数发散．因此，收敛域为 $[-3,3)$；

（2）因为 $\rho = \lim_{n \to \infty} \left| \frac{a_{n+1}}{a_n} \right| = \lim_{n \to \infty} \left| \frac{\frac{(n+1)!}{2n+3}}{\frac{n!}{2n+1}} \right| = \lim_{n \to \infty} (n+1) \frac{2n+1}{2n+3} = +\infty$，所以幂级数的收

敛半径 $R = 0$，故幂级数仅在 $x = 0$ 处收敛；

（3）令 $t = x - 5$，则原级数变为 $\sum_{n=1}^{\infty} \frac{1}{\sqrt{n}} t^n$．因为 $\rho = \lim_{n \to \infty} \left| \frac{a_{n+1}}{a_n} \right| = \lim_{n \to \infty} \frac{\frac{1}{\sqrt{n+1}}}{\frac{1}{\sqrt{n}}} = 1$，

所以级数 $\sum_{n=1}^{\infty} \frac{1}{\sqrt{n}} t^n$ 的收敛半径 $R = 1$．收敛区间 $|t| < 1$，即 $4 < x < 6$．当 $x = 4$ 时，

级数为 $\sum_{n=0}^{\infty} \frac{(-1)^n}{\sqrt{n}}$，由莱布尼茨定理知此级数收敛；当 $x = 6$ 时，级数为调和级数

$\sum_{n=0}^{\infty} \frac{1}{n}$，此级数发散.因此原级数的收敛域为 $[4,6]$；

（4）因为 $\rho = \lim_{n \to \infty} \left| \frac{a_{n+1}}{a_n} \right| = \lim_{n \to \infty} \left| \frac{\frac{1}{(n+1)}}{\frac{1}{n}} \right| = 1$，所以幂级数的收敛半径 $R = \frac{1}{\rho} = 1$，其收敛区间是 $(-1,1)$. 当 $x = -1$ 时，级数为调和级数 $\sum_{n=0}^{\infty} \frac{1}{n}$，此级数发散；当 $x = 1$ 时，级数为 $\sum_{n=0}^{\infty} \frac{(-1)^n}{n}$，由莱布尼茨定理知此级数收敛. 因此，收敛域为 $(-1,1]$；

（5）此级数缺少偶次幂的项，我们利用比值审敛法来求收敛半径：

$\lim_{n \to \infty} \left| \frac{\frac{1}{2n+3} x^{2n+3}}{\frac{1}{2n+1} x^{2n+1}} \right| = \lim_{n \to \infty} x^2 = x^2$，当 $x^2 < 1$，即 $|x| < 1$ 时，级数收敛；当 $x^2 > 1$，即 $|x| > 1$ 时，级数发散.所以收敛半径 $R = 1$，

当 $x = -1$ 时，级数为 $\sum_{n=1}^{\infty} (-1)^n \frac{1}{2n+1}$，由莱布尼茨定理知此级数收敛，

当 $x = -1$ 时，级数为 $\sum_{n=1}^{\infty} (-1)^{n-1} \frac{1}{2n+1}$，由莱布尼茨定理知此级数收敛，因此原级数的收敛域为 $[-1,1]$；

（6）利用比值审敛法求收敛域，$\lim_{n \to \infty} \left| \frac{\frac{(x-1)^{2n+2}}{4^{n+1} \cdot (2n+3)}}{\frac{(x-1)^{2n}}{4^n \cdot (2n+1)}} \right| = \lim_{n \to \infty} \frac{1}{4}(x-1)^2 = \frac{1}{4}(x-1)^2$，

当 $\frac{1}{4}(x-1)^2 < 1$，即 $-1 < x < 3$ 时，级数收敛；当 $\frac{1}{4}(x-1)^2 > 1$，即 $x > 3$ 或 $x < -1$ 时，级数发散，所以原级数的收敛区间为 $(-1,3)$；当 $x = -1$ 或 $x = 3$ 时，级数均为 $\sum_{n=0}^{\infty} \frac{(-1)^n}{2n+1}$，由莱布尼茨定理知此级数收敛，因此原级数的收敛域为 $[-1,3]$.

2. **解** （1）幂级数只有在收敛域中才有和函数，故先求收敛域. 由

$$\rho = \lim_{n \to \infty} \left| \frac{a_{n+1}}{a_n} \right| = \lim_{n \to \infty} \frac{n+1}{n} = 1$$

得收敛半径 $R = 1$，收敛区间为 $(-1,1)$.

当 $x = -1$ 时，级数为 $\sum_{n=1}^{\infty} (-1)^{n-1} n$，此级数发散；当 $x = 1$ 时，级数变为 $\sum_{n=1}^{\infty} n$，

此级数发散，因此原级数的收敛域为 $(-1,1)$. 在收敛域 $(-1,1)$ 上，设和函数 $s(x) = \sum_{n=1}^{\infty} nx^{n-1}$，于是

$$\int_0^x s(x)dx = \int_0^x \left(\sum_{n=1}^{\infty} nx^{n-1}\right) dx = \sum_{n=1}^{\infty} \int_0^x nx^{n-1} dx = \sum_{n=1}^{\infty} x^n = \frac{x}{1-x} \quad (x \in (-1,1))$$

故
$$s(x) = \left(\int_0^x s(x)dx\right)' = \left(\frac{x}{1-x}\right)' = \frac{1}{(1-x)^2} \quad (-1 < x < 1);$$

（2）幂级数只有在收敛域中才有和函数，故先求收敛域.

由 $\rho = \lim_{n \to \infty} \left|\frac{a_{n+1}}{a_n}\right| = \lim_{n \to \infty} \dfrac{\dfrac{1}{(n+1)\cdot 2^n}}{\dfrac{1}{n \cdot 2^{n-1}}} = \frac{1}{2}$，得收敛半径 $R = \frac{1}{2}$，收敛区间为 $(-2,2)$.

当 $x = -2$ 时，级数为交错级数 $\sum_{n=1}^{\infty} \frac{(-1)^{n-1}}{n}$，由莱布尼茨定理知可此级数收敛；

当 $x = 2$ 时，级数为调和级数 $\sum_{n=1}^{\infty} \frac{1}{n}$，此级数发散. 因此原级数的收敛域为 $[-2,2)$.

在收敛域 $[-2,2)$ 上，设和函数 $s(x) = \sum_{n=1}^{\infty} \frac{x^{n-1}}{n \cdot 2^{n-1}} = \sum_{n=1}^{\infty} \frac{\left(\frac{x}{2}\right)^{n-1}}{n}$，于是 $x \cdot s(x) = 2\sum_{n=1}^{\infty} \frac{\left(\frac{x}{2}\right)^n}{n}$.

利用幂级数性质，得

$$(x \cdot s(x))' = \left(2\sum_{n=1}^{\infty} \frac{\left(\frac{x}{2}\right)^n}{n}\right)' = \sum_{n=0}^{\infty} \left(\frac{x}{2}\right)^{n-1} = \frac{1}{1-\frac{x}{2}} = \frac{2}{2-x} \quad (x \in [-2,2))$$

对上式从 0 到 x 积分，得

$$\int_0^x (xs(x))' dx = xs(x) = \int_0^x \frac{2}{2-x} dx = 2\ln\left(\frac{2}{2-x}\right) \quad (-2 \leqslant x < 2).$$

当 $x \neq 0$ 时，有 $s(x) = \frac{2}{x}\ln\left(\frac{2}{2-x}\right) \quad (-2 \leqslant x < 2)$. 而将 $x = 0$ 代入 $s(x) = \sum_{n=1}^{\infty} \frac{x^{n-1}}{n \cdot 2^{n-1}}$ 可得 $s(0) = 1$，故

$$S(x) = \begin{cases} \dfrac{2}{x}\ln\left(\dfrac{2}{2-x}\right), & x \in [-2,0) \cup (0,2) \\ 1, & x = 0 \end{cases}$$

（3）幂级数只有在收敛域中才有和函数，故先求收敛域.

由 $\rho = \lim\limits_{n\to\infty}\left|\dfrac{a_{n+1}}{a_n}\right| = \lim\limits_{n\to\infty}\dfrac{(n+2)(n+3)}{(n+1)(n+2)} = 1$，得收敛半径 $R=1$，收敛区间为 $(-1,1)$.

当 $x=-1$ 时，级数为 $\sum\limits_{n=0}^{\infty}(-1)^n(n+1)(n+2)$，此级数发散；

当 $x=1$ 时，级数为 $\sum\limits_{n=0}^{\infty}(n+1)(n+2)$，此级数发散.

因此原级数的收敛域为 $(-1,1)$. 在收敛域 $(-1,1)$ 上，设和函数

$$S(x) = \sum_{n=0}^{\infty}(n+1)(n+2)x^n$$

于是 $\int_0^x s(x)\mathrm{d}x = \int_0^x\left(\sum\limits_{n=0}^{\infty}(n+1)(n+2)x^n\right)\mathrm{d}x = \sum\limits_{n=1}^{\infty}\int_0^x(n+1)(n+2)x^n\mathrm{d}x = \sum\limits_{n=0}^{\infty}(n+2)x^{n+1}$，

记 $s_1(x) = \sum\limits_{n=0}^{\infty}(n+2)x^{n+1}$，于是

$$\int_0^x s_1(x)\mathrm{d}x = \sum_{n=0}^{\infty}\int_0^x(n+2)x^{n+1}\mathrm{d}x = \int_0^x\left(\sum_{n=0}^{\infty}(n+2)x^{n+1}\right)\mathrm{d}x = \sum_{n=0}^{\infty}x^{n+2}$$

$$= \dfrac{x^2}{1-x}\ (x\in(-1,1)).$$

故 $s(x) = \left(\int_0^x s(x)\mathrm{d}x\right)' = (s_1(x))' = \left(\int_0^x s_1(x)\mathrm{d}x\right)'' = \left(\dfrac{x^2}{1-x}\right)'' = \left(\dfrac{2x-x^2}{(1-x)^2}\right)' = \dfrac{2}{(1-x)^3}$

$(-1<x<1)$.

9.5 函数展开成幂级数

9.5.1 知识点分析

1. 泰勒级数与麦克劳林级数

（1）**泰勒定理** 如果函数 $f(x)$ 在含有 x_0 的某个开区间 (a,b) 上具有直到 $(n+1)$ 阶的导数，则对任意 $x\in(a,b)$，有

$$f(x) = f(x_0) + f'(x_0)(x-x_0) + \dfrac{f''(x_0)}{2!}(x-x_0)^2 + \cdots + \dfrac{f^{(n)}(x_0)}{n!}(x-x_0)^n + R_n(x)$$

（其中 $R_n(x) = \dfrac{f^{(n+1)}(\xi)}{(n+1)!}(x-x_0)^{n+1}$，这里的 ξ 是界于 x 与 x_0 之间的某个值）此公式称为按 $(x-x_0)$ 的幂展开的 n 阶泰勒公式，其中 $R_n(x)$ 称为拉格朗日型余项.

（2）称级数 $f(x_0) + f'(x_0)(x-x_0) + \dfrac{f''(x_0)}{2!}(x-x_0)^2 + \cdots + \dfrac{f^{(n)}(x_0)}{n!}(x-x_0)^n + \cdots$ 为 $f(x)$ 在点 x_0 处的泰勒级数．而展开式

$$f(x) = \sum_{n=0}^{\infty} \dfrac{f^{(n)}(x_0)}{n!}(x-x_0)^n, \quad x \in U(x_0)$$

叫作函数 $f(x)$ 在 x_0 处的泰勒展开式．

注 函数 $f(x)$ 的泰勒级数与其泰勒展开式不是同一概念，$f(x)$ 的泰勒级数未必收敛于 $f(x)$，而 $f(x)$ 的泰勒展开式一定收敛于 $f(x)$．

2．直接展开与间接展开

（1）直接展开法．把函数 $f(x)$ 展开成 x 的幂级数的步骤：

①求出 $f(x)$ 的各阶导数；

②求出 $f(x)$ 及其各阶导数在 $x=0$ 处的值；

③写出幂级数 $f(0) + f'(0)x + \dfrac{f''(0)}{2!}x^2 + \cdots + \dfrac{f^{(n)}(0)}{n!}x^n + \cdots$，并求出收敛半径；

④考察当 $x \in (-R, R)$ 时，余项 $R_n(x) = \dfrac{f^{(n+1)}(\theta x)}{(n+1)!}x^{n+1}$ ($0<\theta<1$) 极限是否为 0，若 $\lim\limits_{n\to\infty} R_n(x) = 0$，则有

$$f(x) = f(0) + f'(0)x + \dfrac{f''(0)}{2!}x^2 + \cdots + \dfrac{f^{(n)}(0)}{n!}x^n + \cdots, \quad x \in (-R, R).$$

注 求出函数的展开式后，一定要说明相应的展开区间．

补充：$\sqrt{1+x} = 1 + \dfrac{1}{2}x - \dfrac{1}{2\cdot 4}x^2 + \dfrac{1\cdot 3}{2\cdot 4\cdot 6}x^3 - \dfrac{1\cdot 3\cdot 5}{2\cdot 4\cdot 6\cdot 8}x^4 + \cdots$ （$-1 \leqslant x \leqslant 1$），

$\dfrac{1}{\sqrt{1+x}} = 1 - \dfrac{1}{2}x + \dfrac{1\cdot 3}{2\cdot 4}x^2 - \dfrac{1\cdot 3\cdot 5}{2\cdot 4\cdot 6}x^3 + \dfrac{1\cdot 3\cdot 5\cdot 7}{2\cdot 4\cdot 6\cdot 8}x^4 - \cdots$ （$-1 < x \leqslant 1$）．

（2）间接展开法．利用一些已知函数的幂级数展开式，通过幂级数的运算（如四则运算、逐项求导、逐项积分）以及变量代换等获得所求函数的幂级数展开式．

3．常见的几个函数的幂级数展开式

$e^x = \sum\limits_{n=0}^{\infty} \dfrac{1}{n!}x^n$ （$-\infty < x < +\infty$）；

$\sin x = \sum\limits_{n=0}^{\infty} (-1)^n \dfrac{x^{2n+1}}{(2n+1)!}$ （$-\infty < x < +\infty$）；

$\cos x = \sum\limits_{n=0}^{\infty} (-1)^n \dfrac{x^{2n}}{(2n)!}$ （$-\infty < x < +\infty$）；

$$\frac{1}{1+x} = \sum_{n=0}^{\infty} (-1)^n x^n \quad (-1 < x < 1);$$

$$\ln(1+x) = \sum_{n=0}^{\infty} \frac{(-1)^n}{n+1} x^{n+1} = \sum_{n=1}^{\infty} \frac{(-1)^{n-1}}{n} x^n \quad (-1 < x \leqslant 1).$$

9.5.2 典例解析

例1 将函数 $f(x) = \sin^2 x$ 展开成 x 的幂级数.

解 由于 $\sin^2 x = \dfrac{1-\cos 2x}{2}$，所以 $\sin^2 x = \dfrac{1}{2}\left[1 - \sum_{n=0}^{\infty} \dfrac{(-1)^n (2x)^{2n}}{(2n)!}\right]$ $(x \in (-\infty, +\infty))$.

例2 将函数 $f(x) = \dfrac{1}{x^2 - x - 6}$ 展开成 $x-1$ 的幂级数.

解 由于

$$\frac{1}{x^2 - x - 6} = \frac{1}{(x-3)(x+2)} = \frac{1}{5}\left(\frac{1}{x-3} - \frac{1}{x+2}\right) = \frac{1}{5}\left[\frac{1}{-2+(x-1)} - \frac{1}{3+(x-1)}\right]$$

$$= -\frac{1}{10} \sum_{n=0}^{\infty} \left(\frac{x-1}{2}\right)^n - \frac{1}{15} \sum_{n=0}^{\infty} (-1)^n \left(\frac{x-1}{3}\right)^n$$

$$= \sum_{n=0}^{\infty} \left[-\frac{1}{10 \cdot 2^n} - \frac{(-1)^n}{15 \cdot 3^n}\right] (x-1)^n$$

上述级数中两项的展开区间分别为 $\left|\dfrac{x-1}{2}\right| < 1$ 和 $\left|\dfrac{x-1}{3}\right| < 1$，应取其小者，故展开区间为 $|x-1| < 2$，即 $-1 < x < 3$.

点拨 这两道题均采用间接法，直接法需要求出 $f(x)$ 在 $x = x_0$ 的各阶导数，还要验证余项的极限是否为 0，一般计算量比较大，所以相比较而言使用间接法计算更加简单.

9.5.3 习题

1. 将下列函数展开成 x 的幂级数，并求展开式成立的区间：

（1）a^x；

（2）$\dfrac{1}{3-x}$；

（3）$\ln\sqrt{\dfrac{1+x}{1-x}}$；

（4）$\dfrac{x}{1+x^2}$.

2. 将函数 $f(x) = \cos x$ 展开成 $x + \dfrac{\pi}{3}$ 的幂级数.

3．将函数 $f(x) = \dfrac{1}{x^2+3x+2}$ 展开成 $x+4$ 的幂级数．

9.5.4 习题详解

1．**解** （1）$f(x) = a^x$，$f'(x) = a^x \ln a$，$f''(x) = a^x \ln^2 a$，$\cdots$，$f^{(n)}(x) = a^x \ln^n a$，$\cdots$，

$f(0) = 1$，$f'(0) = \ln a$，$f''(0) = \ln^2 a$，$\cdots$，$f^{(n)}(0) = \ln^n a$，$\cdots$

得到幂级数为 $1 + (\ln a)x + \dfrac{(\ln a)^2}{2!}x^2 + \cdots + \dfrac{(\ln a)^n}{n!}x^n + \cdots$，其收敛半径 $R = +\infty$，

故 $a^x = \sum\limits_{n=0}^{\infty} \dfrac{(\ln a)^n}{n!} x^n$（$-\infty < x < +\infty$）；

（2）$\dfrac{1}{3-x} = \dfrac{1}{3} \cdot \dfrac{1}{1-\dfrac{x}{3}} = \dfrac{1}{3} \sum\limits_{n=0}^{\infty} \left(\dfrac{x}{3}\right)^n = \sum\limits_{n=0}^{\infty} \dfrac{x^n}{3^{n+1}}$，收敛区间为 $-1 < \dfrac{x}{3} < 1$，即 $-3 < x < 3$，

故 $\dfrac{1}{3-x} = \sum\limits_{n=0}^{\infty} \dfrac{x^n}{3^{n+1}}$（$-3 < x < 3$）；

（3）$\ln\sqrt{\dfrac{1+x}{1-x}} = \dfrac{1}{2}\left[\ln(1+x) - \ln(1-x)\right]$，将公式

$$\ln(1+x) = \sum\limits_{n=0}^{\infty} \dfrac{(-1)^n}{n+1} x^{n+1} = \sum\limits_{n=1}^{\infty} \dfrac{(-1)^{n-1}}{n} x^n$$

中的 x 换成 $-x$，可得 $\ln(1-x) = -\sum\limits_{n=1}^{\infty} \dfrac{1}{n} x^n$，故

$$\ln\sqrt{\dfrac{1+x}{1-x}} = \dfrac{1}{2}\left[\ln(1+x) - \ln(1-x)\right] = \dfrac{1}{2}\left[\sum\limits_{n=1}^{\infty} \dfrac{(-1)^{n-1}}{n} x^n + \sum\limits_{n=1}^{\infty} \dfrac{1}{n} x^n\right] = \sum\limits_{n=0}^{\infty} \dfrac{x^{2n+1}}{2n+1}$$

故 $\ln\sqrt{\dfrac{1+x}{1-x}} = \sum\limits_{n=0}^{\infty} \dfrac{x^{2n+1}}{2n+1}$（$-1 < x < 1$）；

（4）$\dfrac{x}{1+x^2} = x - x^3 + x^5 - x^7 + \cdots = \sum\limits_{n=0}^{\infty} (-1)^n x^{2n+1}$，收敛区间为 $x^2 < 1$，即 $-1 < x < 1$，故 $\dfrac{x}{1+x^2} = \sum\limits_{n=0}^{\infty} (-1)^n x^{2n+1}$（$-1 < x < 1$）．

2．**解** $\cos x = \cos\left(x + \dfrac{\pi}{3} - \dfrac{\pi}{3}\right) = \dfrac{1}{2}\cos\left(x + \dfrac{\pi}{3}\right) + \dfrac{\sqrt{3}}{2}\sin\left(x + \dfrac{\pi}{3}\right)$，将公式

$$\cos x = \sum\limits_{n=0}^{\infty} (-1)^n \dfrac{x^{2n}}{(2n)!} \ (-\infty < x < +\infty)$$

中的 x 换成 $x + \dfrac{\pi}{3}$ 可得

$$\cos\left(x+\frac{\pi}{3}\right)=\sum_{n=0}^{\infty}(-1)^{n}\frac{\left(x+\frac{\pi}{3}\right)^{2n}}{(2n)!}$$

将公式 $\sin x=\sum_{n=0}^{\infty}(-1)^{n}\frac{x^{2n+1}}{(2n+1)!}$ $(-\infty<x<+\infty)$ 中的 x 换成 $x+\frac{\pi}{3}$ 可得

$$\sin\left(x+\frac{\pi}{3}\right)=\sum_{n=0}^{\infty}(-1)^{n}\frac{\left(x+\frac{\pi}{3}\right)^{2n+1}}{(2n+1)!}$$

故 $\cos x=\frac{1}{2}\sum_{n=0}^{\infty}(-1)^{n}\left[\frac{1}{(2n)!}\left(x+\frac{\pi}{3}\right)^{2n}+\frac{\sqrt{3}}{(2n+1)!}\left(x+\frac{\pi}{3}\right)^{2n+1}\right]$ $(-\infty<x<+\infty)$.

3. 解 $f(x)=\frac{1}{x^2+3x+2}=\frac{1}{(x+1)(x+2)}=\frac{1}{(x+1)}-\frac{1}{(x+2)}$

$$\frac{1}{(x+1)}=\frac{1}{x+4-3}=-\frac{1}{3-(x+4)}=-\frac{1}{3}\frac{1}{1-\left(\frac{x+4}{3}\right)}=-\frac{1}{3}\sum_{n=0}^{\infty}\left(\frac{x+4}{3}\right)^{n},\ x\in(-7,-1)$$

$$\frac{1}{(x+2)}=\frac{1}{x+4-2}=-\frac{1}{2}\frac{1}{1-\left(\frac{x+4}{2}\right)}=-\frac{1}{2}\sum_{n=0}^{\infty}\left(\frac{x+4}{2}\right)^{n},\ x\in(-6,-2)$$

故 $f(x)=\frac{1}{x^2+3x+2}=-\sum_{n=0}^{\infty}\frac{1}{3}\left(\frac{x+4}{3}\right)^{n}+\frac{1}{2}\sum_{n=0}^{\infty}\left(\frac{x+4}{2}\right)^{n}=\sum_{n=0}^{\infty}\left(\frac{1}{2^{n+1}}-\frac{1}{3^{n+1}}\right)(x+4)^{n}$,

$x\in(-6,-2)$.

本章练习 A

1. 填空题

(1) 部分和数列 $\{s_n\}$ 有界是正项级数 $\sum_{n=1}^{\infty}u_n$ 收敛的_____条件.

(2) 若正项级数 $\sum_{n=1}^{\infty}u_n$ 收敛,则 $\sum_{n=1}^{\infty}\frac{\sqrt{u_n}}{n}$ 必定_____.(填收敛或发散)

(3) 交错 p 级数 $\sum_{n=1}^{\infty}(-1)^{n}\frac{1}{n^p}$ $(p>0)$,当 p 满足范围_____时,级数绝对收敛.

（4）级数 $\sum_{n=1}^{\infty}\left[\left(\dfrac{2}{5}\right)^n + \dfrac{1}{\sqrt[3]{n^2}}\right]$ _____.（填收敛或发散）

（5）设幂级数 $\sum_{n=0}^{\infty} a_n(x-1)^n$ 在 $x=-2$ 处条件收敛，则该幂级数的收敛半径为 _____.

2．单项选择题

（1）设级数 $\sum_{n=1}^{\infty} u_n$ 收敛，则级数 $\sum_{n=1}^{\infty} u_n^2$（　　）．

  A．一定绝对收敛   B．一定条件收敛
  C．一定发散   D．可能收敛也可能发散

（2）若级数 $\sum_{n=1}^{\infty} u_n$ 收敛于 S，则级数 $\sum_{n=1}^{\infty}(u_n + u_{n+1})$（　　）．

  A．收敛于 $2S$ B．收敛于 $2S+u_1$
  C．收敛于 $2S-u_1$ D．发散

（3）级数 $\sum_{n=1}^{\infty} \dfrac{\sin nx}{n!}$ $(x \neq 0)$（　　）．

  A．发散   B．绝对收敛
  C．条件收敛   D．可能收敛也可能发散

（4）下列级数为条件收敛的是（　　）．

  A．$\sum_{n=1}^{\infty}(-1)^n \dfrac{n}{n+1}$ B．$\sum_{n=1}^{\infty}(-1)^n \sqrt{n}$

  C．$\sum_{n=1}^{\infty}(-1)^n \dfrac{1}{n^2}$ D．$\sum_{n=1}^{\infty}(-1)^n \dfrac{1}{\sqrt{n}}$

（5）设级数 $\sum_{n=1}^{\infty} u_n^2$ 收敛，则级数 $\sum_{n=1}^{\infty} \left|\dfrac{u_n}{n}\right|$（　　）．

  A．发散   B．收敛
  C．可能收敛，也可能发散   D．无法判断

3．判定下列级数的敛散性：

（1）$\sum_{n=1}^{\infty} \dfrac{n^{n+\frac{1}{n}}}{\left(n+\dfrac{1}{n}\right)^n}$； （2）$\sum_{n=1}^{\infty} \dfrac{1}{\sqrt{(2n-1)(2n+1)}}$；

（3）$\sum_{n=1}^{\infty} \dfrac{n\cos^2 \dfrac{n\pi}{3}}{2^n}$．

4. 判断下列级数的敛散性，若收敛，指出是条件收敛还是绝对收敛．

（1）$\sum\limits_{n=1}^{\infty}(-1)^n\dfrac{\sin n}{3^n}$；　　　（2）$\sum\limits_{n=1}^{\infty}(-1)^{n-1}\ln\left(1+\dfrac{1}{\sqrt{n}}\right)$．

5. 求幂级数 $\sum\limits_{n=1}^{\infty}\dfrac{x^n}{n\cdot 4^n}$ 的收敛域．

6. 求幂级数 $\sum\limits_{n=1}^{\infty}\dfrac{(x-1)^n}{n\cdot 2^n}$ 的收敛域，并求和函数．

7. 将函数 $f(x)=\cos x$ 展开为 $x+\dfrac{\pi}{3}$ 的幂级数．

本章练习 B

1. 填空题

（1）$\sum\limits_{n=1}^{\infty}(-1)^n\dfrac{1}{n^p}$ 收敛，则 p 的范围是_____．

（2）若级数 $\sum\limits_{n=1}^{\infty}u_n$ 条件收敛，则 $\sum\limits_{n=1}^{\infty}u_n$ 必定_____．（填收敛或发散）．

（3）幂级数 $\sum\limits_{n=1}^{\infty}a_n x^n$ 的收敛半径为 3，则幂级数 $\sum\limits_{n=1}^{\infty}na_n(x-1)^{n+1}$ 的收敛区间为_____．

（4）幂级数 $\sum\limits_{n=0}^{\infty}x^{2n}$ 的和函数为_____．

（5）函数 $f(x)=\ln(1+x)$ 的幂级数展开式为_____．

2. 单项选择题

（1）设正项级数 $\sum\limits_{n=1}^{\infty}u_n$ 收敛，则级数（　　）收敛．

A. $\sum\limits_{n=1}^{\infty}\dfrac{1}{\sqrt{u_n}}$　　　　　　　　　B. $\sum\limits_{n=1}^{\infty}\dfrac{1}{u_n}$

C. $\sum\limits_{n=1}^{\infty}(-1)^n u_n$　　　　　　　D. $\sum\limits_{n=1}^{\infty}nu_n$

（2）设幂级数 $\sum\limits_{n=1}^{\infty}(-1)^n a_n 2^n$，则级数 $\sum\limits_{n=1}^{\infty}a_n$（　　）．

A. 一定条件收敛　　　　　　B. 一定绝对收敛
C. 一定发散　　　　　　　　D. 可能收敛也可能发散

(3) 若级数 $\sum\limits_{n=1}^{\infty}a_n^2$ 和 $\sum\limits_{n=1}^{\infty}b_n^2$ 都收敛, 则级数 $\sum\limits_{n=1}^{\infty}a_nb_n$ （　　）．

  A．一定条件收敛　　　　　　　　B．一定绝对收敛

  C．一定发散　　　　　　　　　　D．可能收敛也可能发散

(4) 函数项级数 $\sum\limits_{n=1}^{\infty}\dfrac{\sqrt{n}}{(x-2)^n}$ 的收敛域是（　　）．

  A．$x>1$　　　　　　　　　　　　B．$x<1$

  C．$x<1$ 或 $x>3$　　　　　　　　D．$1<x<3$

(5) 设 $\lambda>0$，$a_n>0$（$n=1,2,\cdots$），且级数 $\sum\limits_{n=1}^{\infty}a_n$ 收敛, 则级数 $\sum\limits_{n=1}^{\infty}(-1)^n\sqrt{\dfrac{a_n}{n^2+\lambda}}$（　　）．

  A．发散　　　　　　　　　　　　　B．条件收敛

  C．绝对收敛　　　　　　　　　　　D．是否收敛与 λ 的取值有关

3．判定下列级数的敛散性：

(1) $\sum\limits_{n=1}^{\infty}\dfrac{1}{\sqrt{n}}\sin\dfrac{2}{\sqrt{n}}$;　　　(2) $\sum\limits_{n=1}^{\infty}\dfrac{3^n}{n\cdot 2^n}$;　　　(3) $\sum\limits_{n=1}^{\infty}\ln\left(\dfrac{n+2^n}{2^n}\right)$.

4．判断下列级数的敛散性，若收敛，指出是条件收敛还是绝对收敛．

(1) $\sum\limits_{n=1}^{\infty}(-1)^n(\sqrt{n+1}-\sqrt{n})$;　　　(2) $\sum\limits_{n=1}^{\infty}\dfrac{(-1)^{n-1}}{\sqrt{n}}\ln\dfrac{n+1}{n}$.

5．求幂级数 $\sum\limits_{n=1}^{\infty}(-1)^n\dfrac{x^n}{5^n\sqrt{n+1}}$ 的收敛域．

6．求幂级数 $\sum\limits_{n=1}^{\infty}(-1)^{n-1}\dfrac{2n+1}{n}x^{2n}$ 的收敛域及和函数．

7．将函数 $f(x)=\dfrac{1}{x^2+3x+2}$ 展开为 $x+4$ 的幂级数．

本章练习 A 答案

1．填空题

解　(1) 必要条件；

(2) 收敛．提示：因为 $\dfrac{\sqrt{u_n}}{n}\leqslant\dfrac{1}{2}\left(u_n+\dfrac{1}{n^2}\right)$，由 $\sum\limits_{n=1}^{\infty}u_n$ 收敛，$\sum\limits_{n=1}^{\infty}\dfrac{1}{n^2}$ 收敛，可得 $\sum\limits_{n=1}^{\infty}\dfrac{\sqrt{u_n}}{n}$ 收敛；

（3）$p>1$. 提示：因为 $p>1$ 时 $\sum_{n=1}^{\infty}\left|(-1)^n \frac{1}{n^p}\right|=\sum_{n=1}^{\infty}\frac{1}{n^p}$ 为 p 级数且收敛，故级数 $\sum_{n=1}^{\infty}(-1)^n \frac{1}{n^p}$ 绝对收敛；

（4）发散. 提示：因为级数 $\sum_{n=1}^{\infty}\left(\frac{2}{5}\right)^n$ 收敛，级数 $\sum_{n=1}^{\infty}\frac{1}{\sqrt[3]{n^2}}$ 发散，故原级数发散.

（5）3. 提示：由阿贝尔定理知只有在 $|x-1|=R$ 处才可能条件收敛，故 $R=|x-1|=|-2-1|=3$.

2．单项选择题

解 （1）D. 提示：$\sum_{n=1}^{\infty}\frac{(-1)^n}{\sqrt{n}}$，$u_n^2=\frac{1}{n}$；

（2）C. 提示：$\sum_{n=1}^{\infty}u_n=s \Rightarrow \sum_{n=1}^{\infty}u_{n+1}=\left(\sum_{n=1}^{\infty}u_n\right)-u_1=s-u_1$，因此

$$\sum_{n=1}^{\infty}(u_n+u_{n+1})=2s-u_1;$$

（3）B. 提示：因为 $\left|\frac{\sin nx}{n!}\right| \leqslant \frac{1}{n!}$，而通过比值审敛法知 $\sum_{n=1}^{\infty}\frac{1}{n!}$ 收敛，故 $\sum_{n=1}^{\infty}\left|\frac{\sin nx}{n!}\right|$ 收敛，因此原级数绝对收敛；

（4）D. 提示：A 项，级数发散，因为 $\lim_{n\to\infty}u_n=\lim_{n\to\infty}(-1)^n\frac{n}{n+1}\neq 0$；B 项，级数 $\lim_{n\to\infty}u_n=\lim_{n\to\infty}(-1)^n\sqrt{n}\neq 0$；C 项，级数绝对收敛，因为 $\sum_{n=1}^{\infty}\left|(-1)^n\frac{1}{n^2}\right|=\sum_{n=1}^{\infty}\frac{1}{n^2}$ 收敛；

（5）B. 提示：因为 $\left|\frac{u_n}{n}\right|=\sqrt{\left(\frac{u_n}{n}\right)^2}=\sqrt{u_n^2\cdot\frac{1}{n^2}}\leqslant \frac{u_n^2}{2}+\frac{1}{2n^2}$，而 $\sum_{n=1}^{\infty}\frac{u_n^2}{2}$ 和 $\sum_{n=1}^{\infty}\frac{1}{2n^2}$ 均收敛，故由比较审敛法知 $\sum_{n=1}^{\infty}\left|\frac{u_n}{n}\right|$ 收敛.

3．**解** （1）因为 $u_n=\frac{n^{n+\frac{1}{n}}}{\left(n+\frac{1}{n}\right)^n}=\frac{\sqrt[n]{n}}{\left(1+\frac{1}{n^2}\right)^n}$，而 $\lim_{n\to+\infty}\sqrt[n]{n}=1$，

$$\lim_{n\to+\infty}\left(1+\frac{1}{n^2}\right)^n=\lim_{n\to+\infty}\left[\left(1+\frac{1}{n^2}\right)^{n^2}\right]^{\frac{1}{n}}=e^0=1$$，所以 $\lim_{n\to+\infty}u_n\neq 0$，故原级数发散；

（2）因为 $\lim\limits_{n\to\infty}\dfrac{\dfrac{1}{\sqrt{(2n-1)(2n+1)}}}{\dfrac{1}{n}}=\dfrac{1}{2}>0$，而且 $\lim\limits_{n\to\infty}\dfrac{1}{n}$ 发散，由比较审敛法的极限形式知原级数发散；

（3）因为 $\dfrac{n\cos^2\dfrac{n\pi}{3}}{2^n}\leqslant\dfrac{n}{2^n}$，而 $\sum\limits_{n=1}^{\infty}\dfrac{n}{2^n}$ 收敛（因为 $\lim\limits_{n\to\infty}\dfrac{\dfrac{n+1}{2^{n+1}}}{\dfrac{n}{2^n}}=\lim\limits_{n\to\infty}\dfrac{n+1}{2n}=\dfrac{1}{2}<1$，所以由比值审敛法知该级数收敛），故由比较审敛法知原级数收敛．

4．解 （1）记 $u_n=\left|\dfrac{(-1)^n}{3^n}\sin n\right|=\dfrac{|\sin n|}{3^n}<\dfrac{1}{3^n}$，因为 $\sum\limits_{n=1}^{\infty}\dfrac{1}{3^n}$ 收敛，由比较审敛法知 $\sum\limits_{n=1}^{\infty}u_n$ 收敛，所以原级数绝对收敛；

（2）设 $u_n=(-1)^{n-1}\ln\left(1+\dfrac{1}{\sqrt{n}}\right)$，$|u_n|=\ln\left(1+\dfrac{1}{\sqrt{n}}\right)$，而 $\lim\limits_{n\to\infty}\dfrac{|u_n|}{\dfrac{1}{\sqrt{n}}}=\lim\limits_{n\to\infty}\dfrac{\ln\left(1+\dfrac{1}{\sqrt{n}}\right)}{\dfrac{1}{\sqrt{n}}}=1$，因级数 $\sum\limits_{n=1}^{\infty}\dfrac{1}{\sqrt{n}}$ 发散，所以由比较审敛法知 $\sum\limits_{n=1}^{\infty}|u_n|$ 发散；再判断 $\sum\limits_{n=1}^{\infty}(-1)^{n-1}\ln\left(1+\dfrac{1}{\sqrt{n}}\right)$ 的收敛性，级数 $\sum\limits_{n=1}^{\infty}(-1)^{n-1}\ln\left(1+\dfrac{1}{\sqrt{n}}\right)$ 为交错级数，令 $u_n=\ln\left(1+\dfrac{1}{\sqrt{n}}\right)$，则 $u_{n+1}=\ln\left(1+\dfrac{1}{\sqrt{n+1}}\right)$，显然 $u_n>u_{n+1}$．又 $\lim\limits_{n\to\infty}u_n=\lim\limits_{n\to\infty}\ln\left(1+\dfrac{1}{\sqrt{n}}\right)=0$，根据莱布尼茨定理知级数 $\sum\limits_{n=1}^{\infty}(-1)^{n-1}\ln\left(1+\dfrac{1}{\sqrt{n}}\right)$ 收敛．故级数 $\sum\limits_{n=1}^{\infty}(-1)^{n-1}\ln\left(1+\dfrac{1}{\sqrt{n}}\right)$ 为条件收敛．

5．解 因为 $\rho=\lim\limits_{n\to\infty}\left|\dfrac{a_{n+1}}{a_n}\right|=\lim\limits_{n\to\infty}\left|\dfrac{\dfrac{1}{(n+1)\cdot 4^{n+1}}}{\dfrac{1}{n\cdot 4^n}}\right|=\dfrac{1}{4}$，所以 $R=4$，收敛区间为 $(-4,4)$，当 $x=-4$ 时，原级数变为 $\sum\limits_{n=1}^{\infty}\dfrac{(-1)^n}{n}$，收敛；当 $x=4$ 时，原级数变为 $\sum\limits_{n=1}^{\infty}\dfrac{1}{n}$，发散．综上，所求收敛域为 $[-4,4)$．

6．解 令 $x-1=t$，级数变为 $\sum\limits_{n=1}^{\infty}\dfrac{t^n}{n\cdot 2^n}$．$\rho=\lim\limits_{n\to\infty}\dfrac{|a_{n+1}|}{|a_n|}=\lim\limits_{n\to\infty}\dfrac{n\cdot 2^n}{(n+1)\cdot 2^{n+1}}=\dfrac{1}{2}$，故 $R=2$．

由 $|x-1|<2$，解得 $-1<x<3$．当 $x=-1$ 时，原级数变为 $\sum_{n=1}^{\infty}\frac{(-1)^n}{n}$，收敛；

当 $x=3$ 时，原级数变为 $\sum_{n=1}^{\infty}\frac{1}{n}$，发散．因此收敛域为 $[-1,3)$．设 $S(x)=\sum_{n=1}^{\infty}\frac{(x-1)^n}{n\cdot 2^n}$，

则 $S(x)=\int_1^x S'(x)\mathrm{d}x=\int_1^x \sum_{n=1}^{\infty}\frac{1}{2^n}(x-1)^{n-1}\mathrm{d}x=\int_1^x \frac{1}{3-x}\mathrm{d}x=\ln 2-\ln(3-x)$，于是

$$S(x)=\ln 2-\ln(3-x)\ (-1\leqslant x<3).$$

7. 解 $\cos x=\cos\left(x+\dfrac{\pi}{3}-\dfrac{\pi}{3}\right)=\cos\left(x+\dfrac{\pi}{3}\right)\cdot\dfrac{1}{2}+\sin\left(x+\dfrac{\pi}{3}\right)\cdot\dfrac{\sqrt{3}}{2}$

$$=\frac{1}{2}\sum_{n=0}^{\infty}(-1)^n\left[\frac{\left(x+\dfrac{\pi}{3}\right)^{2n}}{(2n)!}+\sqrt{3}\frac{\left(x+\dfrac{\pi}{3}\right)^{2n+1}}{(2n+1)!}\right].$$

本章练习 B 答案

1. 填空题

解 （1）$p>0$； （2）收敛．提示：根据条件收敛的定义判断；

（3）$(-2,4)$．提示：因为 $\sum_{n=1}^{\infty}na_n(x-1)^{n+1}$ 与 $\sum_{n=1}^{\infty}a_n x^n$ 有相同的收敛半径，故其收敛区间为 $|x-1|<3$，即 $-2<x<4$；

（4）$\dfrac{1}{1-x^2}\ (-1<x<1)$．提示：$\sum_{n=0}^{\infty}x^{2n}=1+x^2+x^4+\cdots=\dfrac{1}{1-x^2}$；

（5）$\sum_{n=1}^{\infty}(-1)^n\dfrac{x^{n+1}}{n+1}\ (-1<x\leqslant 1)$．

2. 单项选择题．

解 （1）C．提示：A 项，级数不一定收敛，如级数 $\sum_{n=1}^{\infty}\dfrac{1}{n^2}$ 收敛，但级数 $\sum_{n=1}^{\infty}\dfrac{1}{n}$ 发散；B 项，不一定，如级数 $\sum_{n=1}^{\infty}\dfrac{1}{n^2}$ 收敛，但级数 $\sum_{n=1}^{\infty}n^2$ 发散；D 项，也不一定，如级数 $\sum_{n=1}^{\infty}\dfrac{1}{n^2}$ 收敛，但级数 $\sum_{n=1}^{\infty}n\dfrac{1}{n^2}=\sum_{n=1}^{\infty}\dfrac{1}{n}$ 发散；

（2）B．提示：根据题意知级数 $\sum_{n=1}^{\infty}a_n x^n$ 在 $x=-2$ 处收敛，由阿贝尔定理知级

数在区间 $(-2,2)$ 内一定绝对收敛，而级数 $\sum\limits_{n=1}^{\infty} a_n$ 可以看作 $\sum\limits_{n=1}^{\infty} a_n x^n$ 在 $x=1$ 的级数，故级数 $\sum\limits_{n=1}^{\infty} a_n$ 绝对收敛；

（3）B．提示：$a_n b_n \leqslant \dfrac{1}{2}(a_n^2 + b_n^2)$，而 $\sum\limits_{n=1}^{\infty} a_n^2$ 和 $\sum\limits_{n=1}^{\infty} b_n^2$ 都收敛，则级数 $\sum\limits_{n=1}^{\infty} a_n b_n$ 绝对收敛；

（4）C．提示：利用比值审敛法判断；

（5）C．提示：因为 $\sqrt{\dfrac{a_n}{n^2+\lambda}} \leqslant \dfrac{1}{2}\left(a_n + \dfrac{1}{n^2+\lambda}\right)$，而 $\sum\limits_{n=1}^{\infty} a_n$ 收敛，又 $\dfrac{1}{n^2+\lambda} \leqslant \dfrac{1}{n^2}$，因级数 $\sum\limits_{n=1}^{\infty} \dfrac{1}{n^2}$ 收敛，由比较审敛法知级数 $\sum\limits_{n=1}^{\infty} \dfrac{1}{n^2+\lambda}$ 收敛，故 $\sum\limits_{n=1}^{\infty} \left|(-1)^n \sqrt{\dfrac{a_n}{n^2+\lambda}}\right|$ 收敛，故原级数绝对收敛．

3．解 （1）$\lim\limits_{n\to\infty} \dfrac{\dfrac{1}{\sqrt{n}} \sin \dfrac{2}{\sqrt{n}}}{\dfrac{2}{n}} = \lim\limits_{n\to\infty} \dfrac{\sin \dfrac{2}{\sqrt{n}}}{\dfrac{2}{\sqrt{n}}} = 1$，而级数 $\sum\limits_{n=1}^{\infty} \dfrac{2}{n}$ 发散，因此级数 $\sum\limits_{n=1}^{\infty} \dfrac{1}{\sqrt{n}} \sin \dfrac{2}{\sqrt{n}}$ 发散；

（2）$\lim\limits_{n\to\infty} \dfrac{\dfrac{3^{n+1}}{(n+1)\cdot 2^{n+1}}}{\dfrac{3^n}{n\cdot 2^n}} = \lim\limits_{n\to\infty} \dfrac{n\cdot 3}{(n+1)\cdot 2} = \dfrac{3}{2} > 1$，由比值审敛法知该级数发散；

（3）$\lim\limits_{n\to\infty} \dfrac{\ln\left(\dfrac{n+2^n}{2^n}\right)}{\dfrac{n}{2^n}} = 1$，因为 $\lim\limits_{n\to\infty} \dfrac{\dfrac{n+1}{2^{n+1}}}{\dfrac{n}{2^n}} = \lim\limits_{n\to\infty} \dfrac{1}{2} \cdot \dfrac{n+1}{n} = \dfrac{1}{2} < 1$，由比值审敛法知 $\sum\limits_{n=1}^{\infty} \dfrac{n}{2^n}$ 收敛，所以 $\sum\limits_{n=1}^{\infty} \ln\left(\dfrac{n+2^n}{2^n}\right)$ 收敛．

4．解 （1）设 $u_n = (-1)^n (\sqrt{n+1} - \sqrt{n})$，$|u_n| = (\sqrt{n+1} - \sqrt{n}) = \dfrac{1}{\sqrt{n+1}+\sqrt{n}} > \dfrac{1}{2\sqrt{n+1}}$，而级数 $\sum\limits_{n=1}^{\infty} \dfrac{1}{2\sqrt{n+1}}$ 发散，因此原级数不绝对收敛．又因为

$\sqrt{n+1} - \sqrt{n} = \dfrac{1}{\sqrt{n+1}+\sqrt{n}} > \dfrac{1}{\sqrt{n}+\sqrt{n-1}}$，$\lim\limits_{n\to\infty} \sqrt{n+1} - \sqrt{n} = \lim\limits_{n\to\infty} \dfrac{1}{\sqrt{n}+\sqrt{n-1}} = 0$

由莱布尼茨判别法知 $\sum_{n=1}^{\infty}(-1)^n(\sqrt{n+1}-\sqrt{n})$ 条件收敛；

（2）设 $u_n = \dfrac{(-1)^{n-1}}{\sqrt{n}}\ln\dfrac{n+1}{n}$，$|u_n| = \dfrac{1}{\sqrt{n}}\ln\dfrac{n+1}{n}$，而 $\lim\limits_{n\to\infty}\dfrac{|u_n|}{\dfrac{1}{n^{\frac{3}{2}}}} = \lim\limits_{n\to\infty}\dfrac{\dfrac{1}{\sqrt{n}}\ln\dfrac{n+1}{n}}{\dfrac{1}{n^{\frac{3}{2}}}} = 1$

级数 $\sum_{n=1}^{\infty}\dfrac{1}{n^{\frac{3}{2}}}$ 收敛，所以级数 $\sum_{n=1}^{\infty}|u_n|$ 收敛，所以级数 $\sum_{n=1}^{\infty}\dfrac{(-1)^{n-1}}{\sqrt{n}}\ln\dfrac{n+1}{n}$ 绝对收敛.

5. **解** $R = \lim\limits_{n\to\infty}\dfrac{\dfrac{1}{5^n\sqrt{n+1}}}{\dfrac{1}{5^{n+1}\sqrt{n+2}}} = 5$，所以收敛半径为 5，$x = 5$ 时，级数 $\sum_{n=1}^{\infty}\dfrac{(-1)^n}{\sqrt{n+1}}$ 收敛，$x = -5$ 时，级数 $\sum_{n=1}^{\infty}\dfrac{1}{\sqrt{n+1}}$ 发散，所以该幂级数的收敛域为 $(-5, 5]$.

6. **解** 由比值审敛法，$\lim\limits_{n\to\infty}\left|\dfrac{(-1)^n\dfrac{2n+3}{n+1}x^{2(n+1)}}{(-1)^{n-1}\dfrac{2n+1}{n}x^{2n}}\right| = x^2 < 1$，知 $|x| < 1$ 原级数绝对

收敛.

当 $x = 1$ 时原级数为 $\sum_{n=1}^{\infty}(-1)^{n-1}\dfrac{2n+1}{n}$，因为 $\lim\limits_{n\to\infty}(-1)^{n-1}\dfrac{2n+1}{n}$ 不存在，所以级数发散；

当 $x = -1$ 时原级数为 $\sum_{n=1}^{\infty}(-1)^{n-1}\dfrac{2n+1}{n}$，同理级数发散.

所以原级数收敛域为 $(-1, 1)$，设 $S(x) = \sum_{n=1}^{\infty}(-1)^{n-1}\dfrac{2n+1}{n}x^{2n}$，则

$$S(x) = 2\sum_{n=1}^{\infty}(-1)^{n-1}x^{2n} + \sum_{n=1}^{\infty}(-1)^{n-1}\dfrac{x^{2n}}{n} = 2x^2\sum_{n=0}^{\infty}(-1)^n x^{2n} + \sum_{n=1}^{\infty}(-1)^{n-1}\dfrac{x^{2n}}{n}$$

$$= \dfrac{2x^2}{1+x^2} + \ln(1+x^2).$$

7. **解** $f(x) = \dfrac{1}{x^2+3x+2} = \dfrac{1}{(x+1)(x+2)} = \dfrac{1}{x+1} - \dfrac{1}{x+2} = \dfrac{1}{3}\cdot\dfrac{1}{1-\dfrac{x+4}{3}} - \dfrac{1}{2}\cdot\dfrac{1}{1-\dfrac{x+4}{2}}$

而

$$-\frac{1}{3}\cdot\frac{1}{1-\frac{x+4}{3}} = -\frac{1}{3}\sum_{n=1}^{\infty}\left(\frac{x+4}{3}\right)^n = -\sum_{n=1}^{\infty}\frac{1}{3^{n+1}}(x+4)^n \quad (-7<x<-1),$$

$$\frac{1}{2}\cdot\frac{1}{1-\frac{x+4}{2}} = \frac{1}{2}\sum_{n=1}^{\infty}\left(\frac{x+4}{2}\right)^n = \sum_{n=1}^{\infty}\frac{1}{2^{n+1}}(x+4)^n \quad (-6<x<-2),$$

所以 $f(x) = \sum_{n=1}^{\infty}\left(\frac{1}{2^{n+1}} - \frac{1}{3^{n+1}}\right)(x+4)^n \quad (-6<x<-2).$

第10章 微积分在经济中的应用

数学为经济学的研究提供了一种科学方法．应用数学方法推导出的有关经济学的理论更加明确具体，可得到仅靠直觉无法或者不易得到的经济结论．解决实际经济问题应先将它转化为数学问题，再利用数学知识去分析它、解决它．本章通过一些实例来体会数学在经济中的应用．

1. 最值问题

每个消费者在符合市场条件的前提下都在努力寻找对自己最有利的消费方案，即花费最少的成本而获得最大的效益；每个生产企业也都在寻求通过一定的产量、价格来获得最大的利润，也就是在一定的成本下达到最大产量，或是在一定的产量下花费最低的成本．虽然这些问题表述不同，但归结起来都是关于最优化的问题，而数学中的求函数的最大（小）值与经济生活中的最优化问题就有密切联系．因此可用来分析社会经济中生产者和销售者的最大经济效益、资源的合理利用等一系列问题．

例10.1 某企业分批生产某产品 q 吨，固定成本为8万元，总成本函数为
$$C(q) = 8 + kq^{\frac{3}{2}}$$
其中 k 为待定系数，已知批量 $q=9$ 吨时，总成本 $C=62$ 万元，问批量是多少时，使每批产品的平均成本最低？

解 将 $q=9$，$C=62$ 代入 $C(q)=8+kq^{\frac{3}{2}}$，得 $k=2$，则平均成本为
$$\overline{C}(q) = \frac{C(q)}{q} = \frac{8}{q} + 2\sqrt{q}$$
从而 $\overline{C}'(q) = -\frac{8}{q^2} + \frac{1}{\sqrt{q}}$，令 $\overline{C}'(q)=0$，则 $-\frac{8}{q^2} + \frac{1}{\sqrt{q}} = 0$，得 $q=4$．
所以批量 $q=4$ 吨时，每批产品的平均成本最低．

例10.2 某厂生产一批产品，其固定成本为2000元，每生产一吨产品的成本为60元，对这种产品的市场需求规律为 $q=1000-10p$（q 为需求量，p 为价格）．试求：

（1）成本函数和收入函数；

（2）产量为多少时利润最大？

解 （1）成本函数 $C(q) = 60q + 2000$．

因为 $q=1000-10p$，即 $p=100-\dfrac{1}{10}q$，所以收入函数

$$R(q)=p\times q=\left(100-\dfrac{1}{10}q\right)\times q=100q-\dfrac{1}{10}q^2.$$

（2）因为利润函数 $L(q)=R(q)-C(q)=100q-\dfrac{1}{10}q^2-(60q+2000)$

$$=40q-\dfrac{1}{10}q^2-2000\;(q>0)$$

且 $L'(q)=\left(40q-\dfrac{1}{10}q^2-2000\right)'=40-0.2q$.

令 $L'(q)=0$，即 $40-0.2q=0$，得 $q=200$，它是 $L(q)$ 在其定义域内的唯一驻点. 所以 $q=200$ 是利润函数 $L(q)$ 的最大值点，即当产量为 200 吨时利润最大.

例 10.3 设某工厂生产某产品的产量为 x（百台），其边际成本为 $C'(x)=8x$（万元/百台），边际收入为 $R'(x)=100-2x$（万元/百台）. 若固定成本为 10 万元，问：

（1）产量为多少时，利润最大？

（2）在获得最大利润的产量上再生产 200 台，利润有什么变化？

解（1）由边际成本可得 $C(x)=\int 8x\mathrm{d}x=4x^2+C$，又固定成本为 10 万元，即 $C(0)=10$，得 $C=10$，则 $C(x)=4x^2+10$.

由边际收入可得 $R(x)=\int(100-2x)\mathrm{d}x=100x-x^2+C$，因为 $R(x)=0$，所以 $C=0$，则 $R(x)=100x-x^2$.

利润函数 $L(x)=R(x)-C(x)=100x-5x^2-10$，$L'(x)=100-10x$.

令 $L'(x)=0$，得 $x=10$.

所以产量为 1000 台时利润最大，此时最大利润为 $L(10)=1000-500-10=490$（万元）.

（2）此时再生产 200 台，利润为 $L(12)=1200-5\times 12^2-10=470$（万元），利润降低了 20 万元.

例 10.4 设某电视机厂生产一台电视机的成本为 c，每台电视机的销售价格为 p，销售量为 x，假设该厂的生产处于平衡状态，即电视机的生产量等于销售量. 根据市场预测，销售量 x 与销售价格 p 之间的关系为：$x=Me^{-\alpha p}$（$M>0$，$\alpha>0$），其中 M 为市场最大需求量，α 是价格系数. 同时，生产部门根据生产环节的分析，对每台电视机的生产成本 c 作出测算：$c=c_0-k\ln x$（$k>0$，$x>1$），其中 c_0 是只生产一台电视机时的成本，k 是规模系数. 根据上述条件，应如何确定电视机的售价 p，才能使该厂获得最大利润？

解 设厂家获利为 u，则 $u = (p-c)x$．作拉格朗日函数
$$L(x,p,c) = (p-c)x + \lambda(x - Me^{-\alpha p}) + \mu(c - c_0 + k\ln x)$$

令

$$\begin{cases} L_x = (p-c) + \lambda + k\dfrac{\mu}{x} = 0 \\ L_p = x + \lambda\alpha Me^{-\alpha p} = 0 \\ L_c = -x + \mu = 0 \\ x = Me^{-\alpha p} \\ c = c_0 - k\ln x \end{cases}$$

解之得

$$p^* = \frac{c_0 - k\ln M + \dfrac{1}{\alpha} - k}{1 - \alpha k}.$$

因为最优价格必定存在，所以 p^* 是电视机的最优价格．

例 10.5 设某工厂生产 A 和 B 两种产品同时在市场销售，售价分别为 p_1 和 p_2，需求函数分别为 $q_1 = 65 - p_1 - p_2$，$q_2 = 90 - p_1 - 2p_2$，假设企业生产两种产品的成本为 $C = p_1^2 + p_2 p_2 + p_2^2$，工厂如何确定两种产品的售价以使得利润最大？最大利润为多少？

解 由两产品的需求函数 $q_1 = 65 - p_1 - p_2$，$q_2 = 90 - p_1 - 2p_2$ 得
总收入函数 $R(p_1, p_2) = p_1 q_1 + p_2 q_2 = 65 p_1 + 90 p_2 - p_1^2 - 2 p_1 p_2 - 2 p_2^2$
利润函数
$$\begin{aligned} L(p_1, p_2) &= R(p_1, p_2) - C = 65 p_1 + 90 p_2 - p_1^2 - 2 p_1 p_2 - 2 p_2^2 - (p_1^2 + p_1 p_2 + p_2^2) \\ &= 65 p_1 + 90 p_2 - 2 p_1^2 - 3 p_1 p_2 - 3 p_2^2 \end{aligned}$$

解方程组 $\begin{cases} L_{p_1} = 65 - 4 p_1 - 3 p_2 = 0 \\ L_{p_2} = 90 - 3 p_1 - 6 p_2 = 0 \end{cases}$，得唯一驻点 $(8, 11)$，由问题的实际意义知最大利润存在，故当 $p_1 = 8$，$p_2 = 11$ 时厂家获得最大利润，最大利润为 $L(8, 11) = 755$．

2. 复利问题

设本金为 A_0 元，年利率为 r，第 t 年末的本利和为
$$S_t = A_0 \cdot (1+r)^t \quad (t = 0, 1, 2, \cdots)$$

若把一年均分成 m 期计算利息，这时每期利率可以认为是 $\dfrac{r}{m}$，第 t 年末的本利和为
$$S_t = A_0\left(1 + \frac{r}{m}\right)^{mt}$$

上面两个公式是按照计息的"期"确定的时间间隔推得的复利公式.

若计息的"期"的时间间隔无限缩短,从而计息次数 $m \to \infty$,这时

$$\lim_{m \to \infty} A_0 \left(1 + \frac{r}{m}\right)^{mt} = A_0 \lim_{m \to \infty} \left[\left(1 + \frac{r}{m}\right)^{\frac{m}{r}}\right]^{rt} = A_0 e^{rt}$$

所以,若以连续复利计算利息,其复利公式是

$$S_t = A_0 e^{rt}$$

我们将已知现在值 A_0 来求未来值 S_t 的问题称为复利问题. 与此相反,若已知未来值 S_t,求现在值 A_0,则称贴现问题,这时利率 r 称为贴现率.

由复利公式,容易得出:

一年期的贴现公式为 $\quad A_0 = S_t(1+r)^{-t}$

一年均分成 m 期计算利息的贴现公式为 $\quad A_0 = S_t \left(1 + \frac{r}{m}\right)^{-mt}$

连续复利的贴现公式为 $\quad A_0 = S_t e^{-rt}$.

例 10.6 设本金 $A_0 = 100$ 元,利率 $r = 8\%$,期限为一年. 若按照一年计息100期,一年后的本利和 S_1 是多少?若按照连续复利计息,一年后的本利和为多少?

解 按一年计息100期,本利和为 $S_1 = 100 \times \left(1 + \frac{0.08}{100}\right)^{100} = 108.325$(元);

按连续复利计息,本利和 $S_1 = 100 e^{0.08} = 108.329$(元).

例 10.7 设年利率为 6.5%,按连续复利计算,现投资多少元,16 年末可得 1200 元.

解 由题意知,贴现率 $r = 6.5\%$,未来值 $S_t = 1200$,$t = 16$. 所以,现投资值为

$$A_0 = S_t e^{-rt} = 1200 \cdot e^{-0.065 \times 16} = \frac{1200}{e^{1.04}} = \frac{1200}{2.8292} = 424.15 \text{(元)}$$

例 10.8 某银行存款的年利率为 $r = 0.05$,并依年复利计算,某基金会通过存款 a 万元实现第一年取出 19 万元,第二年取出 28 万元,……,第 n 年取出 $(10+9n)$ 万元,并按照此规律一直提取下去,问 a 至少为多少万元可满足该规律?

解 设 A_n 是为了保证第 n 年末提取 $(10+9n)$ 万元所存入 n 年的本金,则这部分本金第 n 年末的本利和为 $A_n \cdot (1+r)^n$,于是 $A_n \cdot (1+r)^n = 10 + 9n$,得

$$A_n = \frac{10 + 9n}{(1+r)^n}, \quad n = 1, 2, \cdots$$

从而,需要事先存入的本金至少为

$$a = \sum_{n=1}^{\infty} A_n = \sum_{n=1}^{\infty} \frac{10+9n}{(1+r)^n}$$

$$= 10\sum_{n=1}^{\infty} \frac{1}{(1+r)^n} + 9\sum_{n=1}^{\infty} \frac{n}{(1+r)^n}$$

$$= 10 \times \frac{\frac{1}{1+r}}{1-\frac{1}{1+r}} + 9\sum_{n=1}^{\infty} \frac{n}{(1+r)^n}$$

$$= 200 + \frac{9}{1+r}\sum_{n=1}^{\infty} \frac{n}{(1+r)^{n-1}}$$

设 $S(x)$ 为幂级数 $\sum_{n=1}^{\infty} nx^{n-1}$ 的和函数，即 $S(x) = \sum_{n=1}^{\infty} nx^{n-1}$，易知收敛域为 $(-1,1)$，

由于

$$\int_0^x S(t)dt = \int_0^x \sum_{n=1}^{\infty} nt^{n-1}dt = \sum_{n=1}^{\infty} \int_0^x nt^{n-1}dt$$

$$= \sum_{n=1}^{\infty} x^n = \frac{x}{1-x}$$

所以

$$S(x) = \left(\frac{x}{1-x}\right)' = \frac{1}{(1-x)^2}, \quad x \in (-1,1)$$

从而

$$S\left(\frac{1}{1+r}\right) = \sum_{n=1}^{\infty} \frac{n}{(1+r)^{n-1}} = \frac{1}{\left(1-\frac{1}{1+r}\right)^2} = \left(1+\frac{1}{r}\right)^2$$

所以

$$a = 200 + \frac{9}{1+r}S\left(\frac{1}{1+r}\right) = 200 + \frac{9}{1+r}\left(1+\frac{1}{r}\right)^2$$

$$= 200 + \frac{9}{1+0.05} \times \left(1+\frac{1}{0.05}\right)^2$$

$$= 200 + 3780 = 3980 \text{（万元）}$$

所以 a 至少应为 3980 万元.

思考：将此例中"依年复利计算"改为"依连续复利计算"，那么 a 至少为多少万元？（a 取整数）

提示：由连续的贴现公式得

$$a \geqslant 19e^{-0.05} + 28e^{-0.05 \times 2} + \cdots + (10+9n)e^{-0.05n} + \cdots$$

$$= 10\sum_{n=1}^{\infty} e^{-0.05n} + \sum_{n=1}^{\infty} 9ne^{-0.05n} = 10 \cdot \frac{e^{-0.05}}{1-e^{-0.05}} + \sum_{n=1}^{\infty} 9ne^{-0.05n}$$

设 $f(x) = \sum_{n=1}^{\infty} 9ne^{-0.05nx}$，两边求积分得

$$\int_0^x f(t)\mathrm{d}t = \sum_{n=1}^{\infty} 9\int_0^x n\mathrm{e}^{-0.05nt}\mathrm{d}t = \sum_{n=1}^{\infty} 9\left(\frac{1}{-0.05}\mathrm{e}^{-0.05nx} - \frac{1}{-0.05}\right)$$

$$= 180n - 180\sum_{n=1}^{\infty} \mathrm{e}^{-0.05nx} = 180n - 180 \times \frac{\mathrm{e}^{-0.05x}}{1-\mathrm{e}^{-0.05x}}$$

对上式两边求导得 $f(x) = 180\dfrac{0.05\mathrm{e}^{-0.05x}}{(1-\mathrm{e}^{-0.05x})^2} = \dfrac{9\mathrm{e}^{-0.05x}}{(1-\mathrm{e}^{-0.05x})^2}$

因为 $f(1) = \sum_{n=1}^{\infty} 9n\mathrm{e}^{-0.05n} = \dfrac{9\mathrm{e}^{-0.05}}{(1-\mathrm{e}^{-0.05})^2}$

所以 $a \geq \dfrac{10\mathrm{e}^{-0.05}}{1-\mathrm{e}^{-0.05}} + \dfrac{9\mathrm{e}^{-0.05}}{(1-\mathrm{e}^{-0.05})^2} = 3794.29$（万元）

因此 a 至少为3795万元.

若函数 $f(x)$ 可微，我们将极限定义为函数 $f(x)$ 在时间点 x 的瞬时增长率.

$$\lim_{\Delta t \to 0} \frac{f(t+\Delta t) - f(t)}{\Delta t \cdot f(t)} = \frac{f'(t)}{f(t)}$$

对指数函数 $y = A_0\mathrm{e}^{rt}$ 而言，由于 $\dfrac{y'}{y} = \dfrac{A_0 r\mathrm{e}^{rt}}{A_0\mathrm{e}^{rt}} = r$，因此该函数在任何时间点 t 上都以常数比率 r 增长. 这样，关系式 $S_t = A_0\mathrm{e}^{rt}$ 就不仅可作为复利公式，也可用来描述企业的资金、投资、国民收入、人口、劳动力等.

如果当函数 $A_0\mathrm{e}^{rt}$ 中的 r 取负值时，也就是负增长，这时也称 r 为衰减率. 贴现问题就是负增长问题.

例 10.9 某国现有劳动力两千万，预计在今后的 50 年内劳动力每年增长 2%，问按预计在 50 年后将有多少劳动力？

解 由题意知现在值 $A_0 = 2000$，$r = 0.02$，$t = 50$，所以 50 年后将有劳动力
$$S_{50} = 2000\mathrm{e}^{0.02 \times 50} = 2000 \times 2.71828 = 5436.56(\text{万}).$$

例 10.10 某机械设备折旧率为每年 5%，问连续折旧多少年，其价值是原价值的一半？

解 设原价值为 A_0，经 t 年后，价值为 $\dfrac{1}{2}A_0$，$r = -0.05$.

由贴现公式得 $\dfrac{1}{2}A_0 = A_0\mathrm{e}^{-0.05t}$，若取 $\ln 2 = 0.6931$，易算出 $t = 13.86$（年），即大约经过13.86年，机械设备的价值是原价值的一半.

3. 投资费用问题

投资费用是指每隔一定时期重复一次的一系列服务或购进设备所需费用的现在值.

设初期投资为 p，年利率为 r，重复时间为 t. 从而第一次更新费用的现值为 pe^{-rt}，第二次更新费用的现值为 pe^{-2rt}，以此类推，投资费用 D 为

$$D = p + pe^{-rt} + pe^{-2rt} + \cdots + pe^{-nrt} + \cdots$$

于是

$$D = \frac{p}{1-e^{-rt}} = \frac{pe^{rt}}{e^{rt}-1}.$$

例 10.11 建造一座钢桥的费用为 380000 元，每隔 10 年需要油漆一次，每次费用为 40000 元，桥的期望寿命为 40 年；建造一座木桥的费用为 200000 元，每隔 2 年需油漆一次，每次费用为 20000 元，其期望寿命为 15 年. 若年利率为 10%，问建造哪一种桥较为经济？

解 建桥费用包括两部分：建桥的系列费用和刷漆的系列费用.

若建钢桥，$p_1 = 380000$，$r = 0.1$，$t = 40$，则建桥费用

$$D_1 = p_1 + p_1 e^{-rt} + p_1 e^{-2rt} + \cdots$$

$$= p_1 \frac{1}{1-e^{-rt}} = \frac{p_1 e^{rt}}{e^{rt}-1} = \frac{p_1 e^4}{e^4-1}$$

取 $e^4 = 54.598$，于是

$$D_1 = \frac{380000 \times 54.598}{54.598-1} = 387090.8 \text{（元）}$$

设 $p_2 = 40000$，$r = 0.1$，$t = 10$，则钢桥油漆费用

$$D_2 = p_2 + p_2 e^{-rt} + p_2 e^{-2rt} + \cdots$$

$$= p_2 \frac{1}{1-e^{-rt}} = \frac{p_2 e^{rt}}{e^{rt}-1}$$

取 $e = 2.7183$，于是

$$D_2 = \frac{40000 \cdot e^{0.1 \times 10}}{e^{0.1 \times 10}-1} = \frac{40000 \cdot 2.7183}{2.7183-1} = 63278.8 \text{（元）}$$

故建钢桥总费用的现值

$$D = D_1 + D_2 = 450369.6 \text{（元）}$$

类似地，建木桥费用

$$D_3 = \frac{200000 \cdot e^{0.1 \times 15}}{e^{0.1 \times 15}-1} = \frac{200000 \cdot 4.482}{4.482-1} = 257440 \text{（元）}$$

木桥油漆费用

$$D_4 = \frac{20000 \cdot e^{0.1 \times 2}}{e^{0.1 \times 2}-1} = \frac{20000 \cdot 1.2214}{1.2214-1} = 110243.8 \text{（元）}$$

故建木桥总费用的现值
$$D_5 = D_3 + D_4 = 367683.8 \text{（元）}$$

由计算知，建木桥比较经济．

假设价格每年以百分率 i 涨价，年利率为 r，若某种服务或项目的现在费用为 p_0，则 t 年后的费用为 $A_t = p_0 e^{it}$，其现值为 $p_t = A_t e^{-rt} = p_0 e^{-(r-i)t}$．

这表明，在通货膨胀情况下总费用 D 是
$$D = p + pe^{-(r-i)t} + pe^{-2(r-i)t} + \cdots + pe^{-n(r-i)t} + \cdots$$
$$= p \frac{1}{1 - e^{-(r-i)t}} = \frac{pe^{(r-i)t}}{e^{(r-i)t} - 1}$$

例 10.12 在上例的建桥问题中，若每年物价上涨 7%，请重新考虑是建木桥经济还是建钢桥经济？

解 由题可知，$r = 0.1, i = 0.07$，因此

建钢桥的建桥费用和油漆费用分别为
$$D_1 = \frac{p_1 e^{(r-i)t}}{e^{(r-i)t} - 1} = 543780, \quad D_2 = \frac{p_2 e^{(r-i)t}}{e^{(r-i)t} - 1} = 154320$$

建钢桥总费用的现在值
$$D = D_1 + D_2 = 698100 \text{（元）}$$

类似地，建木桥的建桥费用和油漆费用分别为
$$D_3 = 551926, \quad D_4 = 343624$$

建钢桥总费用的现在值
$$D_5 = D_3 + D_4 = 895550 \text{（元）}$$

根据以上计算，在每年通货膨胀 7% 的情况下，建钢桥经济．

4．习题

1．某厂生产某种产品 x 件时，总成本函数为 $C(x) = 20 + 4x + 0.01x^2$（元），单位销售价格为 $p = 14 - 0.01x$（元/件），问产量为多少时可使利润达到最大，最大利润是多少？

2．已知某厂生产 q 件产品的成本为 $C(q) = 250 + 20q + \frac{q^2}{10}$（万元）．问：要使平均成本最低，应生产多少件产品？

3．经济学中有柯布－道格拉斯（Cobb-Douglas）生产函数模型：$Q(x,y) = Cx^\alpha y^{1-\alpha}$，式中 x 表示劳动力的数量，y 表示资本数量，C 与 α（$0 < \alpha < 1$）是常数，由不同企业的具体情形决定，函数值表示生产量．现已知某生产商的生产函数为 $Q(x,y) = 80x^{\frac{3}{4}} y^{\frac{1}{4}}$，若每单位劳力需 600 元，每单位资本是

2000元，工厂对该产品的劳力和资本的投入总预算是40万元，试求最佳资金投入分配方案．

4．已知某产品的边际成本 $C'(q) = 4q - 3$（万元/百台），q 为产量（百台），固定成本为18（万元），试求：

（1）该产品的平均成本；

（2）该产品的最低平均成本．

5．生产某产品的边际成本为 $C'(x) = 5x$（万元/百台），边际收入为 $R'(x) = 120 - x$（万元/百台），其中 x 为产量，试求：

（1）产量为多少时，利润最大？

（2）从利润最大时的产量再生产200台，利润有什么变化？

5．习题详解

1．**解** 由已知得收益函数 $R(x) = xp = x(14 - 0.01x) = 14x - 0.01x^2$，

则利润函数 $L(x) = R(x) - C(x) = 14x - 0.01x^2 - 20 - 4x - 0.01x^2$

$$= 10x - 20 - 0.02x^2$$

$L'(x) = 10 - 0.04x$，令 $L' = 10 - 0.04x = 0$，解出唯一驻点 $x = 250$．

因为利润函数存在着最大值，所以当产量为250件时可使利润达到最大，且最大利润为

$L(250) = 10 \times 250 - 20 - 0.02 \times 250^2 = 2500 - 20 - 1250 = 1230$（元）．

2．**解** （1）因为 $\overline{C}(q) = \dfrac{C(q)}{q} = \dfrac{250}{q} + 20 + \dfrac{q}{10}$，

$$\overline{C}'(q) = \left(\dfrac{250}{q} + 20 + \dfrac{q}{10} \right)' = -\dfrac{250}{q^2} + \dfrac{1}{10}$$

令 $\overline{C}'(q) = 0$，即 $-\dfrac{250}{q^2} + \dfrac{1}{10} = 0$，得 $q_1 = 50$，$q_2 = -50$（舍去）．

$q_1 = 50$ 是 $\overline{C}(q)$ 在其定义域内的唯一驻点．

故 $q_1 = 50$ 是 $\overline{C}(q)$ 的最小值点，即要使平均成本最少，应生产50件产品．

3．**解** 设产出为 $Q(x,y) = 80x^{\frac{3}{4}}y^{\frac{1}{4}}$，约束方程为 $600x + 2000y = 400000$．

构造辅助函数 $F(x,y) = 80x^{\frac{3}{4}}y^{\frac{1}{4}} + \lambda(600x + 2000y - 400000)$，解

$$\begin{cases} F_x = 80 \times \dfrac{3}{4} x^{-\frac{1}{4}} y^{\frac{1}{4}} + 600\lambda = 0 \\ F_y = 80 \times \dfrac{1}{4} x^{\frac{3}{4}} y^{-\frac{3}{4}} + 2000\lambda = 0 \\ 600x + 2000y = 400000 \end{cases}$$

得 $x = 500$，$y = 50$ 为唯一驻点.

由实际问题意义知必存在最大产出量，所以当投入 500 个劳力单位和 50 个资本单位时，可使产出量最大，是最佳资金投入方案.

4．**解** （1）由题意知，总成本
$$C(q) = \int_0^q C'(q)\mathrm{d}q + 18 = \int_0^q (4q - 3)\mathrm{d}q + 18$$
$$= 2q^2 - 3q + 18$$

所以平均成本函数 $\overline{C}(q) = \dfrac{C(q)}{q} = 2q - 3 + \dfrac{18}{q}$.

（2）因为 $\overline{C}'(q) = 2 - \dfrac{18}{q^2}$，令 $\overline{C}' = 2 - \dfrac{18}{q^2} = 0$，解得唯一驻点 $x = 3$（百台）．

又因为平均成本存在最小值，且驻点唯一，所以当产量为 300 台时，可使平均成本达到最低．

最低平均成本为 $\overline{C}(3) = 2 \times 3 - 3 + \dfrac{18}{3} = 9$（万元/百台）

5．**解** （1）利润函数 $L(x) = R(x) - C(x)$，则
$$L'(x) = R'(x) - C'(x) = (120 - x) - 5x = 120 - 6x$$

令 $L'(x) = 0$ 得 $x = 20$（百台），因为利润函数存在着最大值，所以 $x = 20$（百台）是 $L(x)$ 的最大值点，即当产量为 2000 台时，利润最大．

（2）从利润最大时的产量再生产 200 台，利润变化为
$$L(22) - L(20) = \int_{20}^{22} L'(x)\,\mathrm{d}x = \int_{20}^{22} (120 - 6x)\,\mathrm{d}x$$
$$= (120x - 3x^2)\Big|_{20}^{22} = -12$$

即从利润最大时的产量再生产 200 台，利润将减少 12 万元．

下册自测试题

自测题 A

一、单项选择题（将正确选项序号填在题中括号内，每小题 3 分，共 15 分）

1. 设 $f(x)=\int_0^{\sin x}\sqrt{1+t^2}\,dt$，则 $f'(0)=$（　　）.

   A．0　　　　　B．1　　　　　C．2　　　　　D．$\sqrt{2}$

2. 若函数 $f(x,y)$ 在点 (x_0,y_0) 处存在偏导数 $f_x(x_0,y_0)=f_y(x_0,y_0)=0$，则 $f(x,y)$ 在点 (x_0,y_0) 处（　　）.

   A．连续且可微　　　　　　　B．连续但不一定可微

   C．可微但不一定连续　　　　D．不一定可微也不一定连续

3. 设函数 $y=y(x)$ 图形上点 $(0,-2)$ 处的切线为 $2x-3y=6$，且 $y(x)$ 满足微分方程 $y''=6x$，则此函数是（　　）.

   A．$y=x^3-2$　　　　　　　B．$y=3x^2+2$

   C．$3y-3x^3-2x+6=0$　　　D．$y=x^3+\dfrac{2}{3}x$

4. 设正项级数 $\sum\limits_{n=1}^{\infty}u_n$ 收敛，则级数（　　）收敛.

   A．$\sum\limits_{n=1}^{\infty}(-1)^n u_n$　　B．$\sum\limits_{n=1}^{\infty}\dfrac{1}{u_n}$　　C．$\sum\limits_{n=1}^{\infty}\dfrac{1}{\sqrt{u_n}}$　　D．$\sum\limits_{n=1}^{\infty}nu_n$

5. 设幂级数 $\sum\limits_{n=0}^{\infty}a_n x^n$ 在 $x=3$ 处收敛，则该级数在 $x=-2$ 处必定（　　）.

   A．发散　　　　　　　　　　B．条件收敛

   C．绝对收敛　　　　　　　　D．敛散性不能确定

二、填空题（将正确答案填在题中横线上，每小题 3 分，共 15 分）

1. 定积分 $\int_{-1}^{1}(1+x\sqrt{1-x^2})\,dx=$ ＿＿＿＿＿＿．

2. 设二元函数 $z=\ln(x+y^2)$，则 $dz\big|_{\substack{x=1\\y=0}}=$ ＿＿＿＿＿＿．

3. $I = \int_0^1 dy \int_y^{\sqrt{y}} f(x,y) dx$ 改变积分次序后为_____.

4. 微分方程 $y'' - 2y' - 3y = 0$ 的通解为_____.

5. 幂级数 $\sum_{n=1}^{\infty} \frac{(x-1)^n}{2^n}$ 的收敛域为_____.

三、计算题（每小题 7 分，共 49 分）

1. 计算定积分 $\int_1^4 \frac{\ln x}{\sqrt{x}} dx$.

2. 求抛物线 $y = x^2$ 和 $x = y^2$ 所围成的图形绕 y 轴旋转一周所形成的立体的体积.

3. 求 $\iint_D \sqrt{x^2 + y^2} dxdy$，其中积分区域 $D = \{(x,y) | x^2 + y^2 \leq 2x\}$.

4. 设 $z = f(x\ln y, x - y)$，其中 f 具有二阶连续偏导数，求 $\frac{\partial^2 z}{\partial x \partial y}$.

5. 设 $z = z(x,y)$ 由方程 $\frac{x}{z} = \ln \frac{z}{y}$ 所确定，求 $\frac{\partial z}{\partial x}$ 和 $\frac{\partial z}{\partial y}$.

6. 求方程 $(x^2 - 1)y' + 2xy - \cos x = 0$ 满足初始条件 $y|_{x=0} = 1$ 的特解.

7. 求幂级数 $\sum_{n=0}^{\infty} (n+1)x^n$ 的收敛域及和函数 $S(x)$.

四、应用题（本题 7 分）

某汽车公司的小汽车运行成本 y 及小汽车的转卖值 S 均是时间 t 的函数. 若随时间的增长，小汽车的运行成本的变化率及转卖值的变化率分别为：$\frac{dy}{dt} = \frac{2}{S}$, $\frac{dS}{dt} = -\frac{1}{3}S$. 已知 $t = 0$ 时, $y = 0$, 而转卖值 $S = 4.5$（万元/辆）. 试求小汽车的运行成本及转卖值各自与时间的关系.

五、证明题（每小题 7 分，共 14 分）

1. 设 $f(x)$ 是连续函数，证明：$\int_0^\pi f(\sin x) dx = 2\int_0^{\frac{\pi}{2}} f(\sin x) dx$.

2. 已知级数 $\sum_{n=1}^{\infty} a_n^2$ 和 $\sum_{n=1}^{\infty} b_n^2$ 均收敛，证明：$\sum_{n=1}^{\infty} a_n b_n$ 绝对收敛.

自测题 B

一、单项选择题（将正确选项序号填在题中括号内，每小题 3 分，共 15 分）

1. 极限 $\lim\limits_{x\to 0}\dfrac{\int_0^x \sin 3t\, dt}{1-\cos x}=$（　　）.

   A. 3　　　　B. 6　　　　C. $\dfrac{3}{2}$　　　　D. ∞

2. 若 $f_x(x_0,y_0)=f_y(x_0,y_0)=0$，则 $f(x,y)$ 在点 (x_0,y_0) 处（　　）.

   A. 连续且可微　　　　　　　　B. 连续但不一定可微
   C. 可微但不一定连续　　　　　D. 不一定可微也不一定连续

3. 微分方程 $(x+y)dy-ydx=0$ 的通解为（　　）.

   A. $y=C\cdot e^{\frac{x}{y}}$　　　　　　　　B. $y=C\cdot e^{\frac{y}{x}}$
   C. $ye^{\frac{y}{x}}=C\cdot x^2$　　　　　D. $ye^{-\frac{y}{x}}=C\cdot x^2$

4. $\lim\limits_{n\to\infty} u_n=0$ 是级数 $\sum\limits_{n=1}^{\infty} u_n$ 收敛的（　　）条件.

   A. 充分非必要　　　　　　B. 必要非充分
   C. 充分必要　　　　　　　D. 既非充分也非必要

5. 设幂级数 $\sum\limits_{n=1}^{\infty} a_n x^n$ 与 $\sum\limits_{n=1}^{\infty} b_n x^n$ 的收敛半径分别为 $\dfrac{\sqrt{5}}{3}$ 和 $\dfrac{1}{3}$，则幂级数 $\sum\limits_{n=1}^{\infty} \dfrac{a_n^2}{b_n} x^n$ 的收敛半径为（　　）.

   A. 5　　　　B. $\dfrac{\sqrt{5}}{3}$　　　　C. $\dfrac{1}{3}$　　　　D. $\dfrac{1}{5}$

二、填空题（将正确答案填在题中横线上，每小题 3 分，共 15 分）

1. $\int_0^{+\infty}\dfrac{1}{1+x^2}dx=$ ＿＿＿＿＿＿＿.

2. 设 $z=\dfrac{y}{x}$，则 $\left.\dfrac{\partial z}{\partial x}\right|_{\substack{x=1\\y=1}}=$ ＿＿＿＿＿＿＿.

3. $I=\int_0^a dx\int_0^x f(x,y)dy\ (a>0)$ 改变积分次序后为 ＿＿＿＿＿＿＿.

4. 微分方程 $y''+6y'+25y=0$ 的通解为 ＿＿＿＿＿＿＿.

5. 幂级数 $\sum\limits_{n=0}^{\infty}\dfrac{x^n}{\sqrt{n+1}}$ 的收敛域为 ＿＿＿＿＿＿＿.

三、计算题（每小题 7 分，共 49 分）

1. 计算定积分 $\int_0^{\ln 2} xe^{-x}dx$.

2. 计算由抛物线 $y=x^2$ 与直线 $y=x$ 所围成的平面图形绕 x 轴旋转一周所形成的旋转体的体积.

3. 计算二重积分 $\iint_D \arctan\frac{y}{x}dxdy$，其中 D 是由圆周 $x^2+y^2=1$ 和 $x^2+y^2=4$ 及直线 $y=0$ 和 $y=x$ 所围成的在第一象限的平面闭区域.

4. 设 $z=f(xy,x+y)$，其中 f 具有二阶连续偏导数，求 $\dfrac{\partial^2 z}{\partial x\partial y}$.

5. 设 $z=z(x,y)$ 是由方程 $e^z=xyz$ 所确定的隐函数，求 dz.

6. 求微分方程 $y'-\dfrac{2y}{x+1}=(x+1)^2$ 满足初始条件 $y(0)=1$ 的特解.

7. 求幂级数 $\sum\limits_{n=1}^{\infty}\dfrac{x^n}{n}$ 的收敛域及和函数 $S(x)$.

四、应用题（本题 7 分）

设某商品的供给函数 $Q_s=60+P+4\dfrac{dP}{dt}$，需求函数 $Q_d=100-P+3\dfrac{dP}{dt}$，其中 $P(t)$ 表示时刻 t 时该商品的价格，$\dfrac{dP}{dt}$ 表示价格关于时间的变化率，已知 $P(0)=8$，试把市场均衡价格表示成关于时间的函数.

五、证明题（每小题 7 分，共 14 分）

1. 证明等式 $\int_0^{\pi}\cos^{10}xdx=2\int_0^{\frac{\pi}{2}}\cos^{10}xdx$.

2. 证明级数 $\sum\limits_{n=1}^{\infty}\dfrac{1}{n\sqrt{n+1}}$ 收敛.

自测题 A 答案

一、单项选择题（将正确选项序号填在题中横线上，每小题 3 分，共 15 分）

1. B. 提示：$f'(x)=\sqrt{1+\sin^2 x}\cdot\cos x$； 2. D.

3. C. 提示：由方程 $y''=6x$ 得 $y=x^3+C_1x+C_2$，由于点 $(0,-2)$ 在曲线上，所

以 $C_2 = -2$，在该点的斜线为 $\dfrac{2}{3}$，所以 $C_1 = \dfrac{2}{3}$；

4．A． 　　5．C．

二、填空题（将正确答案填在题中横线上，每小题 3 分，共 15 分）

1．2．提示：$\int_{-1}^{1}(1+x\sqrt{1-x^2})dx = \int_{-1}^{1}dx + \int_{-1}^{1}x\sqrt{1-x^2}dx$，利用"偶倍奇零"得 $\int_{-1}^{1}x\sqrt{1-x^2}dx = 0$；　2．$dx$

3．$I = \int_{0}^{1}dx\int_{x^2}^{x}f(x,y)dy$　　4．$y = C_1 e^{3x} + C_2 e^{-x}$　　5．$(-1,3)$

三、计算题（每小题 7 分，共 49 分）

1．解　$\int_{1}^{4}\dfrac{\ln x}{\sqrt{x}}dx = 2\int_{1}^{4}\ln x\, d\sqrt{x} = 2\sqrt{x}\ln x\Big|_{1}^{4} - 2\int_{1}^{4}\sqrt{x}\,d\ln x$

$\qquad = 8\ln 2 - 2\int_{1}^{4}\dfrac{1}{\sqrt{x}}dx = 8\ln 2 - 4\sqrt{x}\Big|_{1}^{4}$

$\qquad = 4(2\ln 2 - 1)$.

2．解　解方程组 $\begin{cases} y = x^2 \\ x = y^2 \end{cases}$，得交点为 $(0,0)$ 和 $(1,1)$.

所以体积 $V = \pi\int_{0}^{1}((\sqrt{y})^2 - (y^2)^2)dy = \pi\int_{0}^{1}(y - y^4)dy$

$\qquad = \pi\dfrac{y^2}{2}\Big|_{0}^{1} - \pi\dfrac{y^5}{5}\Big|_{0}^{1} = \dfrac{3}{10}\pi$.

3．解　$\iint\limits_{D}\sqrt{x^2+y^2}\,dxdy = \int_{-\frac{\pi}{2}}^{\frac{\pi}{2}}d\theta\int_{0}^{2\cos\theta}r^2\,dr$

$\qquad = \dfrac{8}{3}\int_{-\frac{\pi}{2}}^{\frac{\pi}{2}}\cos^3\theta\,d\theta = \dfrac{8}{3}\int_{-\frac{\pi}{2}}^{\frac{\pi}{2}}(1-\sin^2\theta)d\sin\theta$

$\qquad = \dfrac{8}{3}\left(\sin\theta - \dfrac{1}{3}\sin^3\theta\right)\Big|_{-\frac{\pi}{2}}^{\frac{\pi}{2}} = \dfrac{32}{9}$.

4．解　$\dfrac{\partial z}{\partial x} = \ln y\, f_1' + f_2'$

$\dfrac{\partial^2 z}{\partial x\partial y} = \dfrac{\partial}{\partial y}(\ln y\, f_1' + f_2') = \dfrac{1}{y}f_1' + \ln y\cdot\left(\dfrac{x}{y}f_{11}'' - f_{12}''\right) + \dfrac{x}{y}f_{21}'' - f_{22}''$

$\qquad = \dfrac{1}{y}f_1' + \dfrac{x}{y}\ln y\, f_{11}'' + \left(\dfrac{x}{y} - \ln y\right)f_{12}'' - f_{22}''$.

5．解　令 $F(x,y,z) = \dfrac{x}{z} - \ln\dfrac{z}{y} = \dfrac{x}{z} - \ln z + \ln y$，则

$$F'_x = \frac{1}{z}, \quad F'_y = \frac{1}{y}, \quad F'_z = -\frac{x}{z^2} - \frac{1}{z} = -\frac{x+z}{z^2}$$

所以 $\quad \dfrac{\partial z}{\partial x} = -\dfrac{F'_x}{F'_z} = \dfrac{z}{x+z}, \quad \dfrac{\partial z}{\partial y} = -\dfrac{F'_y}{F'_z} = \dfrac{z^2}{y(x+z)}$.

6. **解** 微分方程可化为 $y' + \dfrac{2x}{x^2-1} y = \dfrac{\cos x}{x^2-1}$，其通解为

$$y = e^{-\int \frac{2x}{x^2-1} dx} \left(\int \frac{\cos x}{x^2-1} e^{\int \frac{2x}{x^2-1} dx} dx + C \right)$$

$$= e^{-\ln(x^2-1)} \left(\int \frac{\cos x}{x^2-1} (x^2-1) dx + C \right) = \frac{\sin x + C}{x^2-1}$$

又 $y|_{x=0} = 1$，得 $C = -1$，所求特解为 $y = \dfrac{\sin x - 1}{x^2 - 1}$.

7. **解** $l = \lim\limits_{n \to \infty} \left| \dfrac{a_{n+1}}{a_n} \right| = \lim\limits_{n \to \infty} \dfrac{n+2}{n+1} = 1$，从而 $R = \dfrac{1}{l} = 1$.

当 $x = 1$ 时，级数为 $\sum\limits_{n=0}^{\infty} (n+1)$，发散；当 $x = -1$ 时，级数为交错级数 $\sum\limits_{n=1}^{\infty} (-1)^n (n+1)$，发散. 所以级数的收敛域为 $(-1, 1)$.

和函数 $S(x) = \sum\limits_{n=0}^{\infty} (x^{n+1})' = \left(\sum\limits_{n=0}^{\infty} x^{n+1} \right)' = \left(\dfrac{x}{1-x} \right)' = \dfrac{1}{(1-x)^2}, \quad x \in (-1, 1)$.

四、应用题（本题 7 分）

解 由已知 $\quad \dfrac{dy}{dt} = \dfrac{2}{S} \quad$ …… （1）

$\quad\quad\quad\quad \dfrac{dS}{dt} = -\dfrac{1}{3} S \quad$ …… （2）

由式（2）得 $S = C_1 e^{-\frac{1}{3}t}$，由 $t = 0$ 时，$S = 4.5$，得 $C_1 = 4.5$，故 $S = \dfrac{9}{2} e^{-\frac{1}{3}t}$ …… （3）

将（3）式代入（1）式得 $\dfrac{dy}{dt} = \dfrac{4}{9} e^{\frac{1}{3}t}$，于是 $y = \int \dfrac{4}{9} e^{\frac{1}{3}t} dt + C_2 = \dfrac{4}{3} e^{\frac{1}{3}t} + C_2$.

由 $t = 0$ 时，$y = 0$，得 $C_2 = -\dfrac{4}{3}$，故 $y = \dfrac{4}{3} e^{\frac{1}{3}t} - \dfrac{4}{3}$，所以小汽车的运行成本为 $y = \dfrac{4}{3} e^{\frac{1}{3}t} - \dfrac{4}{3}$，转卖值为 $S = \dfrac{9}{2} e^{-\frac{1}{3}t}$.

五、证明题（每小题 7 分，共 14 分）

1. **证明** $\int_0^{\pi} f(\sin x) dx = \int_0^{\frac{\pi}{2}} f(\sin x) dx + \int_{\frac{\pi}{2}}^{\pi} f(\sin x) dx$,

对 $\int_{\frac{\pi}{2}}^{\pi} f(\sin x)\mathrm{d}x$,令 $x = \pi - t$,有

$$\int_{\frac{\pi}{2}}^{\pi} f(\sin x)\mathrm{d}x = \int_{\frac{\pi}{2}}^{0} f(\sin t)\mathrm{d}(\pi - t) = \int_{0}^{\frac{\pi}{2}} f(\sin t)\mathrm{d}t = \int_{0}^{\frac{\pi}{2}} f(\sin x)\mathrm{d}x$$

所以 $\int_{0}^{\pi} f(\sin x)\mathrm{d}x = \int_{0}^{\frac{\pi}{2}} f(\sin x)\mathrm{d}x + \int_{\frac{\pi}{2}}^{\pi} f(\sin x)\mathrm{d}x = 2\int_{0}^{\frac{\pi}{2}} f(\sin x)\mathrm{d}x$.

2. **证明** 因为级数 $\sum_{n=1}^{\infty} a_n^2$ 和 $\sum_{n=1}^{\infty} b_n^2$ 均收敛,所以级数 $\sum_{n=1}^{\infty} \frac{1}{2}(a_n^2 + b_n^2)$ 收敛,

又 $|a_n b_n| \leq \frac{1}{2}(a_n^2 + b_n^2)$,根据比较审敛法知级数 $\sum_{n=1}^{\infty} |a_n b_n|$ 收敛,即 $\sum_{n=1}^{\infty} a_n b_n$ 绝对收敛.

自测题 B 答案

一、单项选择题(将正确选项序号填在题中横线上,每小题 3 分,共 15 分)

1. A. 提示: $\lim\limits_{x \to 0} \dfrac{\int_{0}^{x} \sin 3t \mathrm{d}t}{1 - \cos x} = \lim\limits_{x \to 0} \dfrac{\sin 3x}{\sin x} = 3$.

2. D.

3. A. 提示:方程变形为 $\dfrac{\mathrm{d}x}{\mathrm{d}y} = 1 + \dfrac{x}{y}$,令 $u = \dfrac{x}{y}$,则 $\dfrac{\mathrm{d}x}{\mathrm{d}y} = u + y\dfrac{\mathrm{d}u}{\mathrm{d}y}$,代入方程得 $\dfrac{\mathrm{d}u}{\mathrm{d}y} = \dfrac{1}{y}$,解得 $C\mathrm{e}^u = y$.

4. B.   5. A.

二、填空题(将正确答案填在题中横线上,每小题 3 分,共 15 分)

1. $\dfrac{\pi}{2}$ 2. -1 3. $I = \int_{0}^{a} \mathrm{d}y \int_{y}^{a} f(x, y)\mathrm{d}x$

4. $y = \mathrm{e}^{-3x}(C_1 \cos 4x + C_2 \sin 4x)$

5. $[-1, 1)$

三、计算题(每小题 7 分,共 49 分)

1. **解**
$$\int_{0}^{\ln 2} x\mathrm{e}^{-x}\mathrm{d}x = -\int_{0}^{\ln 2} x\mathrm{d}\mathrm{e}^{-x}$$
$$= -\left(x\mathrm{e}^{-x}\Big|_{0}^{\ln 2} - \int_{0}^{\ln 2} \mathrm{e}^{-x}\mathrm{d}x\right)$$
$$= -\frac{1}{2}\ln 2 - \mathrm{e}^{-x}\Big|_{0}^{\ln 2} = \frac{1}{2}(1 - \ln 2).$$

2．解 解方程组 $\begin{cases} y = x^2 \\ y = x \end{cases}$，得交点为 $(0,0)$ 和 $(1,1)$．

所求体积 $V = \int_0^1 \pi x^2 \mathrm{d}x - \int_0^1 \pi x^4 \mathrm{d}x$

$$= \pi \cdot \frac{x^3}{3}\Big|_0^1 - \pi \cdot \frac{x^5}{5}\Big|_0^1 = \frac{\pi}{3} - \frac{\pi}{5} = \frac{2}{15}\pi.$$

3．解 由题意知

$$\iint_D \arctan \frac{y}{x} \mathrm{d}x\mathrm{d}y = \int_0^{\frac{\pi}{4}} \mathrm{d}\theta \int_1^2 \theta r \mathrm{d}r$$

$$= \int_0^{\frac{\pi}{4}} \theta \mathrm{d}\theta \int_1^2 r \mathrm{d}r = \frac{\pi^2}{32} \cdot \frac{3}{2} = \frac{3\pi^2}{64}.$$

4．解 因为 $\dfrac{\partial z}{\partial x} = y f_1' + f_2'$，所以

$$\frac{\partial^2 z}{\partial x \partial y} = f_1' + y(x f_{11}'' + f_{12}'') + x f_{21}'' + f_{22}''$$

$$= f_1' + (x+y) f_{12}'' + xy f_{11}'' + f_{22}''.$$

5．解 令 $F(x,y,z) = \mathrm{e}^z - xyz$，则 $F_x' = -yz$，$F_y' = -xz$，$F_z' = \mathrm{e}^z - xy$，

所以 $\dfrac{\partial z}{\partial x} = -\dfrac{F_x'}{F_z'} = \dfrac{yz}{\mathrm{e}^z - xy}$，$\dfrac{\partial z}{\partial y} = -\dfrac{F_y'}{F_z'} = \dfrac{xz}{\mathrm{e}^z - xy}$，

从而 $\mathrm{d}z = \dfrac{\partial z}{\partial x} \mathrm{d}x + \dfrac{\partial z}{\partial y} \mathrm{d}y = \dfrac{xz}{\mathrm{e}^z - xy} \mathrm{d}x + \dfrac{xz}{\mathrm{e}^z - xy} \mathrm{d}y$．

6．解 因为 $P(x) = \dfrac{2}{x+1}$，$Q(x) = (x+1)^2$，由一阶线性微分方程的通解公式知方程的通解为

$$y = \mathrm{e}^{-\int -\frac{2}{x+1} \mathrm{d}x} \left(C + \int (x+1)^2 \mathrm{e}^{\int -\frac{2}{x+1} \mathrm{d}x} \mathrm{d}x \right)$$

$$= (x+1)^2 \left[C + \int \mathrm{d}x \right] = (x+1)^2 (C+x),$$

又 $y(0) = 1$，得 $C = 1$，所以所求特解为 $y = (x+1)^3$．

7．解 $l = \lim\limits_{n \to \infty} \left| \dfrac{a_{n+1}}{a_n} \right| = \lim\limits_{n \to \infty} \dfrac{n}{n+1} = 1$，从而 $R = \dfrac{1}{l} = 1$．

当 $x = 1$ 时，级数为 $\sum\limits_{n=1}^{\infty} \dfrac{1}{n}$，发散；当 $x = -1$ 时，级数为交错级数 $\sum\limits_{n=1}^{\infty} (-1)^n \dfrac{1}{n}$，收敛．

所以级数的收敛域为 $[-1, 1)$．

从而 $S'(x) = \sum\limits_{n=1}^{\infty} x^{n-1} = \dfrac{1}{1-x}$，令 $S(x) = \sum\limits_{n=1}^{\infty} \dfrac{x^n}{n}$，$S(0) = 0$，

故 $$S(x) = S(0) + \int_0^x \frac{1}{1-t} dt = \ln\frac{1}{1-x}, \quad x \in [-1,1).$$

四、应用题（本题 7 分）

解 市场均衡价格处有 $Q_s = Q_d$，即

$$60 + P + 4\frac{dP}{dt} = 100 - P + 3\frac{dP}{dt}$$

所以 $$\frac{dP}{dt} = 40 - 2P,$$

解之得 $$P = Ce^{-2t} + 20,$$

由 $P(0) = 8$ 得 $C = -12$。因此均衡价格关于时间的函数为 $P = 20 - 12e^{-2t}$。

五、证明题（每小题 7 分，共 14 分）

1. **证明** $\int_0^\pi \cos^{10} x\, dx = \int_0^{\frac{\pi}{2}} \cos^{10} x\, dx + \int_{\frac{\pi}{2}}^\pi \cos^{10} x\, dx$

对 $\int_{\frac{\pi}{2}}^\pi \cos^{10} x\, dx$，令 $x = \pi - t$，有

$$\int_{\frac{\pi}{2}}^\pi \cos^{10} x\, dx = \int_{\frac{\pi}{2}}^0 \cos^{10}(\pi - t) d(\pi - t) = \int_0^{\frac{\pi}{2}} \cos^{10} t\, dt = \int_0^{\frac{\pi}{2}} \cos^{10} x\, dx$$

所以 $\int_0^\pi \cos^{10} x\, dx = \int_0^{\frac{\pi}{2}} \cos^{10} x\, dx + \int_0^{\frac{\pi}{2}} \cos^{10} x\, dx = 2\int_0^{\frac{\pi}{2}} \cos^{10} x\, dx.$

2. **证明** 因为 $\lim\limits_{n \to \infty} \dfrac{\frac{1}{n\sqrt{n+1}}}{\frac{1}{n^{\frac{3}{2}}}} = 1$，而 $\sum\limits_{n=1}^\infty \dfrac{1}{n^{\frac{3}{2}}}$ 收敛，由比较审敛法极限形式知级数 $\sum\limits_{n=1}^\infty \dfrac{1}{n\sqrt{n+1}}$ 也收敛。